高情商沟通力

张超 著

中国友谊出版公司

目 录

第二章

解决问题的关键在你自己

第三章

99%的人不知道的沟通技巧

前　言

很多情况下，两个人看似在说话，其实未必在沟通。

我们看一下如下对话：

　　对方说："我今天太忙了。"

　　初级回应："我也是。"

　　升级回应："你现在立即休息一下。"

　　高级回应："今天对你来说不容易，是吗？"

　　错误回应："你可以学一下时间管理。"

我们看到，初级回应是情绪上的共鸣。虽然没有表现出一种开放式的沟通态度，但是这个回应并不令人反感。

升级回应体现了对当事人的关心，其中暗含了一种可以继续交流的态度。但是，这个回应不够高明之处在于，它等于果断地拒绝了沟通。

高级回应当下就能进入沟通状态，因为如果对方是一个你很想与之建立联结的人，那么这个回应是最好的机会，你们立即就能展开话题，进入沟通状态。

错误回应是在建议中隐藏着一种看轻和指责，尤其是将其和升级回应对比后，更容易能看出，你给了对方一个假设。这个假设就是对方不懂时间管理，做了错误的事情，而且不该向你抱怨……

我们每个人都常常以为自己很懂沟通，但是对于沟通力的学习，只能说我们所知、所练的还是太少。因为对自己的要求不够严格，在对话中，我们往往对别人展开的是本能的自动回应，所以容易犯很多我们以为自己不会犯的错。事后，我们开始懊悔"如果我当时那么说"，或者"如果我当时不那么说"就好了。

比如，客户说："你的产品有问题。"

初级回应："有什么问题？"

升级回应："您可以向我描述一下使用情况吗？"

高级回应："哦，好的，我来帮您解决。"

错误回应："我们的产品没问题，你再去确认一下。"

初级回应，冰冷而生硬，你可以看成一种防卫、狡辩，也可以理解成一种询问，这在于对方是如何加工信息的。

升级回应能够直接将对方可能产生的抱怨和负面情绪化解于无形，让对方迅速进入陈述状态，帮双方进入理性思考。一般的客户反馈，我们用升级回应即可。

高级回应是针对你特别在乎的客户，他一开口，你一回应，你永远说的都是"我能为您解决问题"。这样的句式你用多了，对方长期和你接触就会得到一个感性认知——你是最可靠的合作者。有读者可能要问："如果我不能解决问题怎么办？"这其实是没有必要担心的，你表达的是帮助解决的态度。事情的进展并非个人意愿所能左右，如果将来你解决不了，明事理的人并不会纠结于你曾经的表态。

错误回应听起来不可思议，但实际上有很多人就是这样工作和回应的。即使态度再好，也会因为这一句让人撮火的话，而引起对方强烈的抵触。

如何通过引导、设计、发言，从而与对方进入沟通状态，如何在批评别人的时候先加上安慰剂，如何听、如何回应、如何用语言对抗对方的语言……这其中都有规律和智慧。

也许这听起来并不酷，也会有人觉得对沟通力的思考和学习真不像是一件轻松的事，但是我诚恳地建议那些有"话术与我无关""我又不是一名业务员""我不做主持人，不需要学习话术""只要自己舒服，话爱怎么说就怎么说"等想法的朋友认真读完本书。

你会发现，对于大部分人不重视的地方，只要你稍微提高水平、稍微提高沟通力，就能够比别人厉害太多！甚至，当你真正开始学习高情商沟通力时，你未来不仅不会感觉累，反而还能够按照一定的模式，更加轻松和不费脑子地做出最好的回应。

比如，你要去打动一个想要合作的人，你打电话，对方总说："我现在很忙。"

初级回应："您什么时候不忙？"

升级回应："等您不忙的时候，我再给您打电话，可以吗？"

高级回应："那我先不打扰您了。麻烦您给我一个工作邮箱，我先发个方案给您过目。"

错误回应："您再给我点儿时间，我还没说完。"

初级回应是就表面问题回应表面问题，这样即便对方回复了你一个时间，到时候他还是会继续推诿的。

升级回应至少表达了一定的尊重，有可能是你不明就里，也有可能是你故作不明就里，总之还是继续用更诚恳的态度来请求对方，创造与对方进入沟通状态的机会。

这里尤其要提到的一点是，很多人小看"请求"的作用。其实，我研究了很多年商业谈判的规律，我不得不说，"请求"其实是一种很好的谈判方式。它看起来并不强势，却有着打动人心的力量。重要的是，你能不能真正坚持下来。是仅仅当作一次性的手段，还是能够做到持续破冰，穿过看似穿不过的墙。

高级回应的妙处在于，无论对方是不是在找借口，我方都为对方准备了与之利益或是情感诉求相关的方案。在对方很可能是以忙为借口的时候，我们换一种方式持续探路、持续沟通！

错误回应是只在乎自己，看似很努力，实际上完全置对方于不顾。要知道，你说得多好并不重要，对方是否觉得你说得好，那才是最重要的。强行推进只能遭到强烈抵抗。

以上案例，我们都能看到，沟通力体现的是一种高情商的洞察力。本书有我根据当下情况写的新思考，也涵盖了我以往在人际交往、沟通谈判、生活谈话等多个关键点的经验总结。

总之，说话与沟通都不要只靠本能进行回应，沟通力是现代人生存的一种重要手段。沟通力的价值，在于一个人思考和判断一件事情的能力。当我们更加全面地学习这门技术的时候，我们就在不知不觉中提升了自己的竞争力。

第一章

利用一切，讲一个好故事

引发好联想就是好故事

人类社会的凝聚力是可以靠想象来加固的，讲故事是沟通中一个重要的手段。

在与他人的沟通中，如果能有故事感，淡而无味的聊天会变得有趣，平铺直叙的自我介绍也会有力量。

所谓"故事"，并不是要人们去捏造什么离奇的经历，而是一种故事思维。是能够让对方用最不费力的脑力，快速加工出你想让他加工出来的信息。

我有一个朋友王先生，他事业有成、性格开朗。在他的生活安排中，有司机，有管家，只是他从来没有招聘过助理。

前不久见面的时候，我发现他居然有了助理，而且还是一个年轻人。得知原因后，我发现他的助理真的是一个会讲故事的年轻人。

这位年轻人叫小林，毕业于美国名校，以前从事金融方面的工作。他与王先生是在同行虎克之路时认识的，因为大家有这个共同的爱好，一群人聊天时的话题便多了起来。

当小林说自己是个挺认真的人时，很自然地聊到一本和人类未来命运走向相关的书。小林说，这本书居然会有那么多处翻译错误。

王先生和大家都感到很好奇，小林随口就真的列举出了英文原意和中文表达之间的数个错误，令在场的人都很佩服。

他在和大家闲聊的过程中，时不时地还会运用到一些古诗佳句。其中一句"根深不怕风摇动，树正何愁月影斜"，让王先生想起自己曾经的某一段被人误解、非议的痛苦经历。从此以后，王先生更是将小林视 为知音。

好的故事便是如此：用故事来说明自己的品质，用故事告诉别人你是谁。把自我表达提高到一个更高的境界时，就是提前回答了别人的疑问。小林实实在在地用自己看的一本书，证明了自己的认真和能力。

一个求贤若渴的人，一定会联想到自己的公司里，是否需要这么一个人：文理兼备，才思敏捷。

王先生正逢事业的一个十字路口，他渴望开拓一些国际业务。而"近水知鱼性，近山识鸟音"，小林国际化的背景，令王先生极为心动。于是，王先生高薪聘用了小林，让他成为自己事业的合伙人。

　　小林所讲的故事并非故意设计的，但正是因为他开口即故事，才把自己说的话落到了细节里。不仅完成了自我表达，还能够预判对方想听什么、想验证什么，自动地亮出自己的依据。

　　这对很多年轻人去应对面试，应该是一个非常好的启发。这其实是你提前帮助别人验证你所言真伪的一个方式。只要你精心为你的品质准备一个有说服力的真实故事，并提前对细节进行整理，话不在多，瞬间就能把对方"拿下"。

　　人与人之间的沟通，绝不是只有语言一种方式。人与人之间讲故事、传达信息的方式也绝不会只有一个维度。

　　比如，你所设置的环境也在说一个故事。不同的人所布置的办公环境会有很大的不同，不管是老板还是员工。

　　某家公司刚招聘了一位女士，她常年在日本工作和学习，回国后并不能马上适应此时此地的环境。比如，在她的工位上一页文件都没有。显然，这位女士深受日本整理文化高手佐藤可士的影响，但是在我们的文化氛围里，一个人的工作就是由不同的工作任务组成的。一张空空的工位，给老板带来的是极大的不安全感。

　　所以有一个玩笑，说职场人如何赢得别人的信任，无非是"忙的时候装得很闲，闲的时候装得很忙"。

　　这当然是一句玩笑话，每个对自己负责任的人都不会刻意去伪装。但是，如果这件事情的背后有合理的部分，那么合理的部分是什么呢？

合理的部分在于，我们认识和判断一个人，往往是从信息里去加工和自我组织故事的。如果一个人很忙的时候，还能有整理得井井有条的办公桌，你会倾向于认为他是一个有能力的人。同样地，如果一个人很闲的时候，他知道老板是不希望员工无所事事的，他表现得很忙，就给了老板一种对未来的承诺。

在一定环境里讲的故事和传达的信息有时候比口头表达更有说服力，因为你会认为你得到的东西不是对方传达给你的，而是你自己加工和分析出来的。而人们一定想证明自己是对的。

我认识一位工业设计师。去他家的时候，我完全为他收藏的稀奇古怪的东西所折服了。光他家的杯子，就有 23 种不同材质、不同设计风格的。

他收藏和使用的这些东西，有效地弥补了他的劣势，那就是他的年龄。很多人难免会想，他在自己所处的年龄段，还会有好奇心和激情吗？

他使用的每个杯子，都能让你联想到，他好奇心不减。他所用的最潮的电子设备，也是在告诉你一句话："这是一个真正的设计师。"

　　也许在沟通中提到故事，一开始会让人觉得自己"无故事可讲"，但当你把故事思维置入生活中的时候，慢慢就会发现一切都有故事可讲。

用故事加深"第一印象"

1983 年，乔布斯为了让当时百事可乐的总裁约翰·斯卡利加入苹果，说出了那句著名的话："你是想卖一辈子糖水，还是跟着我们改变世界？"

后来，乔布斯和斯卡利共同执掌苹果的那段时间里，有很多可贵的创新。

"你是想卖一辈子糖水，还是跟着我们改变世界？"这句生猛有力的话，也成了人们津津乐道的一个有力量感的故事。

我们在与他人沟通的时候，为了说服他人，需要有讲故事的技巧。

如果故事讲得好，哪怕你和对方是第一次见面，也能一见如故，只要你抓住对方的情绪和情感，情在任何时候都普遍适用。

第一是讲对方熟悉的事物和内容。

选取对方熟悉的事物进行沟通，就是一个好的开头。否则，当你使用的语言和词语根本不在对方的思考范围内的时候，对方只能哑口无言地听你表达结束之后，与你形同陌路。

生活中很多无效的语言，之所以形成不了力量，就在于说话的人不肯先去关注别人，只想得到别人的关注。

比如，你想招聘一个新员工的时候说："只要你在我的公司好好努力，三年之内就可以付房子的首付。"

如果对方本身是一个对房子没有焦虑感的人，那么，无论你使用多么有故事性的语言，你描绘的事情多么有画面感，终会因为你不了解对方的外在需求和内心需求，而导致你的语言作用在对方身上是苍白无力的。

所以，即便是双方第一次见面，如果想给对方留下很好的第一印象，你就要努力从正面或者侧面去了解和搜集对方的信息，比如对方的学历、爱好、生活态度等。

第二是你讲的故事本身要有反转性。

开美容连锁机构的王女士很会给客人挑选礼物。巧妙的是，她送礼物的时候，使用的语言就是一个故事。每次给客人送礼物的时候，她都会去谢谢收下礼物的人。当对方表现出犹豫的时候，她会说一句很俏皮又很有哲理的话："谢谢您收下这份小心意，因为送礼物的人看来是忘不了您，其实更是希望您不要忘了她。"

果然，因为这句令人印象深刻、有反差的话，她的女性客户接受了礼物，还接受了"不要忘了送礼物的人"这样一个暗暗的承诺。果然，客户对她越来越像朋友，客荐客的情况也越来越多。

第三是争取让对方在行为上有所改变。

我们可以认真思考一下，为什么有那么多的演员和演讲者会向观众要掌声？他们的目的是什么？

在我看来，他们要形成说服力，要让你对他们产生深刻的第一印象。就是通过改变你的肢体动作，来让你对他们产生更多的认同感。

我认识一个很知名的体能教练，我此前并没有把个人的健康状况看得非常重要，当我见他第一面的时候，他也并没有过多地介绍他的工作内容，或者苦口婆心地说一些相关的话题。但是自那一次见面之后，我不仅重视了自己的健康，还老老实实按照他的方法开始进行训练。

因为他说的第一句话是："把你的手伸出来……"我当时跟着他做了一组很简单的动作，我很吃力地试了一下，感觉胳膊和手都非常生硬。当我看着比我年长 20 岁的他游刃有余地做完这个检测身体状况的动作之后，我不仅对他印象深刻，还大受刺激。仅仅是一个简单的用手部活动自测身体柔韧性的小动作，就让我感受到了他的专业、他的方法之有效。

　　这从沟通的角度来说，最值得学习的是引导对方产生动作的语言所能引发的强大的认同感。

用故事授人以鱼 + 授人以渔

小周刚升职不久。急于做出业绩的她，为公司做了三次推广活动，但活动对推动公司的产品销售效果寥寥。

她有些心急，不知道问题出在哪儿，便与我聊起了这件事情。

我给她讲了一个故事：

有一个人在黑夜里的路灯下找东西，找了很久。路人看到后感到很奇怪，便过去问询。找东西的人说："我的钥匙丢了，我在找我的钥匙。"路人说："你的钥匙掉在哪里了？"他说："好像刚下车的时候掉在黑暗中了。"路人说："那为什么你总在路灯底下寻找？"他说："因为只有路灯下才看得见。"

小周是个非常聪明的人，她"闻弦歌而知雅意"。

我们在事业的开拓上，最忌讳的就是只在自己擅长的地方努力。比如，小周以前的工作是为公司办活动，当她升职之后，本应迅速站在公司的角度，思考全面的业务推动和促进。

但是，她一直还是想靠办活动来推进公司业务，这显然与她想要的效果南辕北辙。

当然，在这种情况下，也不能全然责备小周，因为不是她不反省，而是她发现，她在短期内只能先做自己最擅长的事情。

所以，我们在这种情况下，需要讲故事。用一个故事点出一个本质的问题，给她一些善意的提醒，她就知道自己要扭转方向了，这就是用故事授人以渔的好处。可以在看似直接而又不伤对方自尊的前提下，得体地给出你的答案和态度。

另外，故事还可以授人以鱼，而不显得说教。

我对小周讲到自己的一个职业发展的故事：我大学所学的专业和我毕业后所从事的工作的关联度不高，完善自己的业务能力迫在眉睫，但是当时我的工作安排总是非常紧张。

我冷静地分析了局面，如果我不停下来，花些时间去留意并思考自己的问题，那么在我毫无意料，或者说最不希望出现问题的时候，一些棘手的问题就会突然出现。

所以，我硬性规定自己，不管每天有多忙，都必须用一个小时的时间来看报纸和学习新知识。

当时，报纸带来的是最新的消息。我利用最新消息中的知识盲区，去学习和完善自己的某个知识体系。渐渐地，学习的效果越来越好。不到半年的时间，我由一个门外汉成了部门里能给大家出谋划策的半个行家。

我用自己的故事提醒小周，不能停留在问题里，而且要知道有的事情看似慢，但是实际上是快的。重要的是，你不能只焦虑，而是要给自己真正值得做的事情分配好时间，哪怕每天强迫自己必须用一个小时的时间来进步。

小周会自我调整，她会思考：每天拿出多长时间来与公司其他部门的人展开交流，或者是去找同行学习和请教，能快速地突破自己的"瓶颈"。

讲自己的故事，有时候能给别人带来非常好的启发，还能让他人在沟通过程中感受到你的诚意。

我曾有一个同事，我给了他一个团队让他管理。但是，他起初工作进行得很不顺利。

于是，他非常沮丧，并找到我，言辞间也有些对我的抱怨。大意是他团队的人有问题都来找我，对他来说很为难，不知道该如何处理这种"越级汇报"的案例。

我知道他非常努力，也很用心，只是一时遇到了困难，所以此刻，任何的指责都不是他最需要的。

我给他讲了一个自己的故事：我刚开始带人的时候，由于自己太年轻，升职也最快，所以很多老员工对我并不服气，总是有意无意地跳过我，去找我的领导汇报和讨论。

当时我想，所谓"管理"，不但是向下管理，而且还应该是向上管理。

于是，我找到我的领导，明确了职责范围，我的领导马上就明白了很多事情可以放权给我。当我团队的小伙伴再去找他的时候，他直接让他们来找我商量、定夺。

对我的团队内部，我也立即采取了措施，那就是积极投入团队成员业务开展的困难里去，帮助他们开展业务。尤其是很多老员工的业务谈判，我主动参加了两次，帮助他们更好、更快地完成了业务谈判。同时，我也是在执行自己的职责。

讲完自己的这个故事之后，我和这个同事之间心照不宣地展开了工作上的配合。他现在也堪称称职的团队负责人。

最短的故事只有一个字

据说，中国最短的成语只有两个字，这个成语叫作"举烛"。

这个成语的由来据说是这样的：楚国的都城里，有人给燕国的相国写了一封信。他是在夜里写的，写时光线不够亮，他便吩咐捧蜡烛的人说："举烛！"

说着，他便随手在信上写上了"举烛"两个字。其实，"举烛"这两个字并不是信里要说的内容。燕国的相国收到他的信后，却解释说："举烛的意思，是崇尚光明！崇尚光明，这就要选拔贤德的人来加以任用。"

燕国的相国对自己的国君说了这个意思，国君听了十分高兴地照着去办，国家因此得到了治理。

这个成语本身就是一个很有意思的故事，我也常常用这个故事来形容很多"歪打正着"的事情。

我受到这个故事的启发，常常思考：我们在人与人的沟通中，能够讲的最短的故事是什么？

当然，再次说明一下，在本书中，我所提到的故事，并非离奇的事件，而是对真实故事稍以加工，用它们来打动和说服别人。只要是符合人的大脑运作规律，能够打动人心的沟通，哪怕只用一个词，也许就是一个有力量的故事。那么，人与人之间，讲的最短的能够打动人心的故事到底是什么？

我的答案是三种情况：第一，它可能仅仅是一个名字；第二，它可能只是一个数字；第三，它可能只是一句话。

第一，短故事可以只是你的名字，或者是一个称呼。

当你经常出差，每次出差都住同一家酒店，酒店的服务人员准确地称呼你时，这个称呼中就暗含了一种重要的类似友情的成分。

而且，我发现即使到一个陌生的地方，如果你需要别人帮忙时，最好的方法就是把自己的名字当场清清楚楚地告诉对方。

我想起上学的时候，需要联系一位非常知名的老师来做演讲。

我去了他的公司好几次，每次我都告诉他公司的工作人员，我来自哪个大学，我是该校的学生会主席，诚意邀请老师来为我们演讲。

但是，前两次都没有效果，第三次我就改变了策略，我说我是一名叫张超的大学生。

这个名字起作用了。它意味着一个真实的、有情感的大学生的存在，而不是某个机构的合作邀请。

这位老师见我第一面的时候，就准确地叫出了我的名字。这让我意识到，自己的名字本身就是一个故事。当你让对方意识到你是一个区别于"张伟""张帆"的独特的人时，对方就对你多了一份人与人之间的联结。

后来，这个方法被我广泛地应用到了我的工作中：我见到陌生人会先报自己的名字，我写工作邮件从来不会忘记署名，我会寻找好的时机去向别人介绍和自己相关的故事，等等。

第二，故事可以只是一个数字。

有两个朋友向我推荐过他们的私人健身教练。第一个朋友非常热情，说他的这位健身教练为哪些名人服务过，而且拥有多少很厉害的证件，还有健身的效果有多么神奇……他几乎用到了"100% 有效"的"隆重推荐"。

第二个朋友讲了讲他的私人健身教练是如何在他身上，让他看到了自己的变化的。然后说，他向很多不错的朋友推荐了这位健身教练，90% 的朋友都非常感谢他的推荐。

人的本能，总是对一些绝对化的数字和绝对化的观点存疑。

在这个案例中，我认为让我下定决心的，是——"90%"这个数字！

原因是，健身本来就是一件对个人意志力有严格要求的事情。

正如那样一句话："你永远叫不醒一个装睡的人，再厉害的健身教练也无法左右一个办了健身卡却不去健身房的人。"

所以，"90%"虽然只是一个数字，但它背后的故事，却是诚实可信的一种态度，是不夸大其词的一种可靠背书。

我感谢第一个朋友的热情，但我选择相信第二个朋友的推荐。

第三，短的故事只是一句话，却可以为你加分。

如果能引入故事化的表达，就会为平淡无奇的对话增加趣味，令对方和你的沟通持续进行，即便只有寥寥数语。

当客户问你"在同一家公司工作几年了"，如果你只回答"四年"，语音一落，沟通结束。

如果你回答："四年了，这是我做得最久的一份工作。我觉得这可能就是热爱的力量……"

这便是沟通的开始，客户会从中感受到很多信息。比如，你不但是稳定的，而且是热爱本职工作的。在这样的背景下，你提供的服务也将是稳定的，你对未来的承诺更加可靠。

停顿是故事里的好手艺

同一个故事，有的人讲得令人捧腹大笑，有的人讲出来只是自己捧腹大笑，别人却面面相觑；有的人讲得引人入胜，有的人却始终让听者游离于故事之外，导致即便有再精彩的结尾，听者也只觉得牵强附会。

讲故事是语言的艺术，也是心理的艺术、沟通的艺术。

堪称故事书教材的《一千零一夜》，又名《天方夜谭》，是很有名的故事集。书中有各种类型的故事，长短不一，情节也不同。

这本书之所以成为我心中讲故事的好书，是因为书里所有故事的打开方式本身就是一个精彩的故事。

相传有一个国王，他的王后品行不端，他非常愤怒，杀死了王后。后来，他就每天都娶一个少女，第二天便将少女杀死。

大家都人心惶惶，后来，有一个宰相，他有一个大女儿叫山鲁佐德。这个姑娘非常有学问，熟读各种史书典籍，她自愿嫁给国王，并且设计了一个方法。她对自己的妹妹说："我进了王宫后，会让人来喊你。你到了我那里，就对我说：'姐姐，你给我讲个故事吧。'我就会给你讲故事。"

到了王宫后，山鲁佐德果然对国王说："我想和自己的妹妹告别。"

国王同意了，妹妹对姐姐说："亲爱的姐姐！给我讲个故事吧！"

国王也非常好奇，就让山鲁佐德开始讲故事……

故事每讲到最关键的地方，她就停下不讲了。这时，天快亮了。

国王被故事深深地吸引，他不能够杀她，允许她接着讲，可是她每天讲的故事，都讲不完，而且越来越精彩。

直到讲了一千零一夜，国王终于被感动，再也没有杀人。

开篇的第一个故事，就用"故事套故事"的方式，把读者深深地吸引住，让读者想继续看下去。还用一种夸张的方式告诉我们，利用故事的停顿能救命，可见停顿多么重要。

不仅故事如此，在我们接收信息时，都会在无形中被停顿影响。比如，评书中的"要知后事如何，且听下回分解"，能够刺激听众的期待心理，也是故事的停顿起了重要的作用。

停顿之所以重要，是因为人们的大脑总是免不了要"脑补"故事情节，在与他人的沟通中更是如此。所以，我们不但要学会停顿、设计停顿，而且要善于利用停顿。

第一，利用停顿，制造沟通中的悬念。

我刚带团队的时候，不懂得珍惜自己的付出，一心只想"做出表率"，所有的事情都冲在最前面，所以业绩上的确有成果，但我又忙又累。

有一天，我的一个老领导让他的助理给我带句话。

这位助理熟谙沟通的艺术，他说的第一句话是："王总让我给您带句话。"

我非常尊敬老领导，不由得紧张起来，不知道对方要指点我的哪一个缺点。

他稍加停顿，说："他让我提醒您，您的团队里有 5 个人……"

又是一个短短的停顿。

我马上开始思考，是不是 5 个属下中，忽略了哪一个？或者资源分配不公，又或者是自己对某个属下有所偏袒……

正当我自我反省的时候，他接着说道："别忽视了张超自己。"

我听到这句话的时候，无法说出当时所受到的震撼。

我的老领导不但洞若观火，而且还对我的品性知之甚深。他的一个短短的嘱咐里既有关心，又有指导。

的确，如果一味地事必躬亲，这样的团队是难以持续发展的，对我个人来说，这种情况也是难以持续的。

但是，如果老领导说的无论是"不懂带人你就自己累到死"还是"要多注意休息"，都不会有这样的效果。前者有教训的意思，后者缺乏力量感。

他语言的艺术，他助理停顿的艺术，都令我受益和折服。

第二，利用停顿，增加说话的可信度。

我劝过不少年轻人，求人办事也好，去采访、拜访也好，都别太轻浮，笑容一定要来得慢一些，因为两个人之间通常弱势的一方先笑。笑容的停顿，会增强一个人的魅力和威信。

沟通时的停顿，自然也会有这样的效果。

在我们和别人交往的时候，要在细节上把握对方的感受。比如，当一个重要的客户刚开始练习毛笔字，询问你他的毛笔字写得如何时，影响你评价的一定不是他写的字的好坏，而是你衡量了自己与客户的关系。你当然会打定主意来表扬对方。

如果此时，他语音刚落，你立即赞美，就会失真，令对方觉得索然无味。

但是，你稍作停顿，再找到对方表现得比较好的几笔，适当地点评和鼓励，就会显得你为人可信和实在。

又如，你的同事找你聊事情，当对方问你"你现在有时间吗"时，我们都知道有没有时间取决于关系的远近。可是，即便是和你关系非常好的人，最好的方法依然不是立即回答"有时间"，而是可以说："你稍等我 3 分钟。"

你把手头的事情做完，才是对自己的尊重。对方也会在这个停顿中，感受到你的心意。

第三，利用停顿，把人际关系中棘手的问题模糊化。

有一位销售总监，通过我的一位朋友的关系找到了我，让我帮他联系一笔业务。

我问这位销售总监是谁把我的联系方式给他的，他的回答堪称完美："我得再去问一下对方，看看他是否愿意让我说出来。他比较低调，可能并不希望我提及。"

这样的回答，看似回答了我的问题，其实是把这个棘手的问题暂停了。说出这个人的名字有两种可能：一种可能是这个中间人的分量很重，从道理上我不得不帮忙，但是如果从情感上我是逆反的，我当然可以有数百种借口轻松拒绝；另一种可能是中间人的分量无足轻重，并不是我非常重视的朋友。

这位总监的沟通很得体，显得他也是个很靠谱的人。他的这个回应，也让我摒除人情因素，可以和他直接对接事情本身。

用故事进行说服

当我们用故事来说服别人的时候，会有如下的好处：第一，营造了一种轻松的、可以讨论的氛围；第二，能够留下一些空间，不至于让对方产生自己被你说服的挫败感。

毕竟要想成功地说服对方，最好是让他感觉自己不是被你说服的，那就要让他自我的感觉是好的。

彬彬是一个很会讲故事的人。有一次，她要邀请两位女嘉宾来参加她的一个活动。但是，她知道她要邀请的其中一位（王女士）总是爱穿红衣，个性张扬，语不惊人死不休。

虽然王女士的到来常常让活动非常有现场感，气氛也会很热闹，但是彬彬担心另一位嘉宾会被挤压得没有表达的空间。

彬彬打算亲自邀约王女士，她思考了王女士最喜欢的红色衣服在色彩心理学中的特点：红色光波最长，最容易引起人的注意，同时给视觉以迫近感和扩张感，抢夺视线。

于是，她与王女士沟通时采用了一个姐妹之间聊天的方式，用一个故事引导当天的王女士应对得体、闪亮而大方。

彬彬给王女士讲了一个自己的故事。她说自己羡慕王女士在任何场合都能游刃有余，而她想到自己当年去参加一个有很多外宾的晚宴时，真是出尽了洋相。

原来，十年前，彬彬去参加一个有很多外宾的活动，她很想好好地表现自己的魅力。为了凸显自己的传统特色，她精心选购了一套红色的旗袍。可是到了会场才发现，就餐的环境是中式的，当时的服务人员均穿着红色旗袍，当场还有人差点儿把用过的酒杯递给她。

她这才明白，选衣服重要的不是款式本身，而是要知道参加的活动当时的环境是如何布置的。后来，她邀请嘉宾的时候，总是会提前向嘉宾汇报会场布置。

说着自己的故事，彬彬很自然地过渡到给王女士介绍此次活动的特点。她告诉王女士，这次活动的背景板是红色的。彬彬又给王女士分析了一下到场的人的心态和心理，而且还分析了另一位嘉宾的特点。她让王女士明白，当天最出风头的行为，并不是要性格张扬，反而应该制造一个反差，让在场的人感受到她的知性魅力。

最后，王女士丝毫没有感觉自己是被彬彬说服了，而是觉得彬彬给自己提供了最有效的信息。既然背景板是红色的，自己就一定不能穿红色的衣服，以免被埋没其中。而在场的嘉宾都是以活泼、风趣为主，那么，她可以以凸显自己在商业领域独到的观察力为主。这样，显得自己既有女性魅力，又有商业眼光。

于是，当天身着白色服装的王女士展示了她最好的一面：大方得体，却不失活泼、风趣。一场效果出奇好的活动举办下来，王女士对彬彬不仅没有反感，还多了一份亲密和信任。

从这个案例中，我们可以看出：首先，彬彬使用故事的方法，让自己先向王女士的情感账户上存款，让王女士觉得彬彬和她之间有了朋友一样的感觉；然后，她用自己的故事将建议表达了出来，聪明的王女士当然能感觉出彬彬是用讲故事的方式来说服自己，但还是会感受到彬彬对自己的尊重和周到；最后，彬彬很会讲故事，讲故事的技巧成了她说服王女士有益的助攻！

同样一个故事蓝本，怎样讲是大有讲究的。

彬彬很会讲故事，关键就在于她抓住了故事中的三个小元素。

第一，故事中要有一个能和听故事的人引起共鸣感的人。彬彬设定的主人公虽然是自己，但是呼应了王女士渴望出风头的特点，所以瞬间就能吸引王女士的注意力。

第二，讲故事，要讲出一定的反转。一个渴望表现得很好的人，最后却出了洋相，这种戏剧化的方式就增加了故事感。

第三，故事要有令人受益的启发。王女士是一个强势的人，绝不是一个愿意倾听别人痛苦的人。这个故事迅速收尾，并且自然过渡到工作上，这才是王女士能够接受的方式。

我的一个朋友，要分享一个关于人际交往的主题。

他起初的讲稿非常生硬，但是当你提醒他要讲一个有反差的故事时，他的语言瞬间就灵活、生动了起来。

你不会感觉被他说服，要立即进行社交活动，而是会觉得，人一定不要让自己变成一座孤岛，这个概念是你自己想出来的。

他的故事是这样开始的："我是我们村第一个走出来的大学生。在我来北京上学之前，我那面朝黄土背朝天、辛勤了半生的父亲告诉我了一条家训：'出门在外，能自己做的事情别花钱，能花钱的地方别求人。'

"靠着他这句话，我拼命读书，工作后拼命努力，我和我的合伙人取得了不错的成绩。但是有一天，我的合伙人要和我分开，他只说了一句话：'你是个好人，但是你并不需要任何人。'听完他的话，我想骂他忘恩负义，想骂他虚伪，但是我不能，因为我们认识10年了，我知道他也是个好人……

"我痛苦了一年，终于明白了一个道理，他说得对——人与人之间是需要互相支撑的。我父亲给我的家训是农耕文明的智慧，并不适应当下的互联网时代。人和人之间不但互相需要，而且要有深层意义上的需要。于是，我花了三年时间来研究人和人之间到底该如何相处。"

这个故事令在场的人无不动容，因为这个故事同样抓住了三个重要的小元素：

第一，故事中要有一个能和听故事的人引起共鸣感的人。上述故事从父子情入手，从人类最质朴的亲情开始讲起，容易引起听众的共鸣。

第二，讲故事，要讲出一定的反转。尤其对于演讲这种形式来说，主讲人必须把那些有可能对自己有所怀疑的人迅速拉入自己的阵营。上述故事将力量集中在个人的挫折和转折上，自然能产生强大的说服力。

第三，故事要有令人受益的启发。上述故事的启发和演讲的主题完全呼应，是一个有效故事。

制造对方接着听的理由

当我们演讲的时候，不论你讲什么故事，大部分听众都会听完。但是，在与客户沟通的时候，要随时制造让对方接着听你讲故事的理由。

你要敢于大胆地去假设和想象，我们来看下面这个例子。

有一个人形象得体、风度翩翩地走向了一个公司前台，要见该公司的某一位领导。

前台问："您是做什么的？"

他回答说："我是做灯具生意的。"

前台说："我们不需要灯具。"

他说："我得到内部消息，你们需要重新装修办公楼，灯具是必要的。"

于是，前台转接了电话，约见成功。果然，公司确实要重新装修，只是没有对外公布而已。

与负责人见面的时候，这个人大胆地提出了很多问题，例如：

"您好！听说贵公司打算重新装修，能否请您说明您大概需要什么样的灯具呢？"

"我们公司非常希望与您这样的客户保持长期合作，不知道您对我们公司了解吗？"

"您是否可以谈一谈贵公司以前购买的设备有哪些不足之处，我们一定在这次的合作中规避这些问题，让您满意。"

"如果您对这次合作满意的话，一定会在下次有需要时首先考虑我们，对吗？"

在这些提问中，他充分了解到客户的需求，并有意识地主导了客户的选择倾向，并以真挚的态度赢得了客户的好感。

而这一切，都源于一个机会，就是第一步至少能见到客户。

其实，他根本就没有什么内幕消息，只是做了一个大胆的假设，说得到公司要重新装修的内幕消息。正是因为制造了这样一个故事前提，他才有了一个见面机会。不做这个假设，就没有人接着听他说话了。

一个人只有对生活充满好奇与激情，才有可能创造出故事。

小李刚到公司实习时，公司给实习生安排的工作是非常清闲的。她的工作的确很简单，非常像一个打杂的，每天面对的是形形色色的报表，而她需要做的只是复印、装订成册，再复印、装订成册……在财务人员忙得不可开交时，她才有机会去帮帮忙。

这样的一份工作显然是不需要任何想象力的，但是小李不这么想。她认为如果能利用这个机会多研究一下数据的意义，说不定自己能发现很多人没有发现的问题。

果然，小李在复印并装订报表的时候，先仔细看了各种报表的填写方法，然后用经济学分析公司的开销，并结合公司正在实施的项目，揣度公司的经济管理。

工作了一年之后，小李做了一份工作流程表，里面有自己对数据的分析，还提出了一些工作方案。并且，她还把小范围内试用新型表格的效果一并反映了上去。

现在的小李已经成了一名主管。

只有相信生活有无限可能性的人，才会创造生活的无限可能。而这样的人，容易创造出机会，并能把握住机会。

当一个人内心的枷锁被驱除，心态调整到一个放松的状态时，不仅能够大胆地假设，给自己赢得机会，还会让自己变得幽默。

有一次，有人带着资料来找我寻求合作。

我本来根本就没想要与他合作，但是既然人来了，我就不能冷眼相对。

于是，我对他说："你把资料放在这里，我看完如果有需要，会主动联系你，好吗？"

他当时说了一句话，让我很吃惊。他说："您是不是想让我把资料放在桌子上，好赶紧打发我离开呀？"

我抬头看着他年轻、带着笑意的脸，觉得他的回复很有意思。他完全说出了我的想法，我不禁对他产生了几分好奇。

他说："我之前去过很多家公司寻求合作，他们都是让我把资料放在桌子上，然后就杳无音信了。这让我心里挺失落的。您看我来一趟也不容易，就耽误您 5 分钟的时间，让我把业务简单给您介绍一下，好吗？"

他说得入情入理，让我实在不能拒绝。就这样，我给了他 20 分钟的时间。当然，我听完以后还是没有与他合作，但是因为我彻底听明白了他的意思，所以我把一个可能需要合作的朋友介绍给了他。

制造话题，让沟通不要被迅速切断尤为重要。

这个年轻人的那一句"您是不是想让我把资料放在桌子上，好赶紧打发我离开呀"，真是制造了一个有趣的交流的开头。

就是这句话让我对他产生了好奇，从而保证我和他的沟通没有终止，才有了后续的发展。

　　所以，我们与人沟通时，可以通过种种假设，多说一些制造话题的语言，引起对方的兴趣。一定要让对方有欲望同你说下一句话，这样才能实现往后讲故事的目的。

为自己准备一个道具

我有一个做销售顾问的朋友，是一个编故事的高手。

他几乎不管销售什么产品都会制造一个戏剧化的场景。比如，他曾经销售一种建筑上用的器材，几十千克重的器材愣是被他"运"到了客户刘总的办公室。

刘总本想拒绝，可是谁忍心立即让他在烈日下再把这么沉重的东西搬走呢？刘总只能让大家都来听听他对器材的解释说明。一屋子的人都听他虔诚地讲解他所销售的器材的特性有多好，外观多么漂亮，材料都多么可靠……

开始的时候，大家碍于面子来听一听。后来，大家觉得他讲得专业、客观，整个办公室的人都觉得产品不错，值得采购。

接下来，有趣的事情发生了。由于这个大件的器材"躺"在客户的办公室，没有被搬走，刘总的客户和工作伙伴来办公室，视线当然会被它吸引。当大家问起这件器材的时候，刘总也骄傲地说起了这个产品的质量多么可靠！

最后，可想而知，这位朋友就靠着一个产品展示，得到了一个宝贵的机会。

这位销售高手，在为其他的销售员做培训的时候，一定会强调，必须要给客户展示你的产品。当你围绕着你的产品进行讲解，并且对外观做了一定的赞美时，就会给对方的心理产生影响。

更巧妙的是，他在必要的时候，还能借助一个道具，全面提升自己的影响力。

比如，他为销售灯具的业务员做培训，在出谋划策之前，他先咨询了公司业务员的业务流程和一些具体的操作细节。

灯具公司的业务员销售灯具时，通常是带一个大大的纸箱子装灯具，然后用废报纸塞好箱子的空隙，直接去拜访客户。

这个朋友听完之后，就有了改进的方法。

第二天，他召集所有的业务员开会，向大家展示了他的作品——一个非常高级的模具盒子出现在了大家面前。朋友打开盒子，大家看到灯具在一个塑好形状的塑料泡沫里安静地躺着，让人感觉灯具高档了好多。

最后，朋友向大家展示了他的标准操作：拿出灯具之前，他拿起灯具盒里备好的一副白手套，伸出手，认真地戴上手套，显得认真、虔诚。然后，他用戴着白手套的手将灯具托出来，向大家展示灯具，并讲解灯的特色。

所有的业务员都为他的精心设计所折服。

他说："任何客户伸出手拿灯具观看的时候，不论他多有钱，你一定要说：'先生，请戴上我为您准备的手套。'"

在这个案例中，我们感受到道具的威力。这个道具让一个灯具的展示者显得训练有素，并让人对产品产生了一种欣赏的感觉。

道具的作用就是如此强大，例如我们常常接到一些传单，传单的整个页面都在极力影响你内在的情绪。

拿卖房子的宣传册来说，除了必要的、有效信息的介绍外，大部分宣传册上会有一页描绘的图案。这页图案上一定会有一幅美好的画面，可能是一家三口其乐融融的画面，也可能是房子周边的公园风景。

想买房子的人看到这样的画面，内心受到的冲击是巨大的。

宣传册不是卖给你一套房子，而是卖给你对生活更美好的憧憬，让你感觉到买了这套房子就得到了画面上的一切。宣传册起到的就是道具的作用。这就实现了房产商的初衷，他们靠卖给你对未来生活的憧憬和梦想，来增加他们的价值。

人与人的沟通、讲故事，都可以借助一定的道具，增加自己所说的话在情绪上的感染力。

我的一位朋友杨老师，是一位独立的亲子咨询师。在她的专业领域，比她有名气的大有人在，但她的咨询费居高不下，找她咨询的家长总是络绎不绝，家长们找她预约咨询都要提前一整年。

杨老师的咨询方式属于"遥控型"，她并不是邀请家长和孩子一起到她的工作室进行学习，而是要求家长事无巨细地去动笔记录孩子一整天的活动，包括孩子说的每句话。然后，杨老师对所有的细节进行细致分析，再通过电话沟通来指导家长。

曾经有家长对这样的工作方式存在质疑，也有家长想请求老师住家指导。在大家聊到杨老师的工作方式的时候，杨老师并没有居高临下地反驳和教育家长要学会尊重咨询师的工作习惯，只是微笑地让大家看一眼她的工作室。

大家看到她的工作室，没有任何休闲和娱乐的设备，除了桌椅，工作室内整整齐齐摆放的咨询材料有数尺高。杨老师说："每本材料里，都有我的画线分析和旁注。但是，有时候，要分析的可能性有很多，所以无论一页纸有多少留白，都容易写不下。所以，我不得不单独再整理出分析笔记。"果然，在书桌的另一个角落，放着厚厚的不同颜色的本子，正是杨老师的分析笔记。杨老师说她自己统计过，经她咨询过的孩子，平均每个孩子在咨询材料以外的分析笔记就至少有 300 页。

所有家长都当场折服，也会瞬间被一种敬意所笼罩。正是这令人眼见为实的道具，让家长们看到了杨老师每天的工作。同时，让所有来的人都深刻地懂得了专业的人不必亲临现场就能洞察本质的本领也是勤奋所得。杨老师所有的厚厚的材料和她对孩子每句话的细致分析，足以证明她的专业态度和匠人精神。

如果想去拜访一位仰慕已久的作家，你可能会准备很多要谈的话题。但是，热心读者太多了，如果你没有打动他，他是没有理由接受你的约见的。

当所有的读者都说"您的书对我的影响太大了，我非常爱读您的书"的时候，你能不能准备好一个道具，让你的话更有分量，显得与众不同？

每个人想到的可能都不一样。

如果能精心准备一个笔记本，做一本手抄本的笔记，来证明自己的确爱读他的书，就比你说得天花乱坠要更有说服力，道具是在尊重事实的基础上的一个借力。

我早期带团队的时候，工作非常辛苦。俗语说："人心齐，泰山移。"为了让大家更好地合作，我周末的时候也往往要和团队中的骨干一起计划和安排一些商务的推广活动。

我知道自己需要配一个专业能力很强的副手，和领导提了几次，但都没有得到重视。

最后一次成功了，成功的原因是我巧妙地使用了道具。

道具就是一张 A4 纸，领导打开一看，上面画了一张饼图。饼图科学地记录了我的时间分配，反映了工作占据我休息时间的比例。我所做的工作远超身体负荷，工作长时间地消耗了我的能量。再这样下去，结果就是我被拖垮。

看了这份材料，领导一言不发。不到一个星期，我的目标就圆满地实现了。

现在的你，对于自己要讲的故事，能否找到合适的道具来辅助呢？可以用卡片做道具。当你需要当众展示想法的时候，如果周围环境不允许，没有 PPT 展示，卡片将是一个不错的展示方法。用卡片将有代表性的数字型的材料标记出来，能给人留下深刻的印象。

谈合作的时候，电话也可以做道具。有一家公司想把生产技术转让给另一家公司。两位负责人约好见面时，购买技术的公司表明态度：新技术难以在市场上迅速打开销路，需要分三次付清技术转让费。

此时，拥有技术的公司负责人接了一个电话，原来另外一家公司也对这个项目感兴趣。

这个电话是预先安排的，目的在于借助电话虚拟竞争者，来刺激正在谈判的对方的购买欲，促使对方不再犹豫不决，从而放弃苛刻的条件，或者能软化对方的强硬态度，降低其要求，促使谈判成功。

于是，这位购买技术的公司的负责人在旁边听完电话后，便不再坚持分期付款了。

当然，他不一定完全相信这个电话。但是，即便是半信半疑，他可能也会想"既然来谈这件事，公司里的人都知道了"，就不愿意承担丢失业务的风险，而"宁可信其有，不可信其无"。

潜台词是沟通的好角色

《围城》里有这样一个细节：鲍小姐对方鸿渐说的那句"你长得很像我的未婚夫"。

钱锺书先生的解释是：当一个女人说你长得像她的未婚夫时，等于表示假使她没订婚，你就有资格得到她的爱了；或者，她已经另有未婚夫了，你可以享受她未婚夫的权利而不必履行和她结婚的义务。

长得很像旧情人，也许就暗示着你可以和她成为现在的情人。因为她对旧情人是那么念念不忘，但毕竟已是旧人，所以大家可以在当下的感情中进行弥补。

这是一种很幽默的潜台词，拉近了鲍小姐和方鸿渐之间的距离。

潜台词还会发挥神奇的力量，有一个很感人的故事：

在美国经济大萧条时期，一个 17 岁的女孩非常幸运地在一家高级珠宝店找到了一份售货员的工作。这天，一个年轻人进了店，他衣衫褴褛、满脸悲戚，双眼紧盯着那些珠宝、首饰。

就在这个时候，电话铃声响了起来。女孩去接电话，却不小心碰翻了一个碟子，六枚宝石戒指落到了地上。她慌忙拾起其中五枚，但怎么都找不着第六枚。就在抬头的一刹那，她看到那个衣衫褴褛的年轻人正慌张地朝门口走去。她立刻意识到那第六枚戒指在哪儿了。当那个年轻人走到门口时，女孩叫住他，说："对不起，先生！"

年轻人转过头来，问道："什么事？"

女孩看着他抽搐的脸，没说什么。

年轻人又补了一句："有什么事吗？"

女孩这才神色黯然地说："先生，这是我的第一份工作，现在找工作很难的，您说是吗？"

年轻人紧张地看了女孩一眼，抽搐的脸这才浮出一丝笑容，回答道："是，确实如此。"

女孩说："我希望能在这里工作得不错，可以让我回家的时候给我的弟弟买面包！"

终于，年轻人退了回来，把手伸给女孩，说："我可以祝福你吗？"

女孩也立即把手伸了出来，两只手紧紧地握在了一起。

女孩仍以十分柔和的声音说："也祝您好运，先生！"

年轻人转身走了。女孩也转身走向柜台，把手中握着的第六枚戒指放回了原处。

很多书里提到这个故事时，都是在谈道德，今天我们要分析的是话术和人的心理。

故事中，女孩的话术是非常巧妙的，她第一句话说"对不起"，放松了那个年轻人的戒心。

接着，她用黯然的表情，用自身处境的艰难打动了对方。

最巧妙的是，她关注了对方的感受，和对方进入同一个沟通频道。她所说的"现在找工作很难的，您说是吗"就是对现状的一种叹息，也说出了年轻人的内心感受，让他产生了共鸣。

潜台词的使用和我们渴望圆满、和谐的交谈氛围有着密切的联系，有些不便直说的话，可以通过暗示来传达，既不伤害对方，又能表达自己。

这也是一种说服别人的手段，明说达不到效果，但采取隐晦、含蓄的语言，巧妙地向对方传达某种信息，并以此来影响对方的心理，使其不自觉地接受一定的意见、信息或改变自己的行为。

潜台词本身就是一个曲折的小故事，人们在沟通的时候，要想真正听懂对方说的话，就要学会听对方的潜台词，还要学会说潜台词。

那么，如何觉察到对方的潜台词呢？

要想有效地与人交往，不仅需要具备很好的言语表达能力，还需要了解对方的姿态、眼神、手势、表情等非语言信号。

很多人说的和想的不一样。有时候，我们会发现很多有钱人在买东西的时候，虽然不直接提出价格优惠的需求，甚至装大方，其实他心里非常希望你能将产品低价卖给他，甚至免费送给他试用。

你可以通过观察他们对什么话题敏感，愿意在哪句话上接话，来分析他们在乎的点在哪里。他们常常会让你感觉到他们有些心不在焉，在听你介绍产品的时候，他们顾左右而言他，说不定还会告诉你他的某个朋友正是同类产品的销售员，不花钱都可以拥有，根本没必要买。

但是，不要被对方的虚张声势给吓到了，你可以模糊化地表示你的价格可以优惠。如果他们的态度立即发生改变，你就明白了他们真正关心的点就在这里。

在工作中，基本上我们不需要用到潜台词，因为职场是讲究高效的。如果对你有利，对对方也有利，大家大可以开诚布公地谈。

　　危险的是，有的时候，一个领导并不会直接请一个人离职，而是会给出一些信号。这样的信号，有时候并不是一句闲聊。

　　比如，"以你的能力做这份工作真是委屈了""你性格活泼，其实更适合工作性质更开放的工作""你有没有考虑过不做这份工作？你最想做什么工作？"……

　　这样的潜台词如果来了，你就需要观察，如果领导接下来不再给你分派新的工作任务，甚至连你手中进行到一半的业务都让其他同事接手，你就处于无事可做的尴尬状态了。

　　你要迅速采取行动，一定不能抱着是公司不给我安排工作，又不是我不做的态度，开始不务正业。

　　相反地，你应该主动工作、积极沟通。总而言之，就是别让自己什么事都不做，积极行动才是真正的应对之策。

在真信息中巧妙加工故事

在本书中，我们提到的故事毕竟只是用于人与人沟通、交流的一种手段，所以，我们一定不能真的像讲故事那样信马由缰，而是要在真和假之间做好平衡和切换。也就是说，没有必要把真话全部讲出来，但是也不能装模作样，说一些言不由衷的话。

关于说真话，鲁迅先生有过非常富有深意的描述：一户人家新添了一个男婴，很多人前来道贺，有人说这孩子聪明，有人说这孩子漂亮，有人说这孩子将来一定能当大官，这些人都得到了主人的回馈。还有一个人说，这孩子将来是要死的，结果他得到了一顿暴打。

生活中，我们会遇到很多说真话的人。说真话的人是不是就一定能把事情办好，赢得他人的尊重呢？

有的真话放在某个场合里不符合大家约定俗成的情感上的规则，那么说了反而不如不说。当我们给别人信息的时候，要注意尺度。

比如，小林脸色不好，有个和他相处得不错的同事问他："哎哟，你这是怎么了，和你爱人吵架了？"

小林"嗯"了一声，然后就一声不吭地工作了。

可以看出，小林是个很实在的人，他既没有伪装，同事也不会把这件事放在心上。大家会认为小林这个人很真实。

相反，如果出现以下的场景就麻烦了。

同事问："和你爱人吵架了？"

小林说："是。"然后他接着说，"昨晚，我们吵架了，没说几句，她拿着钢笔就摔了过来，然后砸中了我的额头。我哪能忍受这样的耻辱？站起身就开始收拾她，我直接把她推倒了，然后冲上前就打她，把她打哭了……"

同事听着听着便不吭声了，最后的结果就麻烦了。

公司里开始有各种传言。有人说："小林这个人太坏了，居然打老婆。"还有人说："小林的老婆简直是个泼妇，动不动就摔东西。"甚至还有人说："小林对老婆下手那么重，一定有家暴倾向。"

以上我们看到，一个信息和一个故事，一个是有技巧的，一个是无节制的，所产生的却是两种截然不同的效果。况且，有的真话听起来真实，却未必一定正确。

我们经常会听到一些女人说："男人的话要能信，猪都能上树。"

这句话是真是假呢？对于说这些话的女人来说，可能是真的，她们的人生经验告诉自己，男人的确不能相信。她们受到了情感上的伤害，并且对所有的男人都失去了信任。这句话是她们某一时刻真实情绪的反映，但这句话从整体上来说就是偏激的，说出来也是不当的。

所以在这里，我们提倡人与人之间所交流的语言、讲的故事，都要在真与假中做到一种平衡。

毕竟一个人要立世，就要学会保护自己。只有保护了自己，才能保护他人。记住季羡林老先生的话："要说真话，不讲假话。假话全不讲，真话不全讲。"季羡林先生是这样解释的：不一定要把所有的话都说出来，但说出来的话一定是真话。

"假话全不讲"是做人的道德底线，"真话不全讲"则是审时度势的说话技巧。可以说，"假话全不讲，真话不全讲"是季羡林老先生这样饱学高士、诚实君子应对尘世迫而自保却又守住道德底线的一个妙法，也是足够世人享用一辈子的做人准则和诀窍。

有人为季老做过数次采访，主持人在听到季老这句话时，反问："为什么真话不全说呢？全说真话不是更好吗？"季老反问："你能全说真话吗？"那名主持人一时语塞，只能回以"哈哈"了。

还有一个例子，曾经有人问某知名人士："目前在世的人当中，您最钦佩的人是谁？"他说是白岩松，理由是当代社会有思想的人不少，难得的是白岩松不仅有思想，还会表达。

白岩松曾辞掉了央视春晚的主持工作，"虽然我有能力以另外一种面貌让大家开心，但是春晚好像不合适，所以我只是个春晚的过客"。这种真话只有自省，没有对别人的批判，但是这句话同样给人们带来思考。这个社会人人都愿给自己加码，总希望荣誉越多越好、房子越大越好，白岩松却给自己做了减法，提醒人们注意：一个人必须做减法，因为你做不好所有的事情。

在人与人的沟通中，要有技巧地讲出一个故事里真实的部分。如果一点儿技巧也不讲，把一切商业秘密都毫无保留地透露给对方，那并不是所谓的"真诚"。

老刘去采购一批货物，他通过周密的调查与了解，认为每吨 2.5 万元左右是一个合理的价格，同时双方都有利可图。因此，他约了一家公司的销售经理进行洽谈。

谈判了很久，在价格谈到 2.25 万元的时候，对方的销售经理突然从座位上站起来说："已经是最低的价格了，我本来就没有赚你们的钱，再便宜，我就要赔钱了。"

也许计算了生产成本后，低于 2.5 万元的确会赔钱，但是对方的销售经理的真话反而没有让老刘相信。他觉得对方的销售经理太夸大其词了，因为"我本来就没有赚你们的钱"不符合两个人商业交换的这种故事设定。老刘没有说什么，起身就要离开。

对方的销售经理最终还是把他给留住了，以每吨 2.48 万元的价格促成了交易。

这就是真信息没有被用好，反而让人感觉假的反面案例。

同样一个故事，不同的人讲出来，效果也是不同的。这就在于选择要说出来的信息，是需要进行大脑加工的。

两个酒吧，一个倒闭了，另一个生意很好。仔细一探讨原因，第一个酒吧是任何客人进来，服务员都问："请问，您的啤酒里面加鸡蛋吗？" 80% 的客人说："不加。"第一个酒吧失去了 80% 的生意。

第二个酒吧的服务员这样问："您是加一个鸡蛋还是加两个鸡蛋？"

80% 的客人都选择加一个鸡蛋，还有 20% 的客人选择加两个。

这两种问法都是为客人服务，效果却截然不同，因为第二个酒吧的服务员改良了自己的信息。

又如，一个女孩打碎了家里的茶壶，该如何解释呢？

当然，首先要符合事实，真诚地道歉，只不过讲故事的次序大有讲究。

她是这样说的："妈妈，我给您泡茶泡了这么多年，都很小心，可是今天不晓得怎么搞的，把茶壶打破了。"

想想看，家人还会不原谅她吗？

因为短短的几句话信息却很多：第一，自己是个好孩子，很懂事，泡了很多年茶；第二，自己敢于承认错误；第三，这次的事件的确是偶然事件。

这个案例可以被广泛借鉴。比如，你上班迟到了，如果能巧妙地设计，讲一个真实的、经过信息加工和处理的故事，也许就不会引起老板的反感。

讲出超越对方想象的故事

很多人都在说同一个问题：感觉自己工作很努力，却不被老板关注。

我的一位属下刚开始当管理者的时候，我曾遇到一件越级汇报的事情。一名新来的业务员找到我，向我汇报了她工作两个月以来的感受，以及我的属下对她的忽视。

小女孩说得很诚恳，我虽然不喜欢这种越级汇报，但是正赶上和这位刚当管理者的属下一起吃饭，顺便就和他聊了一会儿，问他为什么不看好新来的这个女孩。

属下很坦然地说："她的确是个很努力的女孩，但是在工作上，她头脑简单，缺乏想法，做的工作虽然很多，但都是比较简单且重复的内容。我不重视她，是有一定原因的。她除了努力一点儿之外，没什么地方是特别优秀的。"

我的这位属下精明能干，做事条理清晰。正是用人之时，他相当于我的左膀右臂。

听完他汇报的情况，我站在了属下的一边，毕竟"千军易得，一将难求"，这位有苦劳、没功劳的小女孩，只能让她逐渐适应，慢慢成长。

每个职场人都要注意维护自己的形象，努力不等于有业绩。如果给公司高层留下"头脑简单，缺乏想法"的印象，那么情况就麻烦了。老板不是老师，他没有时间做员工的辅导员，他只能让具有不同能力的人去做与之相匹配的事情。久而久之，越不被重视的员工，得到的欣赏和关注就越少；越只会做简单工作的人，越会长期接受此类工作。

如果想避免不被重视，就要利用和领导在一起的时机，聪明地表达自己。正因如此，很多人才削尖了脑袋搏出位，恨不能趁一个时机，就与老板称兄道弟。

这种行为本身没有道德上的对错，在职场上，老板的关注的确是一种资源。员工得到了老板的关注和满意，才会有长远的发展。

怎样做到这一点呢？

抓住每个和老板近距离接触的机会，要争取做到，你给老板讲的故事超出老板原来的期望值。

我以前的一位老领导，特别平易近人，在我们几个年轻的小伙子面前从不摆架子。

有一次，我们陪他出差。闲聊的时候，他主动提起了他近期的烦心事。原来，老领导的儿子到了该结婚的年龄，他儿子自由恋爱，找了个女朋友。女方的家庭条件不是很好，老领导对此很不满意。于是，他就问我们"现在的年轻人都想找什么样的妻子"。

第一个谈想法的是小林，他毫不犹豫地说："找老婆，当然要听父母的意见了，哪能自己想怎么样就怎么样？"老领导听后，笑而不语。

第二个谈想法的是小耿，他很正直，也很大胆。他说："我觉得结婚这件事，不能完全让父母做主，毕竟是自己一生的幸福，每个人都要为自己的选择负责。我们这个年代的人都叛逆，领导您只要多和孩子沟通，一定能达成共识的。"老领导也笑了一下，没有说话。

第三个谈想法的是我，我说："年轻人找女朋友通常看三个方面：第一看价值观是否相同，如果两个人能对一件事情看法一致，将来在生活中就不会有很大的摩擦；第二看性格，有人喜欢性格互补，有人喜欢性格相近；第三看对方是否有打拼的能力，大部分人不在乎对方家里有多少钱，而在乎对方是否有'自我管理''经济头脑''规划能力'，这对创造两个人的未来是十分有必要的。"

听完我说的话，老领导一声没吭。显然，他已经进入了思考阶段。

此次出差后面的时间，我慢慢感受到老领导对我的关注多了，问我想法和征求意见的次数也多了。

能力源于总结和反思。很多年后，我再去回想当年的对话，很感慨自己当时的幸运。

老领导听多了恭维话，小林的迎合对老领导来说没有价值。领导已过知命之年，经历了风风雨雨，过的桥比我们几个年轻人走的路都多。小耿讲的"大道理"，对老领导而言更是小儿科。道理上的说辞，是老领导早已不屑一顾的。

其实，领导当时只是想知道我们这些年轻人在想什么。恰好，我的回答让他知道了部分当代年轻人在择偶方面的一些理由，也让他觉得看似不靠谱的年轻人，其实也有自己内心的判断。

当然，最有利于我的是他感觉我对一个问题的思考比较全面，想问题全面才能提供多样性的回答。

找准脉，对症下药，瞬间 hold 住老板。只要你懂得老板要什么，就一点儿也不难。

再给大家举一个例子。你的领导提出了一个想法，让大家讨论，比如要在某城市大量投放某个产品的广告，刺激购买，开会讨论是否具有可行性。

第一个人说："大量投放广告，资金投入太多，有运营风险。"

第二个人说："广告对人们的刺激巨大，值得尝试。"

第三个人说："投放此类广告，关键是要看该产品是否已经在大众中形成一定的认知。"

我们可以明显地感觉到，第一个人和第二个人回答的力道不足，第三个人的回答超越了前两个人一大步。因为他的回答攻入了领导的内心，领导要求大家对一个想法进行讨论，就是希望大家从不同的角度提供观点。俗话说"兼听则明，偏信则暗"，他想要的就是从各个角度收集信息。

第一个人和第二个人的回答错在角度选取不独特，更大的弊端在于，他们仿佛在代替领导做决策。

第三个人的回答角度独特，并且具备了一定思考的深度，没有把话说"死"，领导肯定还想接着往下听。

接下来，第三个人采用了理想的回答方式，那就是进一步讲了一个真实的故事："国内 ×× 品牌为了进军欧洲市场，在欧洲某城市投放了 N 条广告，但是整整一个月，销售额都没有明显增长，因为欧洲人从来没有听过这个牌子。在这种情况下，他们不关心这个产品对自己有什么用。所以，再多的活动砸下来，他们也不会买。"

同时，可以针对本公司产品提出方法和建议。

……

如此一来，老板自然会对第三个人青睐有加。

用幽默制造故事感

与人沟通时，难免会遇到难以应对的场景。这时，幽默就起到了非常重要的作用。有幽默感的人，一定更善于与其他人沟通，即便表达反对意见也不会让人反感；有幽默感的人，总会成为聚会的主角，人人都愿意和他聊上几句；有幽默感的人，遇到再尴尬的场景也不会感到害怕，总能找到化解问题的方法……

幽默本身就有故事感，因为在用幽默的方式沟通时，人们往往处于一种放松和愉快的情景中，这更像是一个说故事的场景。

人们总是喜欢和能让自己快乐的人交朋友或者建立某种联系。能够以一种愉悦的方式让自己留在对方的记忆中，这种记忆是深刻而美好的。

那么，在高情商沟通中，幽默是怎样发挥作用和制造故事的呢？

给大家举个例子：有一天我出门的时候，被人认出来了。一个年轻人问我："张老师，你认识我吗？"

当时，我和他周围的人都挺多，所以我想给他找个台阶下，也给自己找个台阶下。我微笑着点了点头，不直接回答问题，打算离开。

没想到他接着问了一句："那你说，我是谁？"

这是一个非常尴尬的场景，那么，我应该说什么呢？

如果我足够幽默，有足够的想象力，可以这么说："哈哈，看来你怀疑我年纪大了，没有记性了是吧？"

此时，幽默是一种保护，也是进攻。重要的是，不会伤人。

有一位大学生平时说话很诙谐、幽默。他在兼职做推销员时，有一次前去一家报社找工作，他是这样问的："你们需要一名富有才华的编辑吗？"

对方回答："不需要！"

他接着问："那么，需要记者吗？"

对方回答："也不需要。"

他再次问："印刷厂缺人吗？"

对方又说："不，我们现在什么空缺岗位也没有。"

大学生并没有沮丧和绝望，他说："哦，那你们一定需要这个东西了。"

大学生边说边从皮包里取出一块精美的牌子，上面写着："额满，暂不雇人。"

这块精美的牌子就证明了他是个人才，他创造了需求，这种幽默感让他证明了自己是个头脑灵活的人。

幽默就是如此有力量。当然，幽默不是油滑，幽默是以智慧为骨的。

听过这样一个故事，在国外，一个人买了苹果的产品，过了没多久就来退货。于是，苹果的销售人员查看他的退货理由，想了解是什么原因导致的退货。这个顾客写的是："Wife say no."大家知道苹果是怎么处理的吗？苹果最终选择将产品送给这位顾客，只回复了一句话："Apple say yes."

于是，这个饱含着幽默的小故事被"果粉"们津津乐道，也为一个企业的营销做了良好的宣传。

商业交流也是如此，适时地幽默一下，同时又暗藏锋芒，就能不伤和气地守住自己的利益。

我们常常遇到这样的情况，一个销售员滔滔不绝地说了自己的想法之后，对方很排斥地说："你不用再来了，你说再多，我也不感兴趣。"

貌似无话可接的时候，销售员可以用幽默来进攻："当然啦，您不感兴趣，我才来找您。您要是感兴趣，您早来找我了。"

这也是个不错的缓解方法。当然，在这个案例中，我们能够感受到的一点是，身份和地位偏低的人在面对地位高的人的时候，主动幽默，或者打趣身份高的人有些不合适，但是如果身份低的人经常用自嘲的方式来幽默，效果会比其他的形式更好。

中国台湾学者梁实秋在一篇文章中写过梁启超演讲的开场白，他在文章中是这样说的："启超没有什么学问——可是也有一点喽。"这句话谦逊又自负，真实而幽默。

当然，自嘲也要有度，可以降低自己的能力，但不能降低自己的要求。

牛师傅是大学食堂的负责人，他的工作任务是决定采购蔬菜的种类，并从蔬菜公司买进蔬菜。

蔬菜公司的人看到牛师傅，心想他刚上任，肯定没有别的门路买进蔬菜，不如趁他不懂行情赶紧捞一把，因而报价很高。双方僵持不下。

眼看市场供应就要断开，而急需用菜的牛师傅并没有被蔬菜公司给唬住。他稳住了形势，装作一副没办法了的样子，找到蔬菜公司的负责人。牛师傅使用了自嘲语言，说道："唉，你们不知道我在食堂里的地位，我就相当于聋子的耳朵，只是个摆设而已。你们把我看高了，我手中能有多大权力，我能决定买来的蔬菜的价格？天气这么热，我花大价钱买一堆烂菜帮子回去，这个责任我担得起

吗？要是我实在干不了这份工作，估计食堂就会换个更精明的人来
做这部分工作了！”

　　他的这番自嘲，不但使想大捞一笔的蔬菜公司人员死心，而且
还让他们对牛师傅产生了一丝同情。更重要的是，牛师傅的话柔中
带刚，暗示他们如果自己干不长，换上来的人肯定是个精明人。那
时候，蔬菜公司就更讨不到便宜。就这样，蔬菜公司最后终于妥协，
双方达成了协议。从这个事例不难看出，这种自嘲反映了说话者的
机智，带有很大的策略性，促使僵局出现转机。

讲故事的节奏

沟通不同于演讲，而更像是打乒乓球。说话的人绝不能一口气把故事全讲完，丝毫不注意对方的情绪和互动，甚至高超的讲故事的人还会根据对方的特点，调整自己故事的底本，在需要调动对方热情的时候抛出问题，在感觉自己表达得过多时，给对方说话的机会。

比如，大家一起聊自己的梦想。你有梦想，当然我也有。双方都有话要说，那就你先说一两句，我再说一两句，然后你再说……虽然双方都想要多说一些，但是出于礼貌和尊重，谁也没有独自占用整个对话时间。这就是一个愉快的"打乒乓球"的过程，问一句，回答一句，然后再问再答。整个说话的节奏非常好。

如果对方不是这样的，他非常愿意谈自己，他说起自己的梦想滔滔不绝，其他人根本插不进一句话，听的人一定会感觉非常压抑。在生活中的确总有一些人，显得非常自信，专业度也很高，觉得自己的看法才是最重要的，完全不理会其他人的感受。

人的心理有正常的输入和输出的需求。维也纳著名心理学家亚佛·亚德勒写过一本叫作《人生对你的意识》的书。在书里，他说："不对别人感兴趣的人，他一生中的困难最多，对别人的伤害也最大。所有人类的失败，都出自这种人。"亚德勒的这句话真的非常有道理。

也许此时有人要说，如果对方比较木讷，导致整个谈话冷场怎么办？其实，你不必担心，即使对方沉默，那也是他的一种选择。给他思考的时间，给双方静下来的时间。这种冷场不但不会影响沟通，而且还是人际交往中的一种手段。它看似是一种状态，实际蕴含着大量的信息，就像乐谱上的休止符，运用得当，会让整个谈话显得很有深度。

去面试的时候要非常注意这一点，就是不要急于说话，给自己留一个了解对方（也就是企业需求）的机会。

有很多人，往往不等面试官把话问完就赶紧插话来表达自己的观点。在这种情况下，不论你插话的内容多么精彩，对方都感受不到。这种急躁的态度不仅会弄错面试官问话的意图，而且很容易给自己造成损失。

当然，不插话仅仅是第一步，还要注意好好听对方说话。我写了很多职场书，但我很少教大家去模式化地回答问题，原因在于认认真真听对方说话，比你在脑海中拼命搜索应对问题要重要得多。有些人在对方说话时，唯唯诺诺，仿佛都听进去了，等对方说完，却又问道："很抱歉，你刚才说了些什么？"这样会给面试官留下糟糕的印象。

如果对方说了一段话，你认真听了，但是不大懂，对方要求你回答问题，那该怎么办？还是打乒乓球的艺术，当信息输入过来你却不懂的时候，做一个正确的输出，你可以这样说："据我听到的，你的意思是否是这样……"复述并理解这句话，会让对方觉得你很靠谱。

面试如此，销售也是如此。你的产品故事讲得再好，也得多给客户说话的机会，满足他倾诉的心理需求。而且，如果你让对方参与"打乒乓球"的游戏，就能通过对有效信息的收集和掌握，来引导自己的销售行为。

销售大师、说话高手罗杰·道森说过："推销大师往往能使客户感觉到自己是赢家，占了很大的便宜，而糟糕的推销员会让客户感觉到吃了大亏，成了输家。"这种情况体现在洞察力上。

如果客户挑剔、爱批评，一般人是不愿意和这种人打交道的。不得不说的是，一般人讨厌的事，可能会是你的机会。正所谓"嫌货才是买货人"，客户之所以"嫌弃"你的货物，是因为他们已经对产品有了兴趣。有了兴趣，自然会认真地加以思考，思考后必然会提出很多意见。

销售人员分为好几个层次，但大多数人都停留在"我卖你买"的层次上。看透客户心理的人，才是真正的销售人员。

如果对方不愿意与你"打乒乓球"，该如何处理呢？

这就需要我们层层递进，引导他说出自己的需求。他说得越多，你掌握的信息就越多。

让我们向生活学习这种话术。

顾客走进菜市场，问卖菜人："辣椒辣不辣？"

卖菜人没有回答辣或者不辣，而会问："你想买辣的还是不辣的？"

顾客回答："买不辣的。"

卖菜人说："怎么吃呢？"

顾客说："炒鸡蛋。"

卖菜人说："炒鸡蛋，最好有辣味，炒出的菜才有味道。"

顾客说："好吧，那就买辣的吧。"

卖菜人就这样"镇定自若"地卖出了辣椒。

这就是层层递进，引导对方和自己互动起来。不必直接回答对方的问题，而是了解对方的需求。然后从自己的销售点切入，让顾客愉快地购买自己的产品。

"打乒乓球"要控制节奏，自己不能急躁。在特殊情况下针锋相对，一来一往，不如沉默施压。沉默也是一种必要的手段和节奏。

比如，谈判进入关键期的时候，你说："我的公司不同意这个签约条件。"然后静默，一言不发。也许，过不了多久，对方就会给出一些优惠的条件。

然后，你可以在此基础上再调整条件。当然，前提是，你必须确保这种必要的沉默在你的故事版本里是一个很巧妙的省略号，而不是休止符。

面子是心脏：以情感对情感

有社会经验的人都知道，人们之间的沟通，对方不是在找一个答案，而是想多一些理解和认同。所以，我们在听别人的故事时，也是在回应对方的情感。

人的面子就是人的心脏，伤了面子如同伤了对方的心脏。我听过很多企业家对我说："不用称我为老师，也不用称我为 × × 总，你直接叫我名字就行。"但是，我们要知道，要体现尊重，要让别人有面子，一个有敬意的称呼很重要。

在人与人的沟通中也是如此。当捕捉到对方的情绪时，你可以用故事化的手法妥当地维护他的面子。

我曾经帮一位很有名望的企业家联系了一个医生朋友，这位企业家做事雷厉风行，心地善良，只是性格令人不可捉摸，很多人都领教过他无故发作的坏脾气。

就在这位企业家向医生阐述他的身体状况时，医生的手机响了。

医生毫不犹豫地接了电话，接的是一个陌生的、没有意义的电话。当医生放下电话的时候，他发现这位企业家已经脸色铁青了。

想到这位企业家曾经因为一个属下没有用尊称称呼他而被他开除，我知道即便是私人场合见面，他也会对医生在他说话的时候接电话感到非常不满。

这位医生朋友不愧是名医，不仅医术、医德很高，那一天我还发现他是一个讲故事的高手。他挂了电话之后，并没有刻意向这位企业家道歉，而是看似无奈地说："您看，现在有这么多陌生电话，我从来都不敢不接，因为我亲身经历了两次，靠着电话救了别人的命。只要有电话，我就会第一时间接听。我总担心万一是哪一位患者发生了紧急情况，需要我立刻支援。对于患者来说，医生是危急时刻可以握住的唯一有力量的手。"

这位企业家的脸色不但恢复了常态，而且还对医生产生了强烈的认同感和尊敬之情。这就是故事的力量——不必攻击和教育对方，也不必自我矮化和刻意解释，寥寥数语，在不伤害对方面子的前提下，把矛盾和不满化为无形。

生活中，我们要常常使用这样的方法来回应别人，因为大道理人人都会说，但是对方的想法却未必能迅速改变。

你的同事说："你这一个星期做的业绩，是我一个月做的业绩的总和。"

这句话从表面来看，只是陈述一个事实，但背后的心理机制是一种比较。其实，生活中的确充斥着大量这种比较，我们也不能免俗地会遇到这种处境下的沟通。

如果你用道理回复，就会生硬，也会伤害对方的面子，比如："我的一切是靠我自己的努力得来的。我加班的时候，你准时下班。我给客户打电话的时候，你在度假……"

不妨使用一些生活化、故事化的语言表达自己："我几乎一个月没回家，都在为这个大客户努力，很多其他客户对我都有意见了。"

这并不是卖惨，而是通过表达自己的情感，来回应对方的自我失落的情感。也就是说，你体谅到对方的失落，也告诉了对方，你为了一份出众的业绩失去了什么。

这样，你就很自如地把对方的失落和隐隐的敌意转化成了一种理解和同情。毕竟我们得相信，大部分人是喜欢比较的，但是人心向善，人们也相信公平和付出。

所以，给对方一份理解，不和对方较劲，也就是不和自己较劲，让自己能在和顺的语言和环境下成长。

让时间为你制造故事

很多人并不是不会沟通，而是没有沟通的机会。

当我的一些朋友和同事表示很多事情推进非常困难，向我求助的时候，我有三个提醒分享给他们。

第一个提醒是永远不要离开牌桌。

一个农夫和他心爱的驴子在赶路。由于驴子走在前面，农夫跟在后面，所以驴子不慎一头栽进了一个深坑里。农夫一看，坑太深了，根本无法救出驴子，却又不忍走开，不想让驴子活活地饿死。想来想去，最后只得痛下决心——直接将驴子埋在坑里。

农夫开始用铲子往坑里扔土，然而每扔一次土，驴子都会本能地抖掉。就这样，农夫往驴子身上扔土，驴子再把土抖掉。如此反复，坑渐渐浅了，驴子被垫高了。

最后，驴子踩着被垫高的土走出了深坑。

这个故事很多人都听过，但是每当遇到困难时，想起来这个故事，并把它讲出来，都会给人一种信心和勇气。

在人生这场游戏中，任何时候都不要离开牌桌。要告诉自己的是，遇到的事情再难解决，其背后也一定有一些好意。这样的自我疏导和开解，会为你接下来的行动提供信心和勇气。

第二个提醒是要注意你的人事布局。

绿茶与普洱都是茶叶，但是绿茶越喝越没味道，普洱却随着储存的时间而变化，储存的时间越长越值钱，味道不减却越来越醇厚。啤酒与白酒也是如此，啤酒是一种日常饮料，白酒却因为沉淀了很长时间，变得越来越醇香。

我们总是在日复一日地工作，但是忙碌不等于有成果。低头走路，走得再好，也得抬头看路——在看对路的前提下。

所以，除了给你的工作、给当下的生活见招拆招地解决问题外，还要学会深度挖掘。第一，为什么会对一些事情如此苦恼，或者说自己为什么放大了一些苦恼？第二，要思考为什么我们与他人的互动，在此刻处于一种困境，这和我们之前做的事情有没有一定的关联。

所谓"人事布局"，就是你要对自己未来的样子有一个大致的思考和判断。正所谓："人无远虑，必有近忧。"

关于应对苦恼：当知道目标在哪里时，你就不容易在当下因某一个客户、因某一次和他人的沟通而忧虑。你会放松下来，这种放松能够帮助你冷静、客观地解决问题。

关于互动难度：我们眼下的困境大多是我们此前做的事情没有给此刻的自己做一定的累积而造成的。

比如说，以前的自己是一个不断种花的人。花盛开的时候，我们享受名利，但种花的后果，一定是我们终将为花期而苦恼。但是，如果我们以前的工作是种树，随着时间的流逝，你会拥有一片森林，森林的抗风险能力和持久力都是花园所不能比的。

第三个提醒是当下要做能让未来与之重逢的事情。

我的职业发展之路走得很顺利，很多人所遇到的坎坷我都没有经历过。这并不是炫耀自我优势，而是我知道自己顺利的原因是什么。我的自信源于每天的自我学习和总结，所以即便升职再快，我的脚步依然是稳的。

在与人沟通这件事情上，我花了大量的时间来分析自己、研究别人，记录每个我所经历的重要的沟通细节。甚至一件事情，我会换三种沟通方式去验证自己的推理和判断。这样通过努力所得到的能力，并不是一朝一夕能练就的。

当别人遇到沟通问题向我请教的时候，我会真诚地与他分享一个自己的故事：在工作的第三年，我所从事的工作需要拜访一个社会名人。当时，我的直接领导一筹莫展，后来我自告奋勇去拜访。那一次出差，非常顺利，我带着好消息回了单位。

很多不明就里的人以为我只是运气好，其实这得益于我在大学时看的报纸和书。我在三年前就留意了有关这个社会名人的所有信息。当时，我还做了读书和摘报的笔记。所以，我对当红的他有所了解。另外，我多年前还给他写过信。

我能见到他，是因为他想起了那封长信！无论这是不是运气，都告诉了我一个深刻的道理：在我们与别人沟通的过程中，大家最在乎的就是真诚。而时间能为你的真诚加分，在大部分情况下，人们对"识自己于微时"的人都会很有好感。

所以，在本章的结束，我和读者分享的是，让你自己成为一个故事——如果你现在无法获得与别人沟通的机会，就努力在当下做一些对对方来说有善意的事情，哪怕是很小的事情。也许在一年后，对方开放他的合作机会的时候，你会比别人多一个机会。

第二章

解决问题的关键在你自己

通透是沟通的入场门票

　　每个人都想与比自己更优秀的人交往，每个人也都想与非常好沟通的人沟通，但在现实中，我们面对的，大多是充满矛盾与缺点的普通人。

　　大家存在的沟通问题往往都是类似的：对方不好好沟通怎么办？对方听不进意见怎么办？对方拜高踩低怎么办？

　　问这样的问题的时候，我们要明白，如果能先转换自己看问题的视角，很多问题可能就没有那么复杂了。

　　正如，我们再怎么指责问题出在对方身上，但是解决问题还是要靠我们自己。被别人气得失去理智，就如同自己服毒，却希望对方倒地。

　　我有一个同事，他处理的往往是别人看来最棘手的事情，但是他从没有生气和抱怨过。我们在采访他的时候，他说："我从一个很大的家庭里来，我有两个姐姐和一个弟弟，我在中间不上不下。我们家盖了两层楼房，我想为自己争取一个独立的房间，其他人都想要独立的房间，我该怎么办？我们家的孩子们陷入了分歧、争论、辩论和闹别扭中，但毕竟是一家人，大家都知道，最后还是要同心协力来解决问题。所以在很小的时候，这件事情就教会了我，不要惧怕矛盾和分歧，并学会了如何在一个团队中真正地为他人着想，并为自己争取利益。"

这段自我介绍，是一个生动的故事，也给出了一个深刻的道理：指责别人徒劳无益，问题还是自己的。

正如，你的鱼不上钩，难道你要一直骂鱼，而不是换一换鱼钩？

想拥有和顺的心态与别人进行良性沟通，更多的时候，我们要改变的是自己看问题的视角。

美国作家马歇尔·卢森堡所著的《非暴力沟通》是一本好书，令我时常阅读的原因不只是其中的沟通方法，还有作者富有人性关怀的个人魅力。

比如，书中有这样一首诗：

> 我从未见过懒惰的人；
>
> 我见过
>
> 有个人有时在下午睡觉，

在雨天不出门，

但他不是个懒惰的人。

请在说我胡言乱语之前，

想一想，他是个懒惰的人，还是他的行为被我们称为

"懒惰"？

我从未见过愚蠢的孩子；

我见过有个孩子有时做的事

我不理解

或不按我的吩咐做事情，

但他不是愚蠢的孩子。

请在你说他愚蠢之前，

想一想，他是个愚蠢的孩子，还是

他懂的事情与你不一样？

我使劲看了又看

但从未看到厨师；

我看到有个人把食物

调配在一起，

打起了火，

看着炒菜的炉子——

我看到这些，但没有看到厨师。

告诉我，当你看的时候，

你看到的是厨师，还是有个人

做的事情被我们称为"烹饪"？

我们说有的人懒惰，

另一些人说他们与世无争，

我们说有的人愚蠢，

另一些人说他学习方法有区别。

因此，我得出结论，

如果不把事实

和意见混为一谈，

我们将不再困惑。

因为你可能无所谓，我也想说：

这只是我的意见。

——鲁思·贝本梅尔

这首诗让我们看到了一个人可以有多么包容和宽厚。

给别人定义不良的品性，是一种强大的攻击。我们一定要谨慎，不要发出这样的攻击并反噬自己。

即便对方有一些不足，我们也可以从对方不足的地方为自己找到沟通的机会。换言之，就是对方有理由成长为他成长的样子，也许我们不能理解，但存在即合理。我们要用自己的通透和高情商去解决眼前的问题。

小张做业务开拓的时候，总是笑呵呵的，和他所在公司很多愁眉苦脸做业务的人不同。这源于他始终把解决问题的钥匙放在自己的手里。

他的同事有一个客户，久谈不下。据同事反馈，这个客户的态度倨傲，非常难接触。而小张只花了一个月的时间，就与这个难缠的客户签约了。

小张见客户的时候，说的第一句话就让这个客户很感兴趣："我刚从××公司过来，听他们提起您这边正在做相关业务，我马上就过来拜访您。我是××公司的销售总监，关于这次合作，我有一个新想法，想和您聊一下……"

小张的同事，当时也没有感觉小张的沟通有多么神奇，可是客户当时的态度就发生了一些变化，变得礼貌和客气了。

其实，小张在语言组织上，大有技巧。

小张提到的××公司，是客户的客户，这为他自己加持了筹码和力量。客户马上明白了，小张是一个涉猎很广的人。有社会经验的人都知道这样的人是有能量的，所以，会采取一种礼貌的态度来对待。

有了基本的态度之后，小张回报了对方的礼貌，也就是小张为自己加上了头衔。这个头衔并不是为了自吹自擂，而是为了给对方充分的尊重。正如我开篇所讲到的"人都喜欢和比自己优秀的人交往"，这本来就无可厚非。

小张带来了新的想法和思路。这是更加有价值的信息和礼物，会让客户再次感受到被尊重和被重视。

所以，对方的很多反应往往是由我们塑造出来的。只要我们擅长总结和学习，提升自己的沟通能力，就能"撼动"更强、更稀缺的资源。

我们体会一下以下对话的特点，是将关系引入沟通，还是让关系陷入僵局。

"上班不迟到，是一种可贵的品质。"

初级回应："我基本上从不迟到。"

升级回应："要做到这一点可不容易。"

高级回应："很多人都不注意这个细节，其实，必要的工作时长是工作成果的保证。"

错误回应："有的人是从事脑力工作的，没必要天天准时上班。"

从以上四种回应方式，我们能捕捉到回应者背后不同的心理活动，也能够看到回应者是有一种开放的说话态度，还是有一个封闭的自我系统。

初级回应的问题在于，即便对方说的是大家约定俗成的习惯，当对方强调的时候，接下来可能会有他的态度和理解，但是初级回应虽然没有反驳对方的意思，但将对方的话视为"多余"，阻碍了进一步沟通。

升级回应的优势在于，顺应了对方的话，还能够进行自我感受的表达，营造了一种沟通的氛围。

高级回应的好处在于，没有夸张地表扬对方，却起到了赞美的作用。首先，表现出自己观察到了对方的与众不同，那就是留意到别人没有留意到的问题；其次，一种带着自己思考性的回答，替代了空洞的认可。

错误回应在于直接驳斥了对方的观点，尤其是对方谈到的是大家约定俗成的一种工作习惯。

所以，从以上四个回应来看，内心越开放，看事情越通透。社会经验越丰富、对人越了解的人，越能把话说好，而且是在无形中展现了差距，说话不虚伪，还能让人人都爱听。

说话的人要让他人赢

说话的人要顾全对方，而不是只让自己舒服，要把赢的感觉、体面的感受给对方。

十几年前，我攒了人生中第一笔数目可观的钱，想买一套房子。运气非常好，我碰到了合适的房主。一对小夫妻刚买了这套房子，无论是地理位置、小区建设，还是户型结构，都非常完美。但是，他们决定创业，急需现金，于是打算卖掉刚买的这处房产。

房主要求一次性付清房款，但在当时，能一次性付清房款的人的确不多，正巧我手头上有积蓄，满足了这个条件。于是，我在价格上得到了非常大的优惠。

我的运气的确不错，买到了如此便宜的房子。我马上与房主谈好了办手续的日期。然而，令我万万没想到的是，最后一刻，我的一句话却把一切都搞砸了。我对小夫妻说："交房前，请你们把屋里清理一下，我再收房。"

这一句话，令房主当时就变了脸色，只是我没有察觉到。第二天，他们打电话告诉我房子不卖了。接那个电话的时候，我完全没想到，顿时感觉周围的空气都凝固了，说不出来的懊恼弥漫在心中。

我隐隐感觉到是我说的那句"把屋里清理一下，我再收房"坏了好事。其实，当时房子还没有装修，屋子里也没什么好清理的，这只是一句多出来的话。这句多出来的话，导致的结果就是让我后来额外花了很多钱，买了一套总是感觉没有那套称心如意的房子。

我在生活中并不是一个话很多的人，所以在很长的一段时间里，我都以为自己当时只是运气不好，话说多了才把事情搞砸的，一直没有理解语言背后的深意。

那么，我是什么时候才懂得了这其中的道理的呢？正是我帮一个朋友卖房子的时候。他是我多年的老友，要搬到国外，请我帮忙对接中介和看房子的人。

接到这个任务，我拿出钥匙开门的时候，即使不是我自己的房子，但想到我们曾在这个房子里聚会、聊事情，当初的热闹也让我心里瞬间升起一种沧桑感。此时此地，我才体会到，在这个世界上，估计除了房地产商，每个人在卖掉自己居住了多年的房子时，心情都是五味杂陈的。所谓"不动产"，人们往往对它倾注了很多感情、梦想，或许里面还发生过很多故事。

凡是看到乱砍价的买房者，我一律果断拒绝；遇到那些和气的、对房主还表示一下问候的人，我才会释放自己的善意。

在这种情绪下，我完全懂得了自己当年的失误。"清理房子"的说法让对方感受到了语言上的强势，他们本来就要放弃心爱的房产，而我丝毫没有顾忌他们的情绪，反而让他们感觉到，我在这套房子上，要一次性把所有的好处捞光。他们那根敏感的神经当然被触发了！感觉太亏了！

说话的时候太自私了，所以，煮熟的鸭子飞了。

没有人喜欢吃亏，也没有人愿意在谈判中成为弱势的一方。我们在说话时，尽量要让对方感觉"赢"，让对方感觉自己没有做出一个愚蠢的决策。如果时光能够倒流回去，现在的我一定会在最后一刻这样说："买这套房，我倾其所有，把自己三年间攒的所有钱都拿出来了。但是，还是谢谢你们。"这么说，会让他们感觉在这件事情上自己没有吃亏，话里的人情味也弥补了他们心底的一些失落。

海明威有本书，叫《胜利者一无所获》。他认为争斗其实会牺牲很多美好的事物。生活中也的确如此，我们说话的时候占上风，未必就能笑到最后。我经历了很多社会上的风雨，也从事了很多种工作，说话和我的职业息息相关，但我知道，说话与沟通是需要用一生来修炼、体会和反省的。在人生中，我们除了应该知道如何进攻、如何让自己的利益最大化、如何实现自己的目的外，还要懂得什么事情都是有输有赢，也要敢于让别人赢。

后来，我经常举下面的这个例子。

有人说："你听懂我说的话了吗？"还有人说："我说清楚了吗？"

一个歌手开演唱会，以前说"大家好，我来了"，后来变为"谢谢大家，你们来了"。

以自我为中心，很难看到别人的优点，也难以让自己成长。

人的成长、成熟、成功，离不开语言的力量，人们使用语言过招，对彼此的内心进行试探、了解、碰撞、博弈和合作。

好的沟通类图书肯定不是教你如何口若悬河、滔滔不绝，而是教你围绕目的说话，以精警之心侵入别人的思想，而不让人反感。从而用最少的话赢得最好的效果，让每句话都有力量，一语胜千言。

有力量的话，未必是一种强势的话，反而可能是一句略显示弱的话，却能符合对方的心境，真正攻入对方的内心，让你占据主动权。

要知道，说一件事情如同卖东西一样，你只有一次机会。学会把赢的感觉给别人，让别人的感受好了，再继续利用语言引导别人按照你的方向走，最后成为一个说话有分量的人。

恰到好处地示弱

我们都了解以弱示强的好处，明代刘基在《百战奇略·弱战》中写道："凡与敌战，若敌众我寡，敌强我弱，须多设旌旗，倍增火灶，示强于敌，使彼莫能测我众寡、强弱之势，则敌必不轻与我战，我可速去，则全军远害。"意思是：在竞争中，我们要在自己弱的时候展示强的一面，可以威慑对手。

但是，我们也应该看到另一面。比如，海滩上的蓝甲蟹分为两种：一种很凶猛，生性好斗，感觉到侵犯就立即宣战；另一种很温驯，遇到敌人从来不会硬碰硬，而是会躲在那里一动不动地装死。

随着时间的推移，强悍、凶猛的蓝甲蟹在残杀中越来越少，濒临灭绝；而甘于示弱的蓝甲蟹因为懂得柔韧地生存，反而繁衍旺盛，不断壮大。

我们可以观察到这样的现象：一堆石子压在草地上，小草被压在下面。小草为了呼吸清新的空气、享受温暖的阳光，改变了生长方向，沿着石间的缝隙，弯弯曲曲地探出了头，冲出了乱石的阻碍。在重压面前，小草选择了弯曲、选择了变通、选择了示弱，正是这种选择，让它见到了阳光。

还有一种植物叫雪松，下再大的雪它也不怕。当大雪堆积起来的时候，雪松那富有弹性的树枝就会向下弯曲，直到雪从树枝上滑落。这样，雪反复地积、反复地落，雪松却完好无损。这样，当其他的树木被雪压断的时候，雪松却可以柔韧地生长起来。

大自然的生物如此，人类社会也是如此。所以，我们要学会恰到好处地示弱。强者才敢示弱，只要我们知道自己最终的目标是什么，一时的示弱又算什么？！

保持有尊严地生存和有韧性地生活并不矛盾。

涉及原则性问题的时候，我们可以为了尊严放弃其他。但是，在人际交往中，遇到无伤大局的事情时，懂得示弱是保持自己的柔韧度，从而让自己能够游刃有余的一种智慧。

这种示弱并不虚假，而是提醒对方关注到你脆弱和合理的一面，进而很好地理解你。

你的客户对你发火："你别再来了！"你会怎么说？这种态度其实并不涉及尊严，因为客户并不是针对你个人，而是他认为你向他推销的是他不需要的产品。那么，你该怎样应对他的这种态度呢？

示弱是一个不错的方法。

到底该如何示弱？注意在安抚别人的同时，也要大大方方地表达你自己，尊重自己就是尊重对方。

你可以说："让您这么烦躁是我的错，我能够理解您的心情。其实，我今早来见您也是一路波折。我大清早起来，跑去赶公交车，没想到我刚到站牌前，第一辆公交车就开走了。为了能准时见到您，给您留下个好印象，我赶紧打车过来，没想到路上又堵车。出租车堵在路上的时候，我就开始冒冷汗。其实，我就是想全面地给您介绍一下我的产品，我相信它的确是您需要的。请您谅解。"

相信这一番话说完，再恼怒的客户也会心平气和地接受你。不管他是否购买你的产品，你都不仅维护了自己的尊严，也获得了别人的理解。

在生活中想示弱，就要多注意说话的内容。而且，这种示弱是灵活的。

比如，有个朋友正在为子女的就业担心，如果你帮不上忙，就最好闭嘴。此时不要在他面前说自己的孩子多么有本事，找的工作有多好。

又如，别人说你是成功人士的时候，你也不要趾高气扬，可以坦承自己的缺点，例如，我的学历不高、经验有限、知识能力有所不足等。

这种示弱不仅是为了避免让对方难堪，也是促使你全面地认识自己的一个方法。敢于自嘲的人，是内心强大的人。正如在某些专业上有一技之长的人，最好谈谈自己对其他领域如何一窍不通，说说自己在日常生活中如何闹过笑话。这样不仅不会让人们对你失去尊重，反而还会让人感觉到浓浓的人情味。

对于销售人员来说，懂得示弱还体现在面对一些高端客户的时候，你必须有这样一种态度，才不会说得多，错得多。

有一些人在和别人交流的时候，特别想显示自己的优势，总是咄咄逼人地让别人认可自己。这种心态是一种好强的心理，对方马上就会捕捉到这样的情绪。他就会本能地抵触，因为大家都是一样的人，凭什么就该被你三言两语征服呢？

当有了这样的心态之后，不管你再说什么都是错。例如，当你销售一个产品时，你非常清楚这个产品的价值所在，也确信客户很需要这个产品，这时就不必再讲一大堆客户要拥有这个产品的理由了。

客户没有傻到当他听完一遍产品介绍后，还不理解你的意思，需要多次介绍，他才能明白自己是否需要你的产品，他比你更懂得这个产品对他有多大价值。这时候，就不妨示弱，问问客户对这个产品的看法，请他多给予你一些专业上的建议，等等。

信息的交换是平等的，当你咄咄逼人的时候，你就完全听不到对方的"心跳"了。找不到对方"心跳"的点在哪里，再神奇的沟通高手也会瞬间"落马"。

还有一种情况是，客户的态度很好，但是他就是不听你说话。你说话的时候，他不是整理衣服，就是擦眼镜，或者整理文件。有这种情况的客户显然听不进你的话，他的态度也可能有让你知难而退的意思。

如果这时候你非要和他争个输赢，你就永远失去了这个客户。当然，一味地示弱、恳求，你的尊严又无处安身。只有巧妙地示弱、恰当地说话才会改变这种氛围。你可以说："您今天很忙吧？我改天再来拜访您。"

软弱和示弱的表现在此时就凸显出来了——软弱的人再也不会来了。示弱的人下次还会整理情绪，再次登门，直到"拿下"这个客户为止！

最后要说的一点是，在客户示弱的时候，你也要真心体谅，放下"高傲的自尊"，真正从"他"的角度出发，竭力去满足他的需要。当你个人的事和他的事发生冲突时，如果你能让他感觉到你的确将他摆在了一个比自己更重要的位置上，你真心诚意地考虑他的需要，那么他最终会更加尊重你。

说话讲证据，你才有力量

大多数人感觉"证据"是法律上的术语，在生活中不常用到，因此不大重视。实际上，大到公司之间的合作，小到个人之间的交流，要想让自己的语言有力量，就要有证据。

在这里，我们指的证据是客观的事实。

李敖先生常常和其他名人有"官司往来"。

据说，有一篇文章列举了李敖打官司的"显赫战绩"。文中说："除了是知名的作家，李敖还是人人皆怕的诉讼大王……只要被李敖锁定，几乎很难逃过被李敖告的命运。"

有位中国台湾地区的律师曾经感叹地说："李敖打官司写的文字，比我这个资深专业律师写状纸的文字还要多。他打官司能从青年时代打到耳顺之年，不论胜败，越打越勇。他如果从事律师行业，一定是个前无古人、后无来者的大律师。"

看李敖的电视节目，听李敖"骂人"也是一种享受，因为他在

"骂人"的过程中，会给你很多信息。这些信息就是证据，放到议论文中就是论据。

　　李敖在阳明山的书屋在电视节目中被展示过，李敖大多在那里读书和创作。风光背后的李敖，大多数时间是在书房中度过的。这里堆满了书籍、资料和图片。令人心生敬佩的是，所有的资料都由他亲手整理，各类资料被分门别类地做好记录，他用胶水像小学生做功课一样认认真真地粘贴资料。正因为有这些资料，他在和别人争辩（包括演讲）的时候，才能言之有物。

　　平时在说话，尤其涉及要说服别人做决定的时候，客观的材料就是必要的道具。

　　大多数人在平时说话的时候，都喜欢使用模糊性的语言。没有确凿的数据，听话的人也就随意听听，这些话没有多大说服力。

　　当大家都在做同一件事，对同一件事持有同样的态度时，你能否做得更好？多数人的坏习惯给少数人的胜出创造了机会。当大家都使用模糊性语言的时候，你掌握和提供的数据越多，你说的话就越可信。

　　这里你要明白的一点是，想要攻克对方的心理，有时候也要挑战自己的习惯。大多数人都懒于接触数据，而是依赖个人的主观感受和猜测。毕竟，数据的得来远比想象中要复杂和艰苦得多，那是要看你对生活的欲望有多高的。

如果希望自己是生活中的"路人甲""路人乙"，你可以放弃客观的事实。但是，如果你希望成为生活的主角，或者希望自己能够活出自己的味道，又或者你希望实现财务自由，那么，生活和工作就不能仅凭经验来判断了，因为经验通常会欺骗自己，只有数据才是客观和真实的。

只有客观、准确地掌握一件事情中所涉及的核心数据，才能把眼光落到实处。当我们学会用数据来检视和指引我们的行为时，获得的结果会更精准，行动也会更有效率。

保持客观的目的在于让我们接近事实。

当然，同一个人看待同一件事情所选择的角度不同，陈述的过程也是完全不同的。

这就要靠对细节的选择。职场上的竞争从来都很激烈，大多数职场人都曾为了坚持自己的构想而与人争辩过。似乎在资源有限的情况下，只要是涉及利益的问题，人们就很难心平气和地去解决。况且，我们不能保证别人一直都有很好的状态，例如我们的事业伙伴、同事、员工或上司。

要想求生存，就得认清人性中的两面性。人既有为人着想的一面，又有自私的一面。想巩固权益和理想，确保在职场上的生存空间，知道我们最容易犯的错是什么吗？我们很容易幻想或者要求自己周围的人都是好人，内心期待自己最好一辈子只和好人打交道。

理想和现实总有不同，成功者向来都既能和好人友好地相处，又能与坏人共事且保证不让自己吃亏。对于那些生活中的老好人来说，躲避是没用的，他早晚要犯小人。相反，遇到一个苛刻的人，如果你不逃避，与之磨合，就会让你很快成长。

职场也要尊重人性的灰暗面，公平竞争，要赢；不公平竞争，创造条件也要赢。

如果你是一个好人，至少要做好随时翻脸的准备，因为软弱的人大多愿意保持自己态度的一致性，也就是想一直保持温和的状态。因此，遇到利益纠葛，需要马上翻脸对好人来说是很难的事情。然而，这却是你的对手的基本功。毕竟，你总不能连对方的第一招都接不住吧。

发生争执的时候，不但要坚定地维护自己，而且要找到方法捍卫自己。从事情中，找到对自己最有利的一面，维护自身的利益。

不要害怕听到别人说自己"翻脸比翻书还快"。自己做不到的事情，不属于自己职责范围内的事，就理直气壮地说出来。这对别人也有好处，在这个世界上"没有永远不被人骂的天使"。

一次亮剑，会让你收获长期的利益。正如有一个词叫"软土深掘"，意思就是土越软，别人掘得越深。在工作中，你不能钢板一块，要求自己的利益不受分毫损害。但是，一旦别人开始掘土了，掘到一定深度的时候，你就要亮出你的底线。久而久之，大家就会尊重你的这条底线。

员工甲和员工乙发生了争执。两人属于不同的部门，部门协作的时候，两个人的利益相冲突。当领导过来询问原因的时候，员工甲说："乙对我的态度太恶劣。"员工乙说："甲说'他不在乎其他部门的利益，只关心自己业绩的完成情况'。"

我们姑且不论两个人的是非对错，只谈两个人的话术高下，显然，员工乙更胜一筹。乙对一件事情的分析落实到了细节，而且找到了强有力的论据。也就是说，攻击到了甲的漏洞。毕竟甲说的这句特别自私的话，已成为事实。这一句话打倒一片人，让任何一个人听到心里都会不舒服，从而员工乙说这句话便把甲推到了一个人人都很排斥的境地。

所以，即使在客观事实面前，也要学会选择客观发生的事情，不动声色地保护自己、捍卫自己的利益。

备好挡箭牌，反攻有准备

在语言的碰撞中，我们不能保证总是与别人心平气和地说话。即使我们能够保证自己做到，也保证不了别人总是处在一个很好的状态里。

值得注意的是，没必要在别人露出锋芒的时候马上反唇相讥，让关系变得剑拔弩张。

我们每个人在说话和信息交换的过程中，都要给自己准备好挡箭牌。只有这样有准备地反攻，我们才能处理好和他人的关系。这个准备就是情感上的理解和呼应。

大多数人对我们有情绪的时候，我们都能够迅速捕捉到他们的情绪，以平静化解还是以激动对抗激动就显得尤为重要。据说，美国有一家汽车修理厂，他们有一条服务宗旨很有意思，叫作"先修理人，后修理车"。

什么叫"先修理人，后修理车"呢？原来，在美国，车是人们很普通的代步工具，也常常发生车坏了的现象。每当修车不给力的时候，人们都会把修车这件事情当作一个话题，可能会针对修车师傅进行一番发泄。甚至有人总结，到美国，要想和人的关系好，大骂修车师傅是如何不给力，就能唤起对方内心的好感。

既然如此，会不会没人愿意做修车师傅了呢？实际上不会，修车师傅有自己的一套情绪安抚方法。他们能够理解到，当顾客来自己这里的时候，一定是车坏了，心情会非常不好。一个懂得人心的修车师傅会关注这个人的心情，当表示出同情之后，修车师傅就与车主形成了"同盟"。后期维修的时候，修车师傅的态度也是一致的，工作氛围就会很好。所谓的"先修理人，后修理车"说的就是这个道理。

很多情况都是如此。很多人对一些品牌的产品产生不信任的感觉，一方面是产品质量出现问题；另一方面则是售后服务令用户不满意，让用户没有安全感。

一位男士在一个大型超市购物，只要来此购物，就说明他对这里的信任度还是比较高的。当所购买的商品出现问题的时候，如果能顺顺利利得到更换，不但不会动摇他对超市的信任，而且还会增加他对超市的好感。

可是设想一下，如果大型超市对于他提出的更换要求不认同，总服务台的人不太礼貌地拒绝了，他的情绪就会瞬间变化，投诉产品质量，态度会更加强硬。从心理学的角度来说，很多人发火的根源在于心理上有一个"求助"的机制。也就是说，他感觉自己不安全，需要向外部寻求这种安全。发火只是一种不恰当的方法而已。如果有人处于这种状态对你发火，你不应当把对方的表现当作对你个人的不满，免得让自己的情绪受到感染。

在工作中，如果遇到这种情况，要明白客户仅仅是把你当成了倾听对象。客户的不满是完全有理由的，他的问题理应得到极大的重视和最迅速、最合理的解决。应该让客户知道你非常理解他的心情，要对他表示关心："先生，对不起，让您感到不愉快了，我非常理解您此时的感受。"无论客户是否永远是对的，至少在客户的世界里，他的情绪与要求都是真实的。我们只有与客户的世界同步，才有可能真正了解他的问题，找到最合适的方式与他交流，从而为成功的投诉处理奠定基础。

我们有时候觉得说抱歉的话会让自己很不舒服，似乎是害怕一说"对不起"，自己马上就被套牢了，造成不必要的麻烦。实际上并不是这样的，这就如同一对情侣在交往的过程中总会出现意见不同、看法不同的时候，很多男孩不习惯道歉，女孩就越来越生气，后期生气完全是因为对方没有说"对不起"。所谓"清官难断家务事"，谁对谁错其实难以评判，别人也没有权利评判。最好的和解方式，就是其中一方说"对不起"，在一些非原则性问题上息事宁人。

对于客户投诉也是如此。你说了"对不起"，并不一定表明你或公司犯了错误，这主要表明你对客户不愉快经历的遗憾与同情。

既然大部分客户投诉是发泄性的，那么，如果双方的情绪都不稳定，一旦发生争论，只会火上浇油，与你想解决问题的初衷就会背道而驰。要处理客户的投诉，开始时必须耐心地倾听客户的抱怨，避免与其发生争论，先听他讲。

这种倾听，也要有一个良好的心态打底。最好的挡箭牌不是把责任抛得远远的，而是用一种迎合的态度先给自己上一层保护色，让听者明白你与他不是对立的。

比如，有人带着你销售出去的产品怒气冲冲地来到你面前，向你发火说："质量出现了严重的问题，必须解决，不然我就到消协告你们！"

你可以这样说："如果真的是质量出了问题，别说您生气，我也不允许我销售出去的产品有质量问题。如果出了质量问题，公司不解决，我和您一起找公司寻求一个解释。"

相信这样的话一说完，对方立即就会平静下来。当然，这种怒火的平息是暂时的，你还要迅速采取行动体谅客户的痛苦，而不是只在话术上获得胜利。

也就是说，等对方的情绪稳定了之后，再实质性地解决问题。说"遇到这样的事，真无奈"远不如说"我能为您做些什么呢"。后面这句话有一个巨大的好处就是，当你说完后，就迫使对方从感性的情绪里抽离出来，进入一个理性的思考状态。大家下一步的目标就更加一致了，那就是为了解决问题而讨论。

即使是因为客户未正常使用而导致产品出现问题，也要很诚恳地向对方解释清楚。错误是对方犯下的，从责任的角度来说，你可以摆脱纠缠，但还是应该保持一种歉意的态度。及时地通知客户维修产品，告诉他正确的使用方法，而不能简单地认为与公司无关，不予理睬，因为这样会失去这位客户。如果经过调查，发现产品确实存在问题，应该给予赔偿，那就尽快告诉客户处理的结果。

在倾听的方法上，还要掌握回应的技巧。不但要听客户表达的内容，而且要注意他的语调与音量，这有助于你了解他语言背后的内在情绪。弄懂了这种情绪，你就会明白他内心所想，以便迅速制订应对方案。

还要随时保持沟通，客户说了他的情况之后，你听懂了，也要让客户明白你懂了，可以根据自己的理解向客户解释一遍："您看您说的是不是这样……"或者说："我这样理解对吗？……"向客户请教你对他说的话理解是否正确，这样就能显示出你对他的尊重，以及你真诚地想了解问题的态度。这也给对方一个机会去重申他没有表达清晰的地方。

做好这一切，你就能让自己总在一个良好的状态里了。

投石问路，说出对方的心里话

先给大家讲一个案例：前段时间，我陪同一个朋友的孩子去买房子。朋友的孩子是个女孩，要和男朋友结婚了，想选一套婚房。

在挑选房子和办理合同方面，我有点儿经验，硬是被朋友拉了过去。朋友私下对我说："小安（男方）家不想出钱买房子。开始的时候，小安也不想买。但是，和父母一起生活实在不方便，我们就提出要求，一起帮忙给孩子付个首付，他们自己还贷款，让他们有个属于自己的家。"

听他说完，我心里难免会有点儿波动。为了帮点儿小忙，正巧有个朋友做房地产生意，我就顺路带女孩和小安过去看了一下新楼盘。

他们对房子非常满意，小区环境、户型、格局都让女孩非常兴奋，小安却表现得很冷淡。后来，谈到价格的时候，小安的脸色又阴沉下来。

估计那位接待我们的女售楼员也感觉到了气氛的异样。她给大家倒水，聊了几句家常。调整到一种"自己人"的气氛之后，她对小安说："我是卖房子的人，但我能体会买房子的人的感受，房价太贵了。"然后对女孩说："不过，房子还真是不得不买，精神高尚，未必生活幸福。"大家听到"精神高尚，未必生活幸福"时，都感到很好奇，于是她接着说，"前几天，我们这里来了一对看房子的小夫妻。他们与你们不同，结婚都三年了，一直没买房子，前几天在我们这里吵了一架。"

大家问："为什么？"她叹口气说："那天，我记得到这里来的那位女士非常生气，说三年前就攒了一些钱可以付首付，买下一套大房子。男方结婚的时候坚持说没必要，要和父母一起住。后来，与父母一起住了三年，因为生活在一起，大家天天见面，家庭成员之间失去了原有的敬意。关系没处理好，现在不得不买房子，才发现房价涨了好几倍，而且只能挑一套小房子了。虽说当年很多人都夸奖这位女士结婚的时候不要房子，和公婆一起生活是个好女人，但是现在来看，伤了关系肯定不是一件好事。"

一席话，说得在座的女孩和小安不禁有点儿唏嘘。

在这里，我们姑且不论女售楼员的价值取向是否正确，也不讨论结婚是否应该买房子，单从话术的角度来说，这个精明的售楼员很巧妙地说出了要购房的两个人想要说的心里话。她第一句话是理解男方，第二句话是理解女方，而且过渡得很自然。

在一个合理的时机，她还进行了一个价值观的灌输。我们会发现，"精神高尚，未必生活幸福"很有可能真的存在于买房子这件事情上。朋友曾坚决告诉我，如果女儿结婚没有自己的房子，他是不会愿意让女儿嫁过去吃苦的。

这位女售楼员最后用一个生动的故事表明了买房子的必要性。而且，这个和真实生活贴得很近的故事明显缓解了小安的紧张情绪，让小安对现实有了清醒的认识，促使两个人能够很和谐地调整情绪，齐心协力买一套大房子。

有意思的是，后期我问女售楼员一些房子的配套设施是否完备和手续办理情况的时候，她明知道我不是买房子的人，充其量只是个"军师"，却仍然态度良好、业务精湛，总在我朋友面前表扬我："您太专业了，有您这样的人陪同买房子，真是太让人放心了。"

简简单单一句话，让我在朋友面前有了面子，顾及了我此行陪同的目的，而且让朋友觉得有我在，买这套房子肯定最踏实，想立刻订下这套房子。

说话就是如此，语言是包装，心思的洞察为本质。

很多人有这样的苦恼：面对客户时，感觉自己很弱势，因为不能根据客户的行为触摸到客户的内心。我把常见的客户分为四大类型，教大家几种基本的判断和应对方法。

第一类客户：曹操型客户。

这类客户的情绪总是处在一个焦躁的状态，也许因为生活压力过大，或者总是经历一些欺骗性的事情，他们的态度忽冷忽热，总是有负面想法。

对待这样的客户，你该如何说，才能正合他们的心意呢？

你可以说："这个项目现在是操作的最佳时机。"给他们强烈的时间上的压迫感，并且暗示他们机不可失，时不再来，帮助他们下一个赌注。他们就会勉为其难，痛下决心，做出决定。

第二类客户：孙悟空型客户。

这类客户看似精明无比，不好攻克。你觉得他们非常抠门，一毛不拔。而实际上，你只要转变思路，就能走进他们的内心。他们并不是抠门的人，不然他们不会关注你的产品，而是他们会要求自己的每分钱都用在合理的地方。只要真心了解了你产品的好处，他们就会以你想不到的速度掏钱。

对待这样的客户，你该如何说，才能正合他们的心意呢？

不必过分地强调产品的价格，而是应该让他们明白衡量价格贵不贵，不如衡量质量好不好。只要你能找到产品的特征，给客户把"投资收益率"算清楚，做到循循善诱，他们就会很爽快地打开钱包。

第三类客户：刘备型客户。

这类客户会让你从头到尾都感受到他们良好的态度，但绝不会让你轻易判断出他们吐露给你的信息的真假，从而让你找不着东南西北。例如，当你对他们讲一件产品的时候，即使你再滔滔不绝，他们的态度再温和，他们也不会迅速做出决定。他们不那么爱说话，当你没有信心攻克他们的时候，他们会等待你偃旗息鼓、自动放弃。

对待这样的客户，你该如何说，才能正合他们的心意呢？

很有意思的一点是，你要通过观察他们的习惯性动作来分析他们的内心。因为当人的内心波动的时候，即使不说话，也很难一点儿表示都没有。细心观察这一点，与他们说话的时候，要显得慢一些、笨一些，诚恳、老实。多说客观的功能性的方面，才能说到对方心里。

第四类客户：周瑜型客户。

这类客户感觉他们自己什么都明白，仿佛天下所有的事情都在他们的掌握之中。这是因为他们试图让你这么认为，从而不会对他们有所隐瞒和欺骗。正因为他们有一定的知识和经验，甚至对产品的使用有一些了解，所以他们不管你的项目有多好，都会用高傲的姿态对待你，在气势上打压你。

对待这样的客户，你该如何说，才能正合他们的心意呢？

他们想要的信号就是：你畏惧他们，不敢忽悠他们。既然如此，你就不妨恭维他们、赞美他们。特别是有幽默感的人，切记不能在他不懂装懂的时候揭穿他，让他难堪，而是告诉他，你是真诚的，愿意更好地为他服务。

精确时间，提高地位

一个人的地位不够高的时候，如果想往上走，一定要知道上面的人在想什么。

现在就来想一想，你现在所处的环境中，那些左右你加薪、升职的人缺什么。

处于高层位置的人，基本上不缺钱。当然，如果缺钱，缺的也是大资金，这不是某个员工能够帮忙的。那么，他还缺什么呢？

缺时间。

如果你不能帮他节约时间，那么，至少不要浪费他的时间。

时间对于不同的人概念是不同的。

我第一次升职的时候，花了一个星期的时间才懂得这个道理。

那时，我有了自己的助理，她帮我打理一些日常事务。

可是起初，我非常不适应，而且潜意识里觉得人是平等的。所以，清洁办公室之类的工作，我自己做就好了。助理当然很高兴，觉得遇到了一位好领导。

可是，因为助理太闲了，有一次，工作时间她居然在翻杂志，被我上面的领导看到了，领导狠狠地批了她一顿。

我对领导说："这个季度的任务完成得不错，所以，有的事就自己顺手做了。"领导更是不满，直白地告诉我："不忙就要好好休息，多关注公司的战略方向，而不是拿时间去干擦桌子的活儿。"

我被狠狠地教育了一顿。领导明确地和我谈了一次，在他看来，助理的工作没有任何的不平等，这是一份正常的工作。如果助理不能够为我节约时间，工作不饱和，而我又花了时间去做助理该做的事情，就不配拿公司的高薪水。

我终于明白了时间有多么重要。

有人是站着写作的，据说是大名鼎鼎的美国作家——《老人与海》的作者、诺贝尔奖获得者海明威。有资料透露，有一次，记者问他："你那简洁风格的秘诀在哪里？"

他答道："站着写。"

他说："我站着写，而且用一只脚站着。我采取这种姿势，使我处于一种紧张的状态，迫使我尽可能简短地表达我的思想。"

不仅"站着写"，而且还"用一只脚站着"！这就保证了把有效的时间用到最好的状态里。

宝洁是一家有半个多世纪历史的大企业，它有这样一项非常有意思的"家规"：凡业务备忘录，均不得超过一页纸。这个规矩源于其前总裁理查德·杜普利。理查德·杜普利非常讨厌长篇大论，见到超过一页纸的报告就会指示属下重新简化报告。

后来，全公司开始重视一页纸。在一页纸上做到细致、慎思、严格，用这种方法来节约时间、提高效能。

现在，我们看到的宝洁网站的页面，也是非常简约的。打开这个网页，很简洁地弹出各个产品的图片。网站栏目的页面仍然贯彻"一页纸"的要求，以"一帧屏、一幅画、一段文"为基本表达手法。当然，想继续了解，也有明细、翔实、可操作的说明来指导顾客。

宝洁在管理上，非常重视各层级员工的时间管理。下级帮上级节约时间：下级为高层节约时间，让高层有更多的时间去想战略和盈利的事情。帮顾客节约时间：宝洁的员工向顾客展示产品的时候，帮助顾客节约时间，让顾客用最短的时间了解更多这个品牌的特点。

从这些现象中，你能够学到一页纸的技巧吗？

如果你给领导递交材料，能够在厚厚的一堆文件上面放一张 A4 纸，言简意赅地将事实和结论写清楚，领导看到这张纸，你猜他会不会对你刮目相看？

　　既然时间是重要的资源，并且在一个公司里，对于越高层级的领导来说，这种资源就越重要，那么，和老板说话，你能掌控好 1 分钟的时间吗？

　　汇报一件事情的时候，你会铺垫多长时间再进入主题？

　　开会的时候，你会说多长时间的"场面话"？

　　……

　　对于高层的管理者来说是如此，人与人之间的交际也是如此。

　　一个尊重他人时间的人，才能得到一个没有负担的沟通环境。

　　以往，我很怕别人找我谈话的时候说："来，我们好好聊聊。"因为不知道谈多久，所以本能地回避沟通。但是，如果有人对我说："来，我们用 5 分钟讨论一下这件事。"我就愿意去谈。

　　找领导汇报工作的时候，事先安排好要汇报的时间，会让你与众不同。

　　尝试一下用 10 分钟的时间能不能结束一个话题。在正常情况下，再复杂的情况也可以用 10 分钟的时间整理出来。正因为有 10 分钟的限制，会逼迫你整理思路，迫使你对一件事情做透彻的理解，听的人就会迅速了解核心内容。

　　当然，如果听的人很感兴趣，你可以再补充细节。

说到谈话时间，我想起了一段经历。

刚开始做管理人员的时候，我很用力、很用心。为了真正关注属下的感受，带着他们一起成长，我从不吝惜自己的时间。每当我感到他们的工作出现问题的时候，我都愿意很认真、很真诚地和他们沟通。

我一直觉得自己做得非常好，直到一个偶然事件的发生，惊醒了我。

那段时间，我发现小芬的状态非常不好。快下班的时候，我特意找她做了个心理辅导，当然是问她原因。小芬说是因为工作有点儿忙乱，所以情绪不高。

看到她这样，我赶紧把自己在工作中管理时间的方法倾囊相授。可是，她的眉头还是皱着，让我很着急。一个小时过去了，我竭尽全力把自己的方法告诉她，看她听得心不在焉，只能对她说明天再谈。

小芬离开办公室之后，我也准备下班。

去茶水间的时候，听到小芬在打电话。一不小心，她的声音钻到了我的耳朵里。她说："真要命，工作都忙不过来了，领导还找我谈话。对我讲了快一个小时的大道理，搞得我手头的工作没收尾，晚上还要回去加班，真是烦呀！"

那时我才意识到，也许我只给她讲一种有效的时间管理方法，或者等她状态不那么紧张的时候再进行简短的沟通，才能真正帮到她。

珍惜对方的时间，摸清楚对方肯听自己说话的时限，在邀请别人沟通之前，学会说一句："5 分钟，可以吗？"

故意拒绝，让一切不是理所当然

很多人都会觉得拒绝别人很困难，但练习拒绝也是一项必要的生活内容。

已故的国宝级大师启功先生也不得不拒绝别人。启功先生是我国著名的书法家，向他求学、求教的人实在是太多了，以致先生住的地方终日脚步声和敲门声不断。启功先生不得不自嘲："我真成了动物园里供人参观的大熊猫了。"

后来，有一次先生患了重感冒，起不了床。他怕又有人敲门，就在一张白纸上写了两句话："熊猫病了，谢绝参观；如敲门窗，罚款一元。"先生虽然病了，但仍不失幽默。

此事被著名漫画家华君武先生知道了，他专门画了一幅漫画，并题云："启功先生，书法大家。人称国宝，都来找他。请出索画，累得躺下。大门外面，免战高挂。上写四字——熊猫病了。"

后来，这件事又被启功先生的挚友黄苗子知道了。为了保护自己的老朋友，他就用"黄公忘"的笔名写了《保护稀有活人歌》刊登在《人民日报》上，歌的末段是："大熊猫，白鳍豚，稀有动物严护珍。但愿稀有活人亦如此，不动之物不活之人从何保护起，作此长歌献君子。"呼吁人们应该真正关爱老年知识分子的健康。

从这件事就能看出，无论你处在生活的哪个位置，拒绝都是必要的生活内容。

很多书和理论，都呼吁大家坚持原则，该说"不"的时候就说"不"。可为什么还是有很多人觉得难以启齿呢？

这有着很多深层次的心理因素，大多数人认为拒绝别人时，自己会有心理压力，担心他人会心怀芥蒂。轻易不敢拒绝别人，常常委曲求全，最后因为莫名的小事而怨气大爆发，成了"从来不发火，发火就打人"的人。

为何不敢向别人提出要求，同时又无法拒绝别人提出的要求呢？我们的内心到底在怕什么？

这源于成长的经历，大多数人和父母之间都有过这样的对话：

孩子："我想让你陪我去海洋馆。"

妈妈："不行。"

孩子："哦。我的同学都去了。"

妈妈："你看我这么累了，你就不能让我休息一下吗？"

大人都有不能满足孩子的时候，当然，这也会让大人的心理上产生不舒服的感受。为了避免自己的这种不舒服，在拒绝孩子的时候，大人就会加上一些理由，让拒绝看起来很合理。

而对于孩子来说，产生的是什么心理呢？提了一个要求之后，非但没有被满足，还被批评为不能理解别人，得到了一个负面的评价。

这会让孩子长大之后，慢慢地不敢提要求，因为提要求遭遇拒绝是非常糟糕的事情。不会向别人提要求的人，内心是敏感的，看事情的态度也是悲观的。

不会对别人提要求的人，在别人提出一个要求的时候，也容易点头。这种脆弱的状态会让他也难以拒绝别人提出的不合理要求。

了解了这种心理，明白这是成长的印痕，就要学会突破。不突破，就永远不会成长。突破了，自己就过了一道难关，才有可能成长为更好的人。

该拒绝别人的时候要敢于表达，在商务活动中更是如此。

前些天，青年创业者小广通过朋友的关系找到我，向我提出了他的一个疑问。

他是做茶叶生意的，处于刚刚起步的艰难期。他有潜在客户群的联系电话，会定期分下电话号码让业务员打电话。业务员常常遇到的一个问题是，很多潜在的客户接到电话后会这样说："把你们的茶叶快递个样品过来，我们品一下再决定吧。"

小广原本的做法是满足客户的需求，可是后来他慢慢地发现，快递大量的样品成本不低，谈成的生意却并不多。他有了以后不再快递样品的想法，但是又担心会影响和客户之间的关系，于是找到我，想听一下我的意见。

我对他说："快递样品，如果口感满意，客户就能立即大量采购吗？"

他说："可能性不大，哪能那么容易呢？在一般情况下，客户感觉茶叶好，又有需求，会告诉我们一声。我们得到这样的消息，就会派业务员过去，然后再落实合同。要来回沟通好几次，才能成交。"

我说："可以拒绝快递样品，但是拒绝的方法要巧妙。"

他说："那我就说最近茶叶太贵，不能满足要求。"

我说："这样的拒绝太生硬。既然不接触就成交的情况并不多，你不妨把销售过程中的一个环节提到前面来，就会貌似没有拒绝要求，又能甄别出真正的客户。"

他说："怎么说呢？"

我说："可以这样说——我们以前经常给客户快递样品，但是效果不好。您如果需要茶叶，我就带着茶叶过去拜访您，亲自和您沟通，并谈定供货细节，您看这样好吗？"

小广听完直点头，表示回去一定要试一下。

这个简单的做法，至少起到了两个作用：

第一，甄别客户。对于索要样品的客户是真的有需求还是占便宜的心理，这是一个巧妙的试探。原本快递来的茶叶，没有见面的压力，喝完以后不给消息也无妨。但是如果要求见面，业务员到了，压力就来了，面对面的交谈会提高他占便宜的成本。一般情况下，没有需求的客户不会为了一小包茶叶就花时间来接待业务员。

第二，占用客户时间。多数愿意让业务员去公司拜访的客户，是有茶叶需求的。当答应见面的客户被选择出来的时候，业务员去了，哪怕只聊半个小时，也会占客户的时间。注意，时间也是一种成本。对方付出的时间越多，就意味着茶叶的价值越高。有需求的客户会倾向选择他付出时间较多的那笔业务。

后来，事实证明，这个方法对小广的业务起到了非常好的推动作用。

开口求助，打入对方心中

在生活中，人与人之间总是隔着一层"保护膜"。我们从小被教育不要随便麻烦别人，长大后自己与人的交往都止于礼貌，把自我看得越来越强大，说一句"我能求你件事吗"，需要在脑子里绕无数个弯，难以说出口。问题就出在一个"求"字上，人们不善于示弱。但是实际上，恰当的时候，往前进一步，会让你与别人的关系瞬间进入一个亲近的状态。当然，走出这一步，必须谨慎，要懂得判断对方的人品和脾气。

给大家举个例子：两个邻居可能在这个地方居住了一年也没有交流，甚至不知道彼此是做什么工作的，但是如果有一天，其中一家的孩子上幼儿园的第一天，老师要求家长提供一个紧急联络人名单。也就是说，当孩子出现了紧急情况时，除了家长以外，幼儿园还能与谁取得联系。这家人在此地没有亲戚，最好的方案就是写上邻居的名字。那么，该不该向邻居开口呢？

在开口之前，会产生很多思维上的"拦路虎"。比如，平时与邻居之间没什么往来，这么求人家合适吗？还有，如果请邻居帮忙，邻居会不会觉得自己太孤单，只能请他帮忙？太多的假设拦阻了我们走向成功的脚步，事实完全有可能与之相反。偶尔向别人寻求帮助，不用觉得不好意思，更不用觉得丢人，应该认为懂得寻求帮助是一个优点。紧急联络人写上邻居的名字，表明你能够正确界定自己的能力范围，懂得事先进行合理安排。

只要不是时常麻烦邻居，在必要的时候一般人都会接受偶尔的求助。这样不仅有利于解决问题，还能扩大自己的社交范围。只要你愿意放下架子，承认自己有那么一点点脆弱，别人也会乐意给予你帮助。

这个道理不仅适用于生活，同样也适用于职场。你是否敢于向你的领导开口求助呢？

当然，这同样需要控制频率。如果三天两头就求助，领导也会崩溃。但是，工作上遇到难题的时候，你是找同事发泄一通，还是找你的领导客观地寻求帮助呢？

向其他人诉苦不能帮你解决问题，如果你信任你的领导，他就是你工作上最好的导师或教练。向他说明你所看到的，以及它是如何影响你和你的工作的，然后征询他的意见。他可能会为你提供一个看待这件事的全新视角，或为如何应对困难提供有益的建议。

这里要注意的是说话上的态度问题，不要以为工作出了问题，就应该心安理得地把问题抛给你的领导，而是可以这样对你的领导表达："我想做好这件事，实现目标，因此，我需要你的帮助。"

然后，向对方详细地说出自己的期望。比如，希望他对你的工作有更多的投入，把你介绍给其他同事，得到接触客户的权限等。如果他无法帮助你，你可以提出替代方案和他一起讨论可行性。毕竟，你在工作中可能会碰到诸多的困难和麻烦，比如制度流程、资源配备、资金需求、市场分析等。这些外在的因素和困难，可能正是阻碍你继续前进的绊脚石，影响着你的能力和积极性的发挥，降低你的绩效水平。

只要你选对时机，注意态度，勇敢地向领导说出你的困难，请他提供帮助，使困难和障碍因素得到讨论和解决，你就能够更加高效地开展工作，实现并超越绩效目标。当然，我还要提醒的是，这位领导必须是你的直接领导。

那么，如何使用好语言，走出这一步呢？

给大家讲一个经典的案例，这个案例也曾引发我深入思考。这是我一个朋友亲身经历的事情。

我这个朋友是一位医药代表。他和一家医院的刘医生关系处得不错，但是在业务上久久没有进展，毕竟刘医生明白他接近自己是有目的的，所以刘医生一直跟他保持着距离。

事情的进展出现在一个偶然的事件上。朋友女儿的牙病犯了，疼得要命，他被折腾了一夜，第二天还要红着眼睛去见刘医生。

见面的时候，刘医生仍然很有礼貌而客套地跟他打了声招呼，但是她还是关心地问了一句："昨晚没睡好呀？满眼都是红血丝。"

我这个朋友说："今天的确有件事情，我还真不知道该不该用这件事情来麻烦您。"

刘医生以为要谈到业务了，就很冷淡地说："有什么事，你就说吧，我未必能做得了主。"

朋友说："我女儿的牙又疼了，虽说牙疼不是什么大毛病，但是每次她一牙疼，我就被折腾得彻夜睡不好。我也没有别的当医生的朋友，所以想问一下您，这该怎么办呢？"

朋友的话让刘医生感到很意外，刘医生很积极地说："这样的话，必须找个好的牙医给看一下。不要小看牙的问题，牙的问题处理不好，很容易引发大麻烦。我给你介绍一家医院，你请个假，带女儿过去看看。"

这件事情直接成为我这个朋友和刘医生之间拉近关系的里程碑，不但我这个朋友女儿的牙病得到了很好的治疗，而且从这件事情开始，他和刘医生之间的距离也拉近了。刘医生后来也谈到了她孩子的成长问题。两个月后，朋友的业务在这家医院有了进展。

从这个案例中，我们分析到的经验是，当两个人之间的交往有利益驱动时，人与人之间会有理性的警惕性。而我这个朋友用了孩子的艰难处境，引发了人们心底广泛的同情，就能够缩短人与人之间的距离。

这也提醒大家人情味的重要性。

在这个匆忙的社会，人们越来越没有时间和别人分享自己的心情了，也越来越没有时间倾听别人说话了。

我的一个女性朋友，收入不菲，但是总在网上买衣服。我问她原因，她的回答是打开网上的页面，看到店铺和店主富有人情味的描述的时候，她心里会感到丝丝暖意。

小到在网上买一个钥匙扣，大到去买一辆名车。曾有一位汽车王牌经销商说："消费者买车的理由可能有千万种，每个人都有可能不一样，但是我们要做的就是与之做最深入的情感交流，让对方一激动、一感动，就买下了我们的车。"

人情味也就是情感营销，有的企业甚至把顾客个人的情感差异和需求作为企业品牌营销战略的核心。通过借助情感包装、情感促销、情感广告、情感口碑、情感设计等策略来实现企业的经营目标。

这就提醒我们，话术不是冷冰冰的"短兵相接"，而是人与人之间的良性互动。在与别人沟通的过程中，不但要大胆表达，还要敢于求助，向别人打开心扉。

你会发现情感的沟通是迷人的，将迷人的情感注入对话之中，生活就会变得鲜活。

关心对方关心的话题

金利来集团的创始人曾宪梓先生在一次访谈中说过这样一段话：

我讲一个故事。有一个洋货铺老板是专门做西服的，有一天，我到他的铺子去卖领带，他很大声地骂我、呵斥我，我就退出来了。但是，我不知道他为什么骂我，是我做错了，还是他有钱，气焰比较嚣张？

第二天下午，我穿着西装，打着领带，什么也没带，又去了那个洋货铺。香港人有喝下午茶的习惯，我叫了咖啡，双手捧着咖啡请他喝。然后因为我昨天的举动，向他道歉，并且请他指教。他告诉我："你做生意，我也做生意，我有客人在这里，你来了以后，影响了我对客人的招待。"因为我影响了他做生意，所以他骂我。

我们交换了意见后，就成了好朋友。后来，他主动跟我说："你把领带给我拿来些，我要卖领带。"

曾宪梓先生的这个经历能轻易被读到的信息是交朋友才有好生意。从高情商沟通的角度来看，我们得到的启发是，关心对方所关心的，才不会说错话，才能在第一时间不被对方排斥。

有一个销售员去拜访客户，客户让他进到办公室后，久久没有接待他，而是自顾自地接电话。如果这名销售员很气恼，感受到的是侮辱和不被尊重，那么万一他拂袖离开，就不能为自己制造沟通的机会了。而他心态平和，在耐心等待的同时，观察客户的需要。客户拿起水杯又放下，于是，这名销售员赶紧主动为客户倒了一杯水。客户接过水，同时递过来一个友善的眼神。当客户放下电话，再与这名销售员沟通的时候，自然就多了友情的成分。

这让我想起了很多年前自己的一段经历。

当年，我为了一件事情去拜访一个名人。他好不容易才有时间接待我了，但大家保持着客套，话题很难开展。

这时，我看到他桌子上的一张照片。我在来之前看过他的资料，知道他有一个儿子。照片是他儿子的大学毕业照。

于是，我就顺口提了一句："这张照片拍得太精神了！"

没想到对方突然就提起了兴趣，他很认真地告诉我，他的儿子从上小学开始成绩就一直是班级前三名，凭自己的能力考上了名牌大学，从来没有动用他的任何资源和关系。

他说着，我附和着，而且发自内心地表示了赞美："作为一个名人的孩子，他一切要靠自己的努力，很难得。这与良好的家庭教育分不开。"

这一句话使我们的谈话顺利展开，他接下来不自觉地开始谈起他是如何教育孩子的，孩子如何争气，在成长的过程中都发生了哪些故事。

说真的，当时我心里挺着急的，我特别想把话题绕回到我此行的目的上，让他帮我达成目标。但是，我知道这位名人是中年得子，非常不容易，体谅他的心情，我就没有插话。

就这样聊了一个小时，他的眼睛中充满了神采。最后，他话题一转，对我说："小张，你来的意思我都明白了，没什么问题。我打个电话替你安排一下，我和你这个年轻人很投缘。"

他说完这句话的时候，我很惊喜，也很感动。所谓的"投缘"，我觉得非常有意思，因为基本上都是他在说话，我在点头，但是他却有了这样的印象。最后的结果是，他只需要拨通一个电话，就帮我解决了一个大难题。

经历了这件事之后，我明白了人与人之间说话的一个模式，就是你要说自己想说的话，同时也要允许对方把他的心里话说出来。

短短的时间里，我们不能展开更多生活和品位上的交流，此时，关心他所关心的，就是投缘。

　　A 和 B 两名销售员到同一个客户那里销售商品。A 到了客户的家里，开始滔滔不绝地介绍自己产品的质量、价格、售后服务。即使口才再好，客户也可能会说："虽然产品很好，但我真的不需要。"A 就只能离开。

　　B 到该客户家里销售时，一进屋就先和客户聊到了装修。渐入佳境后，B 的成功概率显然要比 A 大得多，此后还有可能建立长久的销售关系。在这里要顺便和大家说一点，如果有幸被邀请到别人家中，无论是生活中的朋友，还是工作中的伙伴，走进屋内，赞美房屋的装修都是没错的。可能会有读者问，如果房子装修得很一般，"无美可赞"怎么办？那就赞美房屋装修如何简洁大方，具有良好的实用性。

　　每个人买到房子，在装修房子的时候，都会很用心，都希望被人看到和赞美的。毕竟房子除了实用性的考虑外，一定会考虑到客人来此的感觉，所以即使房子再小，也会设计一下客厅。

　　此外，还可以边和客户聊天，边观察客户的家具布置，揣测客户的生活档次和消费品位。在向客户介绍自己的产品时，先询问客户需要什么样的款式和档次，并仔细为客户分析产品能够给他带来多少潜在的利益。这样就会在一种放松的状态中打动对方。

有一位销售专家说过："销售是一种压抑自己的意愿去满足他人欲望的工作。毕竟销售人员不是卖自己喜欢买的产品，而是卖客户喜欢买的产品。销售人员是在为客户服务，并从中收获利益。"

这是个简单的道理。当我们面对一件东西可买可不买的时候，当我们面对一个人可帮可不帮的时候，如果我们有一个非常良好的心态，并且大家都在良好的氛围里，我们做的决定就是不一样的。这就要求我们在生活中，在与别人沟通的过程中，要适当压缩自己的话题，模糊自己此行的目的，从而让对方感到舒服、不排斥，进而在感觉良好的状况下接受自己，并接受自己的要求，达到"曲线救国"的效果。

维护自己的品牌

面对不同的人说话，你的气场是不一样的：面对有求于自己的人，你会感觉自己镇定自若；面对一个和我们自身经济利益有重大关系的人，你的"小宇宙"容易缩小，这是正常的。只不过面对前者，不能倨傲，那将有损自己的风度；面对后者，更要有礼有节地维护自己的面子。

不管什么时候，都不要让经济利益压弯了你的脊梁，因为当人追着钱跑的时候，就会发现赚钱是那么难。当个人品牌建立起来、钱追着你跑的时候，你会发现一切都是那么轻松。这就要求在你没成功之前，就坚信自己会成功，要有尊严地说话和与人沟通。当你把自己看得很重要的时候，别人才会把你看得很重要。

你说的每句话都是成就你个人品牌的基础，把自己当作一个品牌去经营，会有意想不到的收获。

一个朋友的公司要进行招聘，岗位的能力要求比较高，来了几个求职者，人事主管都不大满意。

后来，只有一个来面试的男孩又往公司打了个电话，他问的问题就是为什么自己没有被录用。

正巧朋友在，他觉得很有意思，就问这个男孩："你为什么要知道这个原因呢？"

男孩镇定自若地说："我尊重我自己的付出，我为了进入您的公司，做了一个月的功课。也许我发挥得不是最好，但是我还是想知道究竟是哪一个方面让你们对我失望了，也好让我以后能够改进和精进自己。"

听完他说的话，朋友就为他安排了复试。他最终还是录取了这个男孩，因为在朋友看来，一个重视自己付出的男人，一定会成功。

在职场上，有礼有节地说话显得尤为重要。如果一个人总说："××太让我烦了，一看见他我就吃不下饭。"或者说："××和××的关系并没有大家看到的那么好，我看见他俩吵架了……"

说这种话的人，会让人感觉他是个粗俗的人，而且有些阴险。大家会对他心生厌恶，也会提防他。当周围的同事对一个人产生一种避之不及的感觉的时候，他在一家公司的局面是不可持续的，搬弄是非和过于负面，最后的结果一定是把所有帮助自己的力量推开。

只有考虑到说话的效果，再去发表意见，才能有的放矢，让自己得到一个非常好的口碑，树立起好的形象。毕竟在长时间的工作过程中，与同事产生一些小矛盾，那都是很正常的，不过在处理这些矛盾的时候，要注意方法，不能恶语相向。给别人的自尊"一个房间"，也就是给自己的自尊"一个房间"。

维护自己的"品牌"还要注意让自己说话的时候掷地有声。

当一个人资历还不是特别深的时候，只能通过外在包装让人建立信任感。例如，要注意说话的内容、身体语言、语音语调。这不是一蹴而就的，需要平时多练习才能做到。

在这里要提醒大家的是练习说话的方法，很多人以为练习说话就是见到人就聊天、说话。这样的想法是错误的，与一百个人都能聊得很好，也不意味着你能在关键时刻说出响亮的话。

正确的练习方法是提高自己对事物的认识，从陈述一件事开始练习。比如，你刚刚看了一部电影，那么现在就可以练习评价这部电影。可以说："我刚看了一部电影，电影的名字叫××，这部电影的导演是××，电影里有个情节耐人寻味。当主人公经历了人生沉浮后，老朋友去见她，出现了一个茶叶的特写。茶叶在沸水中沉浮，象征着这个人物一生的起起落落，充满了沧桑感……"这绝对不是专业的影评，却在对电影细节的把握上说出了自己的观点。

平时多做这样的练习，归纳和总结能力才会得到提高。还可以站在镜子前训练自己说话，要经常朗诵那些好的诗句、文章，并将它们运用到你平时的演讲中。

还可以让自己说一段话，并录下来，然后准确地找出自己在语气、语调、发音等方面存在的问题，这样才能在与人交谈时吸引对方的注意力。

能力都是可以通过学习锻炼的，说话要找到核心，言简意赅。在工作中，还要注意少说问题，多想一些能够解决问题的方法。不要带着抱怨的态度来谈问题，要学会如何争取共赢。

如果你要在领导面前发言，就要试着把自己放在他们的角度上，你提的建议如何帮助他们解决问题。可以多准备一些，多查点儿资料，然后了解他们是什么风格的人。

在这里和大家分享我多年的一个观察，很有意思。想和领导对话，一定要具备成熟的思路。而成熟的人，在一件事情上表现出的态度是能够看到合作可能性的。例如，你要向领导申请一笔资金去买一批材料。原本你只需要汇报给领导，讲清楚买这批材料的必要性即可。想要做得更好，你可以结合现状提出这样的方法，那就是用自己公司的某一类物品去交换这批材料。这可以是有形的物品，也可以是无形的精神财富。总之，就是把单方面的购买行为变成一个双向的合作。无论能不能成功，领导都会觉得你的说法令人耳目一新，是一个说话、想事情、做事情都与众不同的人。

这样，你的影响力得到了积累，大家认可你的话中"有营养"，你就容易靠说话成为一个响亮的"品牌"。

利用关系网说出亲切感

你想和别人一见如故，一张嘴就让对方觉得亲切，就要多做功课。要了解对方的关系网，了解对方在哪一个圈子，有针对性地与之进行沟通。

六度空间理论指出：你和任何一个陌生人之间所间隔的人不会超过 6 个。也就是说，最多通过 6 个人，你就能够认识任何一个陌生人。这就是六度空间理论，也叫"小世界理论"。

六度分隔的现象，并不是说任何人与人之间的联系都必须要通过 6 个层次才会产生，而是表达了这样一个重要的概念：任何两个素不相识的人之间，通过一定的联系方式，总能够产生必然联系或关系。善于把握关系，很有可能会给自己一个意想不到的惊喜。

这也要求我们在平时生活中多注意扩大自己的交际圈，用好的方法促进和本来交往平平的人的关系。不要求让两个人变成密友，但最好给对方留下好印象，以便于这个关系在未来的某一天可以用到。

例如，你如何拉近和一个交往不深的人之间的距离？突如其来的赞美会显得矫揉造作、不伦不类，我们不妨盛赞与对方密切相关的其他事物。

比如，张小姐和王小姐不大熟悉，但是张小姐看到王小姐新买的车，不禁高兴地说："你的车太漂亮了！这辆车太时尚了，开这辆车一定会显得你整体品位都很高。"

"是吗？"王小姐的自豪感油然而生，并且说，"我其实不在乎这辆车是不是这个牌子的，我就是喜欢这种设计。"

张小姐接着说："是的，你不仅选了名车，还在名车里选了最适合自己的车，太棒了！"

在这段对话中，张小姐没有直接赞赏王小姐既有品位又有钱，而是称赞她选的车，令对方备感自豪，兴致大发。于是，拉近了两个人之间的关系。

在商业社会，关系网是人们常利用的交际工具，我现在用一个故事来演绎给大家看。李先生准备举办一个座谈会，为了提升座谈会的档次，他向领导列出了一个名单。名单上最少有三个响当当的大人物的名字，让整个项目组都感到非常兴奋。

涉及具体操作的时候，李先生蒙了，该怎么办呢？他还是鼓足勇气，联系了其中看起来很有亲和力的一个大人物。打电话的时候，李先生说得非常诚恳，他没有说"我们这个机构需要您来讲座"，而是说："无数年轻人期待您的经验分享。"于是，大人物表示考虑一下，没有正面答复。

接下来，李先生赶紧去找第二个大人物，他把人物名单呈上，然后表示这是一个阵容强大的座谈会。

此人反问："其他人都来吗？"

李先生当然会含糊其辞地说，联系的第一个大人物很感兴趣，基本上是没有问题的。

这样，约的第二个人就动心了。

于是，他赶紧趁热打铁，联系了名单上所有的人。利用第一个人的盛名，邀请了第二个大人物参加，再利用第一个和第二个大人物的盛名去说服第三个大人物过来。

由于第一个人、第二个人、第三个人都是大人物，深知时间的重要性，彼此不会打扰对方，也不可能去互相打探，暴露出这种攀比，于是大家真的都来了。

这也就告诉大家，在当代社会，你要大规模地运作一件事情，要学会和多个人打交道，利用人性和人心的规律，来实现自己的目的。

人与人交往的密度增加了，一个项目也往往要在多人的配合下才能完成。

人一多，说话的技术就更需要提高。比如，当一个人去见客户，谈了多次久攻不克的时候，可能就需要团队打一个配合战。

从最简单的配合战来说，需要一个身份和地位比较高的人过来拜访，会让客户觉得更有诚意，也会更加重视。

见面之后，三个人一起沟通。不管事前做过多少次沟通，还是容易出现业务员与领导说的不一致这种问题。此时，如何处理这种问题呢？纠正领导会让客户看笑话，应该怎么做呢？

当下就应该维护好三个人之间的关系，对领导说："这个问题我已经和客户讲过了，还有以下几个问题我们没有达成共识，今天大家难得凑在一起沟通……"

这样一说，领导马上就会意识到该转移话题了，切断原有话题的效果就会好得多。

此外，增加亲切感，还要注意在谈话中多提起对方名字的，有个显得亲近一点儿的称呼更好。例如，"王哥的意思是让我们再来一趟""王哥对我照顾得挺多的"。将对方的称呼挂在嘴边，此种做法往往使对方涌起一股亲切感，宛如彼此早已相交多年。

　　还有一个好处就是，被喊出名字的人通过这种感受，会认定称呼自己的人已经非常认可自己了。

第三章

99% 的人不知道的沟通技巧

学会倾听，才能"拿住"对方

会说话的人，一定会倾听。

从对方的话里，你能听到多少信息，决定了你是否有对应的信息传达过去，向对方展示自己与他的思路是多么契合。

想想看，人们在生活中有多么关注自我？我们讲一个和自己有关的故事，对不同的人可能讲上好几遍，也不会有丝毫的不耐烦。当然，再遇到陌生人的时候，还有可能把讲了八百遍的事情再拿出来说上一遍，照样不会感觉烦。

人们似乎永远都不会厌倦自己。

如此推论，当我们听人说话的时候，如果能够理解这一点，就应该满足对方的自我表达的欲望。当别人说话的时候，要是你需要让别人知道你在听，有时候，只要不时简单地发出"嗯"或"对"就可以了。也许，只需要回应，你就能给对方留下不错的印象，对方会觉得你在关注他。

同时，会听就能捕捉到对方的情绪。如果你谈兴正浓，而对方说的话越来越少，你就要从"听"转移到"看"——看一下对方是否出现了下面的动作：看表、看手机、打哈欠、起身、翻书、整理衣服等。这些动作意味着对方已经不想听你继续往下说了。此时，要把握好时机，不要滔滔不绝。此时的不说，是为了下一次更好地说。

如果对方是你的客户，你还要学会听更多。从他的话语中，听到他大脑活动的规律，由此，你可能会"拿下"这位客户。怎么听出大脑活动的规律呢？

给大家举个例子，我和朋友们一起吃饭，大家随意聊着天。在这随意的过程中，可以通过听区分出两类人。

当我们说一件事的时候，由于大家状态随意，话题随时会被打断，被其他话题岔开。此时，一部分人会被新话题吸引过去，进入新的谈话内容。这部分人是感性的，容易被情绪感染。

另一部分人总会追问："怎么跑题了？刚才说的那件事，你还没说完，那是怎么个情况了？"提出类似这样问题的人，属于理性思维。

与擅长感性思维的人说话，可以用感性的故事、细节、情绪打动他们。

与擅长理性思维的人说话，可以用理性的数据、逻辑、事实说服他们。

遇到一位客户，观察细节，听他说话，判断他的思维方式，用相应的方式，也就是能引起他巨大认同感的说话方式来"进攻"，才能"拿下"他。

人的思维有偏向理性或者偏向感性两个方面，人的需求也非常多样，听对方说话，揣测他的思维方式，就能找到最适合与他交流、沟通的方法。

大多数领导对待属下，都是客观、理性的。毕竟，领导是与属下有根本利益关系的人，属下在与领导沟通的时候必须多做权衡。事实上，领导都不喜欢耍小聪明的人，聪明的管理者最看重的是沟通效果！

陈总的单位招来了两名实习生：两个大学生，一个灵活，另一个不善言谈。同事们都倾向于和爱说话、心思活泛的小郑沟通，而憨实的小李只是每天本本分分地做自己的工作，和大家交流得比较少。

一次公司组织踏青，穿着运动装的陈总显示出自己经过锻炼的完美肌肉，令大家吃了一惊。小郑赶紧凑上前，对陈总说："真没想到您这么注意锻炼，简直可以做健身教练了。"

陈总笑笑说："以前比较注意锻炼，现在工作一忙，大周末就不去健身了。待在家里看看书，宅一整天，很少开车去健身房了。"

小郑说："您这体形太棒了，短期不锻炼也没问题。"

踏青回来，大家因为小郑对陈总的态度太热情，而开始对小郑有些冷淡。小郑也不以为意，她心想：自己最机灵、会说话，招人妒忌才会让大家排斥自己。

陈总对小郑的态度没什么改变，但回来没几天，小李迅速转正了。

原来，有一天，陈总要下班的时候，小李敲开了他办公室的门，静静地放了三份材料给他，说："这是附近几个健身场所的情况，根据您的时间安排，看看有没有适合您的。"

这让陈总对小李刮目相看。在陈总看来，只有真正给自己带来改变、让事情变得更好的员工才是值得留下的。

如果你能理性地思考一下如何做能给工作和生活带来好的改变，那么，无论你怎么说，都不会错得太离谱。

会听的人，还要在适当的时候"看不见""听不见"。

你想心平气和地说话，就不要让自己轻易被别人干扰。

就拿办公室这个环境来说，这是一个不放松的环境，如果你走进办公室，发现周围的同事双眉紧锁、木讷、茫然，会不会觉得这个气场对自己构成了一种暴力侵犯？很多人感受到了坏情绪，所以特别不愿意去上班。

要学会对外界的坏情绪无知无觉，一个人受到伤害，难免会通过其表情，传递给别人一种消极、抑郁或焦虑的情绪，给其他人造成困扰和压力。如果你不幸遇到了这样的人，要想"他的脸色也不是冲着我来的"，不以为意，就能保护好自己的情绪。

也不要在面对负面情况的时候，急于表达。例如，办公室里小张和小梁吵架了。小梁在你面前想寻求同情，你听听即可，不要轻易介入和评价。

因为当你发言之后，就有可能与小张为敌了。这样，本不关你的事情，却成了你的事情。其实，完全没必要使自己与小张关系紧张。

重要的是，这样做没人说你勇敢、有智慧。

合上眼，关上你的心窗；闭上嘴，护好你的心门。

捕捉好的信息，自动屏蔽恶意的情绪，你就真的是会听话的人。

一招鲜：让对方比你更为难

我们每天都说很多话，有多少话会真正被人们听到？又有多少话真正地发挥了作用，实现了你说话的目的？

每个人都渴望自己说的话起作用。生活中，当我们一群人凑在一起说话的时候，谁的话最有分量，能对周围的人产生影响呢？有没有这样的情况：当一个人说完自己的问题，大家纷纷说完意见，但这个人还是特别想听其中一个人发表更多的意见？

大家愿意听谁的话，在一定程度上，这个人就拥有了话语权上的优势，如同拿到了一支金话筒。身处于众人之中，"拿金话筒"的人周围却鸦雀无声，他纵横捭阖如入无人之境。

语言上对别人的吸引力，成了工作上的生产力。这样的人，必定会脱颖而出。

如果你有高超的唱歌技巧，没有好的舞台与合适的场合，就没有人会知道。

如果你有精湛的球技，没有队员的协作和配合，你也就很难独自一人获得掌声。

但是，如果你具备高水准的说话能力，情况就会不同。你会很快显露出这种才能，同时还可以说服别人，达到自己想要的效果。并且，有些时候，会说话就能让自己脱离困境。

有这样一封寻求帮助的邮件：

我是一名业务员，工作一年多了，现在才摸到门道，业绩也刚刚有了起色。

就在我打算好好发展事业的时候，出现了新的状况。我们公司的老业务员，也就是以前带我的师父，他需要个帮手。他的客户非常多，有点儿忙不过来，常常需要我腾出时间去为他的客户服务。

开始的时候，我觉得没什么问题。可是后来，我帮他的内容越来越多，用于服务自己客户的时间就越来越有限。他的客户不明事理，竟然认为我为他们服务是理所当然的，对我的要求也很多。我感觉特别累，甚至有的客户从开始谈业务一直到签约之前所有琐事都由我在帮忙打理。

一直想拒绝，但是又觉得不好意思。可是长此以往，越是为师父服务，我自己的业务就越少，对自己的长远发展非常不利。

再次面对他的安排的时候，我究竟该怎么做呢？我该怎么拒绝他呢？

从以上文字中，我们可以看到这样的信息：他实际上已经想明白了，时间对于每个人来说都是有限的，他想利用好时间让自己成功；他并不想依靠老业务员开展业务，他渴望独立成长；他也很明白应该拒绝，只是碍于情面，苦于没有合适的拒绝言辞。

这封邮件让我很是感慨，生活中的确有一些人，他们总把属于自己的问题推给别人。正如这样的一个故事：老公借了邻居的钱，说好明天还，并为此彻夜难眠。老婆问："怎么了？"老公说："明天没钱还。"老婆直接敲邻居的门说："明天，我老公没钱还给你。"然后就回到家中，对老公说："睡吧，现在睡不着的该是他了。"

在工作和生活中，总有人把属于自己的问题抛给别人来解决。所以，每个人都不要随意接对方抛来的东西，并且要从态度上明确这是属于谁的问题，才能远离烦恼源。

比如在这个案例中的老业务员，客户多、无暇分身是他的问题，但是他迫使别人来帮他分担，显然是不合理的。

如何拒绝别人呢？言辞的修饰是微弱的，头脑的力量是巨大的。

面对不合理的条件，只有以合理的条件来应对，才能起到好的作用。那就是不直接说"不"字，而是合情合理地引导对方明白你拒绝的坚决。

这位业务员可以坦然地将自己的需求说出来，老业务员就会明白他的意思了。我给了他这样的建议，他可以对老业务员说："最近，我很苦恼于一个问题，就是客户太少，业绩一般这方面的问题，您能帮我想想办法吗？"

当业务员把这个问题抛给对方时，对方就会无言以对。

老业务员面对这个问题的时候，只有两种选择：要么帮他的徒弟解决这个问题，把自己忙不过来的客户分几个给他；要么就是保持沉默，不再过度占用对方的时间。

这个说法抛出来不会引起非议，毕竟，老业务员拿走了他徒弟的时间，让对方帮助自己巩固客户关系，这是单方面的索取行为。不恶劣，但也不光彩。如果他徒弟再不采取点儿措施提醒老业务员不要越界的话，两个人的关系就会更加恶化，到最后可能是针锋相对、毫无转机。

当然，如果这位业务员采纳了我的建议，这样说了，老业务员还不肯罢休的话，下一步，他就可以直接说出想法："我愿意帮您巩固一下业务关系，您是否愿意把忙不过来的客户名单提供一下，让我也参与进去，一起合作呢？"

这样，这个业务员就能够合情合理地拒绝别人对自己的过度索取。

从商业的原则来说，我们应该遵守公平和平等原则。一个人付出了时间，就应该得到利益，对于任何人都是这样。如果有人不给你利益，却妄想占用你的时间，你可以为自己争取利益。把为难的处境推给对方，让对方来决定是克制自己的行为还是给你一部分利益。

人与人交往的时候，如果不涉及利益，说话彰显的力量就很弱，寒暄的话不容易引发矛盾，却也不会起到太大的作用。

真正检验是否具备说话能力，往往是在出现矛盾的时候。在出现问题需要解决的时候，就要看你如何说话、如何来扭转局势了。

我们在别人语言的进攻下，会常常不小心被攻城略地。我们可以把语言作为坚实的盾牌，既能抵挡住对方的长矛，又能在需要的时候，变成能够攻到对方心坎上的武器！

当一个朋友向你借钱的时候，你会如何处理？

先问清楚钱的用途。只要不是涉及生老病死的大问题，如果你不愿意，就可用平等的态度拒绝借钱。

很多人实际上说出这个"不"字，会感觉为难，心里有种种纠结，怕对方感觉自己不够大方、不够真诚等。面对这种情况，如果你能反过来，把纠结的问题扔给对方，你就赢了。例如，他借钱买房子，你说你自己买房也差些钱；他说他借钱投资项目，你说你也想投资一个项目；他说他借钱想干事业，你说你也有个事业梦想……

毕竟，每个人对资源的渴求都是一样的。把两个人放在平等的位置上，你就能够在说话的时候镇定自若地应对别人的索取。

每个人都是一个容器，只有当自己很富足的时候，付出部分财富或者资源给别人，才会心甘情愿。如果自己像一棵努力生长，尚且缺水的植物，那么大可不必为了别人而牺牲自己的水分。

当你已经可以熟练地运用这样的方法的时候，令你感到为难的处境就会越来越少。而你的心态也会越来越平和，毕竟你杜绝了别人不合理的索取。你也会随着自己的成长，越来越强大。当你强大的时候，就可以让这个社会更好。

交换的思想在每个人的生活中都是非常有用的内容。在商业谈判中，以交换为原则更是一个诀窍。

如果签约之后，你的客户说："能免费送货上门吗？"

你会怎么回答他呢？或者刚签完合同，客户就提了很多额外条件，如果你马上说"不能""不行"，这对于客户来说是一种打压，他会觉得你的态度在签约前后判若两人。如果答应了这些条件，那么接下来，你就会发现这位客户是位永远也服务不完的客户，他的要求会一条接一条地提出来，没完没了。

怎么办？可以使用交换的思想对他说："免费送货可以，如果您能再为我介绍一位客户。"

仅仅一句话，你身上的枷锁就解除了。

沉默的人变成了对方。

这种思维的方法，是使用交换来维系平等的位置的。在具体话术中，能不能快速反应，想出你的提问，还要靠自己的领悟和练习。

再举个例子，供大家参考。顾客买完西装之后，掏钱的一刹那感觉有些失落，于是对营业员说："送我一条领带吧。"

如果营业员直接拒绝，顾客在情感上就难以接受。

营业员不妨幽默地说："我们的领带造价也是很昂贵的。如果您再买一套西装，我们就送您一条，好吗？"

大部分情况下，顾客会选择"不买"，那么营业员的"不送"也就变得顺理成章了。

控制话题，掌握主动

A："你是 80 后吧？"

B："是。"

A："老家是山东的？"

B："是。"

A："是本科毕业吧？"

B："是。"

A："你工作挺顺利吧？"

B："是。"

看似不明所以，实则大有玄机。

当 B 连续回答了三个"是"的时候，在情绪上就默认自己已经和对方站在同一战线上了。基于这样的情绪，B 在接收 A 的第四个问题的时候，他的大脑基本上就停止思考了，他根本不会再去思考问题了，只会习惯性地说"是"。

谁控制了话题，谁就有主动权。

在职场上，这种例子很多。设想一下，某一个清晨，一位同事走入你的办公室，说："我们一起聊一下这个项目的操作细节吧！"

于是，你把手头的计划推开，然后进入他的话题。不知不觉一上午过去了，更可怕的是，你发现明明是半个小时就能聊完的话题，却浪费了整个上午。

你感慨时间越来越不够用，感觉沟通成本越来越高了。实际上，这完全是因为没有控制好话题。在和对方沟通前，就应该问清楚沟通要解决的问题是什么，把所有的问题都写到纸上。

在讨论前，给自己一点儿时间，整理一下自己的思路，并做好书面整理。

讨论的时候，陈述自己的观点。还要注意在讨论过程中，把远离主题的话题及时拉回到主题上来。

对于无法达成共识的问题，搁置。

对于已经解决的问题，做好标记。

最后约定下一次的沟通时间。

这样，你就不会让自己的时间莫名其妙地被"打劫"了。

如果遇到矛盾或者纠纷，你依然要具备控制话题的能力。

具体怎么做呢？

心理学研究表明，人情绪的高低与身体的重心高度成正比：重心越高，越容易情绪高涨。因此，站着沟通往往比坐着沟通更容易产生冲突，而座位越低，则发脾气的可能性越小。不妨在办公室里准备好沙发，让对方一坐就陷进去，最好起来时还会觉得费力。当对方的身体极度放松时，态度也就没那么强硬了。

当对方指责你的时候，你只要做一个动作，就会给对方带来巨大的心理压力——拿出你的笔记本，开始记录。当然，记录的时候，你可以点头示意，但点头并不表示你同意对方的观点。

最后，由你来梳理谈话内容，你可以说："为了确保我理解准确，我和您再确认一下。您刚才的意思有以下七点：第一点是……第二点是……您认为我理解得对吗？"

当你这样说的时候，对方会反过来专心听你重复他的话，并重新审视自己思路的错误或遗漏之处，进而平静下来。

说话滔滔不绝的人未必是真会说话的人，围绕目标说话的人，才有机警之心。说话也要讲究效率。别人说 20 句话才搞定的事，你说 10 句就能达到效果，这才叫真会说话。

生活中的大多时间，都需要控制话题。要规划一下话题，重视自己的表达，以最少的话表达自己最想要表达的信息。

当你的朋友来找你抱怨的时候，他不停地诉苦，你要选择无奈地听吗？只要你听，他就会永远说不完。适当的时候，问一句："既然这样，我们做点儿什么，改变这一切呢？"

迫使对方沉默，迫使他进入一个冷静的、理性的状态。而且，这样做的好处是，你没有替对方做任何决定，而是激发他自己来思考人生，并为自己的人生负起该负的责任。

我们不但要应对别人说出来的话题，而且还要提醒自己不要做一个无聊话题的发起者。例如，你看到同事的表情很愉悦，就忍不住问一句："为什么心情这么好呀？"

对方很愿意和你分享他的经历，他开始聊起自己昨天晚上的经历，滔滔不绝……你不好意思打断，一个小时过去了，你发现自己今天该做的工作都还没有开始。

控制话题，不随意发问，是对自己，同样也是对他人时间的尊重。应对矛盾的时候，我们要让对方坐下来，工作上的事情则最好站着沟通。工作中常常有这样的情形：你去找同事商量一件事情的时候，他说："稍等一下，你先坐一下吧。"

你会听他的话，坐下来，然后等着和他沟通吗？

其实，你不妨说："不坐了，没事，我站着等你一会儿。我今天谈的事情，就耽误你 3 分钟时间。"

当形成一个站着说话的习惯的时候，你就会发现沟通效率高了好多。

对于销售人员来说更是如此，控制不了话题的销售员不是好销售员。从话术的角度来说，销售的过程就是控制话题、改变事态发展的过程。

不要轻易被顾客的问题所控制，也不要总是顺着对方的思路走。例如，在手机卖场，一名潜在的顾客问："这款手机待机时间有多长？"

如果你说"待机时间两到三天没问题"，那么，他会觉得这款手机很一般，可能会说："好的，那我再去别的地方看看。"

应该抓住和潜在顾客交流的机会，用语言吸引对方。因为走进卖场是顾客给你的第一次机会，顾客发问，就等于给了你第二次机会。

你可以这样说："您问的问题是很多人买手机时都会问的问题，大家关心手机待机时间的长短，根本的目的在于希望给自己省事。很多人认为选择待机时间长的手机，长时间不用充电，能节约时间。但是，待机时间再长，也不能保证永远有电，不影响使用。如果关键时刻没电了，照样很误事。所以，想让手机使用起来更方便，不仅要看待机时间有多长，关键还要看充电时间有多长。给您推荐的这款手机的特点是电池好，充电时间非常短。没电了，短时间就能充满，很快就能正常使用了，是不是满足您的需求呢？"

这样说，在回答潜在顾客提出的待机问题的时候，成功地将你的思想灌输给了他。哪怕他听完还是没有动心，离开你的柜台去了下一家，你也不用担心，因为最大的可能是他问下一家手机店："这款手机的充电时间有多长？"

也就是说，你成功地将话题控制到了自己的优势上。顾客会按照你的思路走下去，也让你尽量控制了在这个销售过程中自己所能掌握的环节。

平时和朋友谈话也是如此。如果有一些朋友渴望和你聊一些旅游话题，但是有人聊起了一个你从没去过的旅游地。

别人津津有味地谈论当地的美食、奇特的景观，你对此感到陌生，但你也想参与这个话题，心里很着急，怎么办呢？不妨尝试着控制话题，毕竟闲聊没有固定话题，谈论的中心是旅游，并不局限于某个具体地点。

你可以保持微笑，而且要尽量找一些相关的话题。

例如，朋友说："贵州的山水真是太美了！"

你可以这样接话："是的，如果空气好的话，整个风景就都是纯净的。我去丽江的时候，看到的天空也是大片纯净的蓝色。"

抛出类似的话题，就能享受轻松、愉悦的交谈氛围。没有任何话题是你接不住的，你甚至可以聊一聊不同地方的人的饮食习惯，或者长途旅行需要注意的事项，都能随时引起新一轮的讨论热潮。

表现坦诚，展示优势

坦诚是一种优良的品质，生活中不缺坦诚，缺的是如何正确地表达自己的坦诚，这种表达方法往往是我们在话术上所欠缺的。

如果能够利用好自己的坦诚，我们和别人沟通的时候，就具备了非常强大的感染力。职场中也是如此。我们认知自己的时候，要用非常正向和客观的态度来看待自己和周围的生活。用一种正确的态度表达自己内心的坦诚，尤其在工作中，更需要把自己的想法正确地表达出来。有的人不能真诚地表达自己的想法，不愿意直截了当地同他人交流，以避免发生矛盾。

这是有损于自己的，因为不表达自己的意见或者评论，只能让你远离事实和真相。所以，用一种正向的态度，坦诚地将更多的人吸引到对话中，是一种非常好的沟通、交流方法。

如果有更多的人参与对话，那么显而易见，你也能获得更加丰富的想法。只要具有这种开放的态度，你就在说话和性格上具备了一种优势。

商业行为也是如此，经商的过程实际上是一个人际沟通、交流的过程。客户只有认识你、了解你，知道你的的确确是一个坦诚的人，一个热心、有责任心的人，一个拥有丰富经验和专业知识的人，才会放心地把自己辛辛苦苦赚来的钱放在你的手上。

前段时间帮朋友选择装修公司，我遇到了一家非常有意思的装修公司。他们所表现出来的态度，以及他们的接待人员所说的话，与其他公司的都不一样，非常有技巧性。

我们开始找的几家装修公司的态度都是这样的：他们强调自己的服务好，家装设计师如同保姆一样全方位服务，直到帮你装出漂亮的新家，他们如何认真、负责，专业上如何具备高超的专业能力，等等。

基本上千篇一律地强化优势，令我们难以从中选择合适的。最终选择的家装公司，他们的接待人员在话术上就技高一筹。

我们走进去，他快步迎过来，问我们："你们是要装修房子吧？"

我们点头。

他说："装修可是件大事，你们知道装修的三大陷阱吗？"

一句话，完全 hold 住了场面。我们都想听听他说的"三大陷阱"

是什么。

他接着说："装修的第一个陷阱是很多装修公司都会采用的方法——给客户一个很低的报价，让客户感觉非常满意，感觉预算非常合理。可是，后期操作就完全不是这么回事了。他们会在施工中，以种种借口抬高价格、增加项目。而此时，已经签约的客户就骑虎难下了。"

他这么一说，我们觉得果然很有道理。看着我们点头，他接着说："我们是一家品牌家装公司，不会发生这样的情况。也许您走过很多家，会发现我们的报价是高的。这看似会让我们缺乏竞争力，实际上我们觉得这样做，是对自己负责。我们公司要求的就是材料要有品质，有长期的售后保障，让客户没有后顾之忧。而且，我们的施工非常规范。每个阶段的施工，客户都要到场，还要签字确认。"

后来，他还说了其他的两大陷阱，并且提出了他们公司是如何帮助客户规避这两大陷阱所采取的实实在在的措施。整个过程让我们很满意，朋友最终决定选择这家装修公司。

在这里，我们似乎看不到刻意，感觉接待员是靠坦诚赢得了客户。其实，这其中的话术很精妙：他问的第一句话锁定需求；第二句话引发我们的好奇，以保证沟通进行；第三句话就彻底地展现了他们的优势。并且，没有指责其他任何一家竞争对手，靠着对客观现象的批判，把自己的利益和客户的利益连接起来，让客户感觉踏实、放心。

生活中的沟通也是如此。想要展示自己的优势，用一种看似坦诚的态度会让自己更具有魅力。

曾经，在一个小型的联欢会上，观众席上有一位观众问某位小品演员：“听说你在全国的笑星中出场费比较高，一场要 1 万块钱，是吗？”

这个问题让人很难回答：要是这位小品演员做出肯定的回答，会给自己造成很多不便，而且收入问题本来就属于他的隐私；要是他否定，并且板起脸来教训问话者，就和他一贯展示给公众的形象不符。

这位小品演员很坦诚地说：“您的问题问得很突然。请问，您在哪里工作？”

问话者老老实实地回答：“我在大连一个电器经销公司工作。”

小品演员接着问：“你们经营什么产品？”

问话者想了想说：“录像机、电视机、录音机……”

小品演员问：“一台录像机要多少钱？”

问话者回答：“4000 元。”

小品演员笑着说：“那有人给你 400 元，你卖吗？”

问话者有点儿急了，赶紧说："那当然不能卖。价格是根据产品的价值确定的。"

小品演员最后笑着说："那就对了，演员的出场费是由观众决定的。"

这位小品演员的态度很坦诚，但是也没有直接回答问题，而是针对事理间接回答了问题，让人觉得信服。整个交谈氛围很正向、很愉快。

善用问句，占据主动

检查我们说过的话会发现，大部分是陈述句。如果和别人沟通的时候，注意适当地放进疑问句，效果会更好。

现在，我给大家设计这样一个场景：

一家名牌女装店，走进来一位男士。

店员："欢迎光临。"

顾客："这套女装多少钱？"

店员："600 元。"

顾客："哦。"

店员："这是目前最流行的女装。"

顾客："价格还能变动吗？"

店员："本店衣物一律不打折。"

顾客："好的，我再去别的地方看看。"

我们会发现店员使用的所有句型都是陈述句，没有了解顾客的需求。整个过程中，店员都是被动的一方。顾客提一个问题，她回答一个问题，非常"机械"。

这个案例让我们看到了问句的重要性。

当你屡屡被对方提问的时候，你应该意识到自己正处在被动的位置，你必须尽快改变这种局面。怎样改变呢？建议使用反问。

比如，上面这个案例可以这样演绎：

店员："欢迎光临。"

顾客："这套女装多少钱？"

店员："您买衣服是送人的吗？"

顾客："是。"

店员："哦，这件不错，很适合送人，价位偏高。"

顾客："多少钱呢？"

店员："600元一套。对送人来说，价格很适中。"

顾客："能打折吗？"

店员："对不起先生，因为本店女装都是高品质的女装，所以价格上不能优惠。大家一看这个牌子就知道这是一款不打折、有品质的女装。"

职场上更是如此。当我们执行一项任务的时候，要多打几个问号，逐一破解后再展开行动，就不会在具体操作的时候遇到障碍了。

领导最怕那类按部就班做事情的员工，领导怎么说他就怎么做，以前怎么做现在还怎么做。他们并不了解工作的意义，也不愿意主动去了解、思考。每次出了问题，他们还能振振有词地说："这都是你让我做的呀！"

其实，领导的指令可能只是方向性的，具体怎么操作、得到什么样的结果需要你自己动脑筋思考。知其然，你还得知其所以然。否则，你看似按照命令行事，得到的结果却可能是南辕北辙。

有一次，我的助理要去一个机构办事情，我请他顺便帮我去取一份资料。助理回来的时候，把资料拿回来了。他告诉我，审核资料的老师还没看完。我一听当然不满意，问他："老师说了没看完，你何必拿回来呢？"

他说："你不是让我把上次的资料取回来吗？那我当然听你的话就取回来了。"

我只能笑笑不说话了。其实，对工作多问几个为什么，是对自己有益的事情。我没有再追究，是因为我懂得不能为了虫子，放弃桃子。

除了疑问句，生活中我们还可以巧妙地使用反问句。

法拉第是英国著名的物理学家和化学家，他常常百折不挠地做一些表面上和社会生活并不相关的科学实验。当法拉第最初发现电磁感应原理的时候，有人冷嘲热讽地问他："这个原理对我们的生活有什么用呢？"

法拉第马上反问对方："刚生下来的婴儿有什么用呢？"

当遇到一些问题的时候，一个反问句可能就会使挑衅的人知难而退。

日常生活中，说话也需要逻辑，加一个问号，会为生活增添许多有趣的故事。

一部电影中，有一个喝茅台酒的片段。茅台酒的价格还是很昂贵的，所以当时的道具不是真的茅台。演员不高兴，就找导演理论，于是发生了如下的精彩对话：

演员："导演，既然是喝酒，能不能用真的茅台酒代替呀？"

导演："茅台太贵，买不起。"

演员："您老说演戏要逼真，不喝真茅台怎么能逼真呢？"

导演："是呀，是要逼真。可是，戏中还有一个喝了三碗水的场景，你是不是真的要喝上三大碗水呢？"

演员自然是哑口无言。在这段对话中，一个反问句就解决了争议。

再举一个极端的例子：

> 甲向乙提问："听说你昨天在公司打私人电话被老板逮了个正着，你现在感觉如何？"

乙此时即使一口否认曾有"被发现"的事发生，也会不知不觉地陷在"自己是否在公司打私人电话"的场景中与甲讨论问题，十分被动。

反问就是可以通过反向改变此种被动的有效手段。譬如，乙可以回答："你没搞错吧？我听说是你被发现了。"

这个案例中的逻辑在生活中有很多。例如，某个记者采访一位名人，他提出了这样一个问题："现在的年轻人太浮躁了，您是怎样看待这个问题的？"

名人不论怎么回答，第二天，记者都可以在报纸上发表这样的一篇文章：《××炮轰当下年轻人太浮躁》。

我们看看名人怎么说。名人说："现在的年轻人太浮躁是你个人的看法，不是我的看法，我拒绝回答这样的问题。"

记者便无文章可做。话题的引入对随后的话语结构具有重要的制约作用，如果你迷信对方的前提条件，无论如何你都走不出这个怪圈，所以要多注意话题本身是否具有陷阱。

铺垫十足，再提要求

一件事情的前期铺垫做好了，后期进展就会水到渠成。反之，没有合理的铺垫，鲁莽做事就难获成功。

很多人觉得做铺垫是种算计，认为应酬、客套、寒暄都是虚伪的，在思想上加以排斥，在行动上加以抵制。其实，这不过是基本的沟通环节而已。并且，在对人的本性、社会的本质以及社会发展客观规律的了解的基础上进行这些环节才会事半功倍。

这里尤其要强调的一点是，有的人往往心里有对别人的赞美和感谢，只是不想说，觉得太肤浅，觉得很多东西不需要通过语言来表达。

这种想法是完全错误的，属于个人表达能力的欠缺。其实，外在语言和行为的表现是人们感受我们内心的基础。很多外在的表现形式有其象征性的含义，既表达对对方的尊重和友好，又努力确立自己在他人眼中的良好形象。

比如，按照一般的社交习惯，与陌生客人第一次见面，要问候、握手。即使并不熟悉，你根本不了解对方，没有什么发自内心的尊敬，也要面带微笑，表露出你的善意。之所以要做出这种姿态，就是为了表示友好，同时也为了给对方留下良好的第一印象。

如果你不这么做，即使你的心里没有看不起对方的意思，但是如果对方发现你态度冷淡，就会认为你瞧不起他，对你产生不好的印象，最终影响的还是你自己的口碑。

例如，在工作中，如果有客户来了，即使不是来找你的，你也应该从座位上站起来打个招呼。而相反，如果你看到他什么表情也没有，即使你心里再重视这个客户，他也会因为你礼节上的疏忽而对你心存不满。

很多人总结成功的经验无非是勤劳、勇敢、质朴。而现实生活中，勤劳、勇敢、质朴的人太多了，却并不是个个都能成功，这关键就在于方法的欠缺。

当我们求人办事的时候，总有一些客气话要说。如果不说，就显得不通情理；说得太多，又显得太虚伪。

当我们寻求合作的时候，总有一些利益要事先讲清楚，但是直接讲，就显得太功利，也需要做一些铺垫。

如何做这个铺垫呢？主要看你想给对方留下什么样的印象，对方的心理需求是怎么样的。分析好了心理，我们就有对应的话术了。

张经理是一家大型公司的总裁，长年旅居国外的经历让他形成了雷厉风行的做事风格。而最让人发怵的也是他快人快语的性格。但是，在这件事情的处理上，合作方的刘女士就做得非常好。

要谈到合同的时候，刘女士开门见山地说："张经理，我期待我们此次的合作是战略性的合作，所以对利益的分割也希望能落实到合同上。这方面的问题，我不必说得太多，咱们都属于高智商的群体，我就开诚布公地说一下我的三个方案吧。"

张经理听完这段话非常高兴，立即与刘女士议定合同。此后，张经理对刘女士的评价是"女中豪杰"。这种果断、直接、干练的作风让两个人产生了长久的合作。

这就是铺垫的力量，没有冗长的、虚伪的客套，靠一句"咱们都属于高智商的群体"，让人心里舒服，提升了两个人的档次，促进了对彼此的欣赏。

铺垫的话术和方法很多，要有意识地灵活运用。

当一个哥们儿向你借钱的时候说："借我 5000 块钱吧。"

你很果断地就说："没有那么多，借不了。"

哥们儿再说："那借给我 500 块钱吧。"

你还可以说："没带那么多。"

哥们儿最后说："成，就借 50 块钱，我去买包烟总成吧？"

这时，你轻松地就答应了，而且心里想，不就 50 块钱吗，权当自己吃了顿饭。

反之，如果这位哥们儿一上来就借 50 块钱，你可能马上就会产生抵触心理，对他说："没有，没带钱。"

这个铺垫还可以反过来。

哥们儿借钱的时候可以这么说："借我 10 块钱吧。"

你答应了。

他接着说："借我 20 块钱吧。"

你也答应了。

最后，他说："干脆直接借给我 50 块钱吧。"

你可能也会答应。

这种铺垫运用了心理学上的"登门槛效应"。这种效应指的是如果一个人接受了他人的一个微不足道的要求，为了避免认知上的不协调或是想给他人留下前后一致的印象，这个人就极有可能接受对方更高的要求。

这是由美国社会心理学家弗里德曼与弗雷瑟在实验中提出来的。实验过程是这样的：实验者让助手到两个居民区劝说人们在房前竖一块写有"小心驾驶"的大标语牌。他们在第一个居民区直接向人们提出这个要求，结果遭到很多居民的拒绝，接受的仅为被要求者的 17%。

而在第二个居民区，实验者先请求众居民在一份赞成安全行驶的请愿书上签字。这是很容易做到的小小要求，几乎所有的被要求者都照办了。实验者在几星期后再向这些居民提出竖一块牌子的要求，这次的接受者竟占被要求者的 55%。

为什么同样都是竖一块牌子的要求，却会产生如此截然不同的结果呢？人们拒绝难以做到的或违反个人意愿的请求是很自然的，但一个人若是对某种小请求找不到拒绝的理由，就会增加同意这种要求的倾向。而当他卷入了这项活动的一小部分以后，便会产生自己以行动来符合所被要求的各种知觉或态度。

这时，如果他拒绝后来的更大要求，自己就会出现认知上的不协调，而恢复协调的内部压力会使他继续干下去或给予更多的帮助，并使态度的改变成为持续的过程。运用心理规律使别人接受自己的要求的方法，是一种巧妙的铺垫。

纠正别人只为自己舒服

很多人都时常帮助别人，当然，他们的好意很多时候并不被人们所接受。于是，他们就会感慨"良药苦口利于病，忠言逆耳利于行"。

让我们来分析一下，我们是否需要这种良药苦口呢？给大家讲一个案例，是一个女性读者小王向我询问过的。情况是这样的：小王在一家公司工作了三年，是这家公司比较有资历的员工。后来，公司扩大规模，就招了一批新员工。她和其中的一名新员工小莉的关系不错。

小王感觉自己真心对小莉好。拿上次公司组织的聚餐来说，小王劝小莉要稳重一些。没想到小莉非但不听劝，还主动拿着酒杯跑到领导面前敬酒，其他的同事都说小莉的行为不合适。别人只是背后说说，小王却不这么想，她想两个人关系既然这么好，就应该直言不讳地告诉小莉，她劝说小莉以后别那么"出格"。但是，小莉还是没有改。

这让小王非常困惑。于是，她找到我，诉说了内心的困惑。

这属于职场关系中比较常见的现象。于是，我先问她："小莉这么做，导致了什么客观后果？"

她说："倒是没有产生直接的影响，她敬酒也不是犯错，谁也不会为这件事情扣她的工资，但是大家……"

我打断她说："我们先不揣测大家的想法，因为是你们两个人的交往模式出现了问题，我们就先解决你和小莉之间的问题。"

她说："好。"

我说："你认为小莉这么做，有什么不合理的地方？"

小王说："新来的员工不该这么招摇，应该稳重。"

我说："这句话怎么得来的？"

小王说："我是这么感觉的。"

我说："也就是说，你没有把握证明小莉这么做就一定是不对的，是吧？"

小王急了，赶紧说："我当年就是靠低调才第一个转正的，而且一直以来工作比较顺利，都是因为比较稳重，我希望小莉别吃亏。"

我说："这是你个人的经验，你的解药可能是另一个人的毒药。小莉有她的生存之道，领导对这样的员工会更重视也不一定……"

小王急切地打断我："反正我就是看不惯她那样。"

说完这句话，我再也没有说话，小王也沉默了。

相信话题进行到这里，读者就会发现真正的问题出现在哪里了。

小王口口声声说"为了小莉好"，这是一个表面现象，真实的原因只是她看不惯！生活中，这种"以爱为名"的现象太多了。比如：劝某位同事不该让自己的办公桌上堆积太多的资料；劝某位同事说话的态度要温和一些；劝某位同事心态要变得开放一些，要打开心扉，学会分享；等等。

生活中有一些人总是能够发现问题，而实际上，他们才是问题的真正制造者。

他们常常会说："别介意，我这个人就是喜欢直来直去。"不知道别人的感受是怎样的，当我一听到有人说这句话的时候，我的态度是不放松的，我想下一句大概就是指责和批评我的话了吧。而且，他们还会常常说自己的话是"苦口良药"。

实际上，忠言不能和药类比。药是治身体疾病的，苦药可以药到病除，而忠言主治的是人的心理疾病。如果你说出来的话，别人心理上不接受，那么说出来还有什么意思，还怎么能够"利于行"？

日常生活中，如果我们对别人说的话都是以改变别人为主，那就要思考自己纠正别人的目的究竟是什么了。如果是为了自己，那么即使面对这个人的时候，你说服了对方，面对下一个人的时候，他可能不接受，你又觉得对方有问题，需要改，那就麻烦了。

为了避免不走入心灵的死角，要告诉自己需要改变的是自己，要学会说"我接受"。

不会说这句话的人，每天都会发现别人和自己对着干。

学会说这句话的人，发现日日都是大晴天。

即使发现自己的初衷是为了别人好，也要合理控制，不要随意纠正别人。大多数人犯了错，自己心里都知道。例如，一个团队的领导已经知道属下尽了最大努力，却因为一个小的判断失误把事情搞砸了，他会怎么办呢？

其实，不需要怎么办，此时"无为而治"是最好的方案。如果忍不住非要纠正别人，对团队中的人说"下次再不能重复这次的错误了，要好好改改"，即使他说的话很有必要，对方也很有可能并不买账，还有可能在心里骂道："这事你就一点儿责任都没有？有了功劳你沾光，没有功劳你拆台，有本事你自己去试试。"

如果让属下产生了这样的心理，领导说的话就起不到任何作用了。反之，如果这位领导说些"你们已经尽力了，事没办好我也有责任"之类的安慰话语，然后再与属下一起分析失败的原因，属下一定会接受。

可能会有人说，这样做领导太累了。没办法，权力越大，责任越大，领导的责任就是带好团队。

让别人带着收获走

先给大家讲个案例：有一位糖果店的老板，他从摆地摊做起，发展到批发糖果、办连锁店，生意做得如日中天。有人问他成功的秘诀是什么，他的回答是"多抓一把"。就是每次给顾客称完糖之后，再抓一把糖添进去。十几年里，没有一次例外。这虽是不起眼的小事，却赢得了人心，许多人情愿多跑点儿路到他这里来买糖。

从这个小故事中，我们能够得到什么启发？你说话的时候，能不能给对方这样一种感觉，就是通过和你说话，他能感觉自己从你这里"多拿了一把糖果"离开？千万不要和别人聊了一整天，聊得越多，暴露的浅薄也越多，让人觉得离开的时候脑袋空空的。

卡耐基曾说："我们每天都由我们所讲的话所规定。我们所说的话表示出我们的修养程度。它使有鉴别力的听众明白我们与何种人为伍，它是我们教育文化程度的标尺。"

想要让别人有所收获，我们就要先做好准备。如果你有一桶水，那么给别人一杯水就是一件自然的事情。如果你的桶里没有水，又怎么能给别人呢？说话也是一样，首先你要有知识、有内涵，如此才有可能说出给人启发的话。说话虽然需要一定的技巧，但也与一个人掌握知识的多少有着密切的关系。

相对来说，一个人自身素质越高，说的话就越有扎实、可靠的根底。储备的知识越多，运用得越灵活，才能使谈话、表达更有成效，也更具有艺术性。一个人口才水平的提高，离不开知识储备，口才展示的条件不是一成不变的，而是随着不同的场合、条件不断变化的，这就需要精心地训练。

一定会有人说，我没有上大学，知识储备不够，而且现在也的确没有太多时间来充实自己，那是不是这样的情况，就注定不能够在说话的时候，让人感觉言之有物呢？

其实用不着紧张，除了专业和业务方面的知识以外，生活中的知识是可以通过培训和修炼而获得的。

让我们回忆一下，我们感觉有的人知识丰富，是因为他们用足够多的时间去累积了这些知识。所有的知识都不是与生俱来的，都是后天习得的。那么，只要我们懂得把这些知识在一定时间内快速地记忆、实验，也可以达到不错的效果。

我们学哪些呢？要学习生活中常常讨论的话题。

第一，吃的文化。

无论见客户、见朋友，还是见亲戚，"吃饭"都是避不开的内容。我们这里强调的是，要学习一些健康饮食的知识。吃饭的时候，可以和对方谈论这些知识，这样会让对方感受到你是一个生活知识丰富的人，并且会对你的生活品位刮目相看。

当然，如果是很亲近的人，吃家常菜而已，邀请对方的时候，说话的态度只要真诚就可以了。但是，如果你是请重要的人吃饭，在邀请的时候，就要通过语言表达出你对他的重视，要注意说出这顿饭的与众不同之处。你要么说："我特意找了一个环境不错的餐厅……"要么说："这家有一道特色菜……"要么说："这是家新开的餐厅，位子不好订，我找关系订好了位置……"等等。

平时要学习一些有关酒的知识，这也可为聚餐增加话题。当然，这里要提醒的一点是，在谈到饮食习惯的时候，要注意说话的力度。例如，有个朋友喜欢喝可乐，你可以善意地提醒他少喝。说话的时候要有节制，如不要说一些"可乐的腐蚀性都可以用来冲马桶"之类的话题，无论你说的是不是知识，批评别人的饮食习惯都会让人感到不快。不妨聊聊喝茶的好处，朋友自然就会根据自己的需要选择喝茶还是喝可乐。

第二，趣味体验。

这里我们以男性为例，来提醒大家应该留意什么样的话题。

备好车的话题：有人说男人对车的热爱，就像女人对衣服的热爱。优秀的男人除了有一定的社会生存能力之外，还要有一定的趣味。比如，当你懂车的时候，幽默、随意的点评就会让人眼前一亮。

备好一类运动的话题。

肌肉是光荣的，赘肉是可怕的。男人不仅要热爱运动，还要知晓一些运动的比赛规则和一些明星运动员等。

第三，特长准备。

这个特长准备区别于你的专业准备。给大家讲个故事吧。有一次，我陪同朋友见了一位非常出名的导演。也许搞艺术的人都比较喜欢沉浸在自我的世界中，这位导演多次对我们的话题表现得很游离、不专心。没想到，朋友突然问了一句："您是什么星座？"导演回答之后，朋友便滔滔不绝地讲起了"天书"。我完全听不懂他在说什么，但是那位导演显然听懂了。就这样，朋友一句话打开了导演的话匣子。他俩聊得津津有味，朋友再从星座的话题引入要谈论的事情的时候，导演就像变了一个人，非常认真地倾听和回复。那一天给我的触动非常大。我本人对星座不了解，也不关注，但是总有人关注。如果在这个新鲜的、大家都懂得不多的话题上，你能有独到的见解，聊上 10 分钟，放心吧，10 分钟后，这个气场里的主人就是你。

引入变数，打破僵局

我们先讲两个僵局，第一个是与陌生人如何打破僵局，第二个是如何打破谈判中的僵局。

和陌生人接触，我们要敢于先走出第一步，要有打破沉默的勇气。在没有接触一个人的时候，不要把这个人想得太冷漠，而是要明白他同样渴望交流。有了这样的心态打底，你看问题的视角、你的感觉和反应自然就会不一样了。当你向对方敞开心扉的时候，可能会发现他比你更健谈！

第一句话说什么才能引起别人的注意呢？这个问题似乎是很多人都关注的，也有很多读者来问我。现在，我告诉大家这个词是什么。这个词就是：你好。我向你保证这个词是非常好用的，因为这个词蕴含着礼貌、温和、诚恳的交谈态度。对方听到这个词后一定会降低防御，摆出接纳的姿态，进而愿意听你说第二句话、第三句话……

最后，要提醒的是，和陌生人进行的后续谈话也要多注意细节。用你的观察力关注对方的表情和感受，这样才不会再造成僵局。要知道什么话该说，什么话不该说，什么话应该什么时候说，这都是要注意的。

一个读者提了一个问题，说他学的是新闻专业，毕业后刚刚工作的日子很难熬，在采访陌生对象的时候总是得不到应有的尊重。而带他的老记者仗着资历老，总是能被"分配"到一些好的采访对象，顺利完成采访。他写信来的本意是要我帮助解答，面对这样恶化的职场环境，作为新人的他，应该如何应对这一切。

回答他的问题时，我没有落入他的逻辑。在他看来，采访对象很难缠让他很被动，我觉得未必。很多接受采访的人都会摆出不配合的态度，这不是你工作不顺的借口。在这里，我给大家举个例子。

曾经有主持人采访易中天，主持人提道："与余秋雨的网络战是不是为了保持名人热度？"易中天干脆地说："我拒绝回答愚蠢的问题。"

易中天还多次以不配合的态度，质问主持人怎么就是不明白自己的意思。最后的结果是主持人几度被噎到无语，甚至眼泛泪光。很多网友认为易中天偏执狭隘、狂妄自大。

让我们看一下主持人提的问题，那个问题只能回答是或者不是。显然，这样的提问让被访者感觉自己是被操控的。

杨澜也采访过易中天，她对易中天的采访很有技巧性，让人感觉很轻松、很自然。在没有紧张气氛的情况下，整个采访很成功。

这是因为杨澜的名气吗？

我个人认为不是，而是因为杨澜的确掌握了提问的技巧，才赢得了易中天的尊重。她的提问是有层次的，由浅入深。答案也不再是简单的有没有、是不是，而是引入了变数，让回答者在更宽泛的范围内去选择信息，没有造成任何僵局或者不流畅的感觉。易中天还会心一笑，表扬杨澜用了一个"权衡"的词，拿捏得很好。

她刚开始的提问，是这样的："我该怎么称呼您呢，是'易教授'还是……"拉近了两人之间的距离。而且，她用的是一种请教的口吻，会使和易中天接下来的谈话变得轻松。

接着，她请易中天说说自己治学的方法是从什么时候开始的。这是一个非常开放的话题，也是一个毫无敌意却能得到大众关注的问题。

杨澜还用易中天书里写的话来提问，显示出自己是在和他探讨的意思。

这种专业提问的技巧是值得我们学习的，所以我给那位读者的回信中是这样说的：作为一个新人，学习提问和说话的技巧非常必要，说有分量的话，你才会变成有分量的人。你的能力决定了你的心态。

在谈判的时候，也要避免陷入僵局。

谈判是让人们通过说话左右一件事情的走向，你有多大的能力把握这种走向？

什么是双赢？这是一个谈判中常常会提到的词。

大家总把这个词放在嘴边，好长时间我都不理解，怎么会双赢？不要笑我狭隘，我指的是在一对一的关系里，如果一个买方，一个卖方，怎么能达到双赢的目的呢？卖方的利润少了，买方的采购成本自然就低了，这是一个很自然的道理。

我认为的双赢是什么样的呢？就是不只有一个价格条件需求的时候，双方把所有的条件放在一起，互相谈判、商议，最后达成协议，双方回头检查自己的大部分需求都被满足了。只要双方都感觉自己没吃亏，就实现了双赢。

也就是说，想要双赢，除了价格外，我们在说话的时候，要注意引入新的变数，让话题、谈判的整个内容丰富起来。打破僵局，才会有一个好的格局。

你要想办法让合作显得更加循序渐进，比如增加谈判的因素，而不要一次性把所有东西都谈完了，最后只能就价格的问题进行最后的谈判。

因为到了那一刻，所有的谈判条件全部静止了。只有价格博弈的时候，要么是你听我的，要么是我听你的，要么是鱼死网破。最好的方法是随时引入变数，比如谈价格以外的保修期、运送货事宜等。

相信当你的变数多了的时候，就可以利用多个条件的交换达成双赢，而不会造成"硬碰硬"的僵局了。

共鸣胜于雄辩

人们渴望被听到，有个笑话是这样讲的：犹太教规定安息日不可以做事。某个安息日，一位爱打高尔夫球的拉比实在手痒难耐，决定偷偷地打9个洞就好。到了球场，一个人都没有，他很庆幸没人知道。但是，天使看到之后，就告诉了上帝。上帝表示他一定要好好惩罚这位拉比。

4个洞打完，成绩不错，拉比十分高兴。天使又去打小报告，上帝说："知道了。"打完9个洞，几乎都是一击必中，于是拉比决定再打9个洞。天使忍无可忍，又去找上帝，上帝神秘地笑了笑。打完18个洞，成绩好得史无前例，简直把拉比乐坏了。天使很生气地问上帝："这就是你所说的惩罚吗？"上帝笑了："你想想，他能和谁说去？"

人是渴望沟通的，渴望自己的心情和故事与更多人分享，也希望自己说的话能引起别人的共鸣。

共鸣在说话的时候是非常重要的。举个例子，给大家感受一下产生共鸣的对话如同琴瑟合鸣，有多么美妙。

失败的例子是这样的：

> 客户说："我这个周末去打高尔夫。"
> 业务员："我不会。"

这是最差的会话，业务员很直接地中断了自己和对方的联结，这样是不可能营造出令对方畅所欲言的聊天氛围的。因为双方都找不到共通点，所以对话很快就结束了。

有了一些进步的例子：

> 客户："我这个周末去打高尔夫。"
> 业务员："我不会打高尔夫，但是我喜欢品红酒。"
> 客户："哦。"
> 业务员："希望以后能多和您聊聊红酒。"

这是通过运动来寻找彼此共通点的例子。比起第一个例子，这个至少还可以让话题再进行下去，但双方仍然没办法产生共鸣，因为红酒很可能是对方不懂的，想要深入交流很难。

最后展示一个成功的例子：

> 客户："我这个周末去打高尔夫。"
>
> 业务员："你每个周末都会有这么丰富的活动吗？"
>
> 客户："一般都会给自己安排一些活动，我还喜欢钓鱼。"
>
> 业务员："我也很喜欢钓鱼。下个周末，我们一起钓鱼吧？"

在这一问一答后，你是否已经感觉到，双方在此基础上聊得更起劲了呢？在这个例子中，不管对方提出什么问题，你都可以将范围扩大，然后再从中寻找到适合自己的点，打开和对方沟通的窗户，顺势也达到了很好的共鸣效果。

达不成共鸣的大碍往往就是雄辩。雄辩的时候，往往带着一股气。正如中国台湾女艺人林志玲，曾说她感觉女人温柔的力量非常强大。举个例子来说，解决一件事情，慢慢地说，温柔地说，很大的事情都能通过沟通得到解决。但是如果一急，发脾气地说，对方只要感受到这股气，便不会接受了。

给大家设计这样一个场景：

一家公司举办年会，对表现良好的部门颁发了奖励。

年会间歇的时候，有个部门的员工跑上前来，对其中某位领导说："为什么我们部门什么奖都没有？你知道我们这一年是怎么干的吗？！我们人最少，业绩照样完成了，这难道不值得奖励吗？"

领导说："因为你们的团队今年一年的日常考勤是倒数第一，你们不能拿奖。"

员工愤怒了，说："因为考勤就可以忽视业绩吗？如果你觉得我们活该倒霉，我觉得这工作没法干了。"

领导说："你这个说法就没有考虑到整个公司的利益。既然你不能理解公司的用意，告诉你，明年公司更不可能让你们获奖。"

员工说："既然你这么说了，那我们不干了。我们整个团队没法再留在公司里了。"

领导说："可以，我不接受任何威胁。"

事态就这么恶化了。

在这个事例中，领导应该在坚持原则的基础上，了解员工内心的烦恼。讲话时要极为慎重，注意不要伤害属下的感情。领导可以通过经常鼓励属下积极工作的方式来消除彼此间的对立。而且，这样做还能让属下充分发挥出自己的能力，从而为公司培养出更优秀的人才。

如何说话才能平息员工的不满？第一步应该问，他希望的东西是什么，第二步再合理地满足其需求，第三步用对方的感激交换自己想要的东西。

让我们重新设计这个场景：

员工说完不满。

领导说："我能理解你的失落，我能为你做什么？"

员工说："我需要你表扬我们。"

领导说："可以表扬你们的工作干劲，那么，你们能保证明年的时候，严格执行公司的制度，不再缺勤了吗？"

员工说："没问题。"

伶牙俐齿用不好，便是揣在怀里自我伤害的匕首，因为你的能言善辩会让很多人受到伤害。

这就要求我们在说话的时候，要懂得让对方产生共鸣。我有一个做了二十多年业务的朋友，他曾经对我说，有时候做业务，业务员和客户的关系没有想象中那么剑拔弩张。他与客户的沟通有时候很简单，曾经有一些没有成交的单子绝大部分都是他在说，客户在听。后来成交的单子，都是客户在说，他在听。自己听了，就能在不损害自己利益的情况下，说出让客户满意的话，业务往往也就成了。

年轻的业务员苦心修炼了专业技术后，一和客户说话，就觉得自己的专业知识过硬，不管客户问什么问题，都滔滔不绝地讲下去。自己感觉好了，客户却不签了。这个问题就在于，与客户形成了对立面，而不是为客户解决问题。

这里还要和大家分享的一点是，想要引起共鸣，有时候不要说那么多专业术语，多说一些生活中的语言——有人情味的语言。只有真实、自然地结合了专业技能的语言，才能让客户真正满意。

当客户有问题来咨询的时候，我们也要学会用这种语言来应对。当客户抛出问题，我们把问题再抛给他，他自己就能把问题给解决了。通过沟通，让客户把心里的问题都宣泄出来了。客户感觉好了，签单就更容易了。

从话语中给自己做体检

分享一个我自己曾经说错话的案例：很多年前，我请教了一位营销大师一个复杂的问题。为了表达对他的赞美，提问的时候，我说了一句："老师，您看我真笨，有件事我怎么也想不明白。"

这位老师听了我的问题，很不高兴地说："我也笨，我不知道。"

我当时就知道自己说错了，本意是降低自己，但是把对方的格调也给降低了。从根源上说，还是因为没有把别人放在心上，所以出了问题。

曾经有一家公司的总裁，让她的助理打电话约我见面。

我本来不想去，后来，助理对我说："张老师，别让我为难，见一面吧。"

于是，约了我方便见面的时间和地点。可是，当晚 12 点，我结束了一天紧张的工作，刚睡着的时候，这个助理给我打来电话，说要改时间。

在这里顺便给大家说的一点是，和一个人不熟的时候，不要随随便便打电话，可以先发短信，尤其要选择好时间。因为短信可以让人选择如何回复，电话看似高效，却让人不得不接，让彼此都没有了缓冲的余地。

我说不要麻烦了，取消约见。

她又多次给我打电话，我都没有接听，因为我要说的都已经说得很清楚了。

后来，她想办法找了其他人的号码打过来。我接听，那位公司的总裁还是想约我，我表明不见。这位助理说："你这么长时间不接我电话，你为什么要让我为难？"

到最后一步，她还是只想到了自己。为了避免让自己说出伤害这个小女孩的话，并且我不是她的领导，没有权利教育或者指责她，我还是保持友好而坚定的态度拒绝了约见。

在这件事情上，我个人的感受是再好的伪装也难以掩饰一个人骨子里缺的那种对人的尊重。

把别人放在心里，你才能说出打动人心的话。

从语言中，能检测出一个人的心理状态。

请设计师 A、B、C 帮我们设计一张桌子。

A 设计师直接做桌子去了。

B 问：多大的？什么材质的？什么时候要？预算是多少？

C 则问：你的桌子是用来做什么的？将来，桌上放花瓶做室内装饰用，还是用来当餐桌呢？

A 做出了桌子，顾客只能被动接受。顾客可能会有不满意的地方，双方可能会发生争执。

B 也做了桌子，顾客也埋单了，已经合格了。

C 则有可能让顾客惊喜。

从三个人的做法，可以检测出来的是 A、B、C 三个人的工作状态。

当我们说一些话的时候，要记得多问一下自己为什么这么说。有一个寓言说的是，一群人在搬砖盖房子，有一个人去问了他们："你在干什么？"第一个人的回答是："没看到吗？我在出苦力——搬砖。"他又去问另一个人："你在干什么？"第二个人说："我在砌墙。"他再问了第三个人："你在干什么？"第三个人说："我在修一座宏伟的宫殿。"其实，这三个人干的工作都一样，就因为他们的看法不一样，他们的心情就不一样。就因为心情不一样，他们工作的质量、工作的效果就不一样。

心情不一样，说出来的话不一样，他们工作的质量、工作的效果就不一样。你在做事的时候如何去看待事物，眼界不同，结果就也不同。

当我们检测到自己近期说话经常使用反问，并且对其他人说话的态度很不耐烦，可能还会经常随意打断别人说话的时候，这些体现出来的结果可能是我们的心出了一点儿小问题。

出现这些情况可能暗示着内心有些焦虑，在这种情况下，也许是我们自己的心理能量不够用。那么，就要检查自己的生活了。是不是我们个人交际范围在某一个时间点上进行了超出能力范围的扩大？或者总是追求说话的高效率，让听到自己说话的人能够马上按照自己的意思去办？再或者总是指责别人，纠正对方的错误？这都是内心焦虑的一种表现。

不妨先冷静一下，给大家举一个主持人鲁豫的例子。她的节目、说话、和别人的互动，经常都是嘉宾的状态很放松，她一副安然享受的状态，从不急着表达自己的想法。

为什么能够做到这一点？因为她的心已经修炼到了一定的高度，她才能够不慌不忙、游刃有余地把握与一个人说话和沟通的节奏。她曾经这样说："做媒体的时间长了，我越做越明白，不能把自己的观点强加给观众，因为观众不习惯看到一个在电视上说教的人。所以，我不是特别着急地想把我的想法告诉大家，我是在通过我的嘉宾、通过他们讲述的故事，告诉大家我对生活的看法——对某一件事的看法、对爱的看法，我觉得用这样的方式比较不太会被拒绝。"

她还说："我们中国人不是说，有理不在声高吗？我觉得想表达你的观点、立场，就是要不露声色，不着急地把你想表达的东西说清楚。我觉得这反而是有说服力的。我一直喜欢'润物细无声'这种境界，就是轻松地、温和地、平等地，把我相信的、把我想说的话告诉别人。"

这种说话的态度源于内心的态度。

紧急情况永远不说错话

看了一档节目，有这样一个情节，一位漂亮的女孩来应聘。

节目的男主持人问了她一个问题："如果此时由你来主持这个求职节目，在这个舞台，有个求职者来了，突然间被绊倒了，摔在这个舞台上，你会怎么办？请示范一下。"

女孩说的是："我会说'我们这位求职者，是因为我的美丽而倾倒呢，还是因为在座12位老板的高智商的才华而倾倒呢'？然后，我会把他扶起来，继续主持节目。"

节目的男主持人笑了，他说："你应该是先把他扶起来，再说话吧。你要做的第一件事情就是，你要记住，你不仅是个主持人，还是个人。有人摔倒了，我们得赶紧把他扶起来，问'没事吧'。然后你再开始聊天，你哪能围着他问'是我的美貌把你倾倒了，还是……'"

这个紧急的时刻，男主持人给了我们一个好的参考答案，并做了很好的诠释。

为什么我们说紧急时刻不能说错话呢？

紧急时刻容易暴露出我们的价值观，例如这样一个小细节：

客户说："不能打折，我不买了。"

你是赶紧说"能便宜，您买吧"，还是在利益面前捍卫自己的观点，说"价格方面我真的无能为力，不过，我还是希望您能购买。因为衡量一个产品的，不是价格，而是这个产品能给您带来多大的价值，以及我们的服务会给您带来多少省心的效果"？

看问题的角度要正确，拥有正确的态度，不管多么紧急的时刻，你都不会说错话。

给大家举一个职场中的例子：有一位我的读者去一家大型的广告公司应聘，付出了很多努力，终于到了最后关键的时刻，他见到了公司的创意总监。

无论是对他所学的专业还是对他的个人经历，创意总监都很满意。到后来，创意总监的态度显然就已经把他当作自己人了。可是，问题出在他们聊天的最后一个话题上。创意总监提到了一则广告，问他感觉怎么样。

当时，我的这位读者想的是，到了最后的时刻，必须铆足劲显示出自己的能力和专业水平。他就把这个广告"全方位"地批判了一番。批判的时候，看到对面的创意总监眉头深锁，他还以为他的话针针见血，创意总监也进入了深度思考的状态呢。

后来离开公司之后，我的这位读者特意找朋友问了这则广告的创作背景，没想到得到了一个惊人的答复：原来，这则广告是这位创意总监的作品。

后来，果然，他没有接到邀请他去上班的电话。

这个案例是一次谈话失败的案例，它给我们的思考是，人们在面对一些情况的时候，要注意多角度地分析问题。并且，案例中的这位读者，他其实忘记了自己的专业能力已经通过了公司的考核和测评，公司已经对他很满意了，创意总监的提问和面试更多的是对人品的测评。

这位读者即使人品再好，他说出来的话也全是对同行的批评和负面的评论。就算这则广告作品不是创意总监做的，也会让人觉得他的攻击性太强。正如我们身边总有一些人，能力很强，但是大家都不愿意和他合作。

具体的应对方法我无法提供，但是可以给这位读者提供一个思路，那就是多角度地评价一个作品，先看到一则广告的优点，可以聊聊大家不注意的、亮点的部分在哪里，然后再谈广告的缺陷。最后要提醒的是谈缺陷的方式，不是指责和批评这则广告有多么不好，而是应该说，如果怎样进行操作，将会更好。

多角度地看待一个现象，以冷静、客观的态度说现象，以委婉的态度提出改进的方法，能够借助语言唤醒自己和对方的正面能量。这种准备将让我们在紧急的情况下，也能说出得体的话。

高情商交际学

张超 著

中国友谊出版公司

目　录

第二章

聚合赋能：深度社交才有力

第三章

对抗与平衡：以万变应千变

前　言

　　写书至今已逾 10 年，在这期间，我不断地观察与思考：生活中，到底是什么在改变和决定一个人的命运？也不断地反思：我曾经向这个世界输出的道理在当下是否还适用？我所遵循的原则是否还能够起到作用？

　　现在来看，我依然相信自己的观点：一个人与社会沟通和互动的方式就是他本身，你与什么样的人交往，以什么样的方式与人交流，都是你看待自己与成就自己的方式。

　　很多人说：现在互联网这么发达，人与人的沟通变得简单了，我们还需要学习怎样与人打交道吗？

　　互联网改变了什么？在我看来，改变的是生活方式，无法改变人内心的渴望、欲望和希望。

　《蜥蜴脑法则》这本书分享了唐纳德·E.布朗所研究的人类的共通性：布朗在研究了所有的社会、所有的文明、所有的语言之后，列出了一些普遍性的人类行为。通过考察这些人类行为，我们能发现人类的共同愿望。这些愿望主要包括：

　　　被认为优于他人。

　　　被认为身体和打扮都很有吸引力。

　　　预测未来。

　　　为未来做安排和准备。

　　　回报他人。

　　　体会他人的感受。

　　　拥有他人拥有的东西。

　　　表达言语之外的信息。

　　　偶尔想误导他人。

　　　理解他人的行为。

　我们会发现，无论信息文明多么发达，似乎都没有干扰到上述的共同愿望。甚至有的情况下，上述的愿望在生活中是被加强了，而不是被削弱了。

未来，社会的发展将包含越来越多的人工智能因素，这一点是毋庸置疑的，那么人类的分工协作会出现什么样的特征？简单、重复的劳动将被迅速替代，想要不变成"无用的人"，我们就应该提高脑力劳动的能力。机械、简单的服务行业也能够被替代，我们想要拥有终极竞争力，就需要有计算机并不拥有的高情商。

无论是复杂的脑力劳动还是更高级的服务方式，真正的高情商沟通力所起的作用都非常重要。它绝不仅仅是锦上添花，更是安身立命的一种方式。

人与人之间的交往越来越成为人的核心竞争力，如同人工智能在未来可以取代大量人的手工工作，却无法真正领会人的情绪一样。

举个简单的例子，人和人的感觉是微妙的，人工智能却不懂得这种微妙。当你找一位刚认识不久的朋友帮忙，他说了一句"我考虑考虑"。对"我考虑考虑"的分析和解释，它缠绕和编织了多少层意思，人工智能是分析不出来的。

但是，人脑会有自己的算法，也因此会有自己的应对方式。

比如，还是上面这个情况，你的大脑可能会进行三重信息加工。

第一，一个你刚认识不久的人，面对你的请求，并没有直接回绝你，其中利好的信息是没有直接拒绝。这就是一个机会，此人拥有一定的决策能力与周旋能力。

第二，此人不是"逢人必拍胸脯者"。这传达了一种可靠的信息，因为基本上大包大揽、轻易承诺的人八成都办不了真正的事情。

第三，注意调整后期策略，要去思考对方还在考虑的关键点是什么：是不是你的方案本身并没有满足他最重要的需求？是否需要在三天后，从另一个理由再次"进攻"？

从第一点到第三点，从想法到判断，从判断力到执行力，这都是一个人拥有社交能力的体现。这样的能力需要锻炼、学习、思考和再次试验，才能有所体会。

我将自己所有体会到的都写进《高情商交际学》。在写作《高情商交际学》时，那些自己曾经通过反复验证，某些道理和做法"加强版"的案例被再次写进本书。还有那些能够让人快速向上的新思想与新知，也在这本书中有所体现。

关于本书的写作结构，我严格遵从工具书的规律，围绕高情商交际学，依照层层助推的"三级火箭"的原理进行写作：第一步是在价值交换的基础上，将陌生人变成熟悉的人；第二步是将深度交往的能力研发成一种可复制的社交模式；第三步是在关键点上用正确的方式磨合，实现共赢，完成人生事业。

这样，一个人在社交媒体上拥有多少关注者和他职位的高低都不重要。重要的是，我们已经开始用一种管理的方式来让关系变得更加健康和流动。

毕竟，高情商的交际会为你带来宝贵的资源，帮助你的人会越来越多。而且，"人"的资源与其他资源最大的不同之处在于，它更加鲜活。当你用它需要的方式来喂养它、关心它，给它提供活力时，它一定会成长。

在《第五项修炼》这本书里，作者彼得·圣吉曾经写道："学习型组织之所以可能，是因为在内心深处我们都是学习者。婴儿不需要人教就知道怎么学习。实际上，婴儿不需要人教任何东西，他们天生就是好奇的、优秀的学习者——学走路、说话，以及基本独立地照料自己——管好自己的事。学习型组织之所以可能，是因为我们不仅有学习的天性，而且热爱学习。"

对高情商交际学的学习，你我都在路上。

最后，感谢你的阅读。这是一个再创造的过程，这种学习和成长一定会让我们拥有自己未曾想到的力量。

第一章

陌生接触力：陌生→熟悉→信任

把积极带入真实的交往

　　人的发展如同宇宙中的天体，自转靠自己的努力来完成，公转靠的是和社会的关系。我见过不少人都仇恨社交关系，但是这种消极的心态，让他们在现实面前，只会更加沮丧。正如大雨过后，有人抬头看天，看到的是碧空如洗；有人低头看地，看到的是满路泥泞。

　　在人与人的沟通和交往中，我们没有必要将一切关系庸俗化，认为这个社会有多么功利。其实不是对方功利，有时候仅仅是我们自己不够努力。毕竟，社会资源和能量是有限的，每个人都得做出选择。如果你不够积极，别人一定有理由放弃一个不重视自己的人。

　　所以，你是恨恨地骂现实，感受走到哪里都"人生地不熟"的阻力，还是享受走到各地都有朋友、有人帮的感觉？

　　这靠的是一念之转，靠的是你可以把积极带入真实的交往中的能力。

人的发展是需要一个网托住来发展的，而不是仅仅靠自己完成单点突破。

这和生活所需要的全面性有关，守财奴有钱，但是他不能实现社会价值，社会财富并不完全等于社会价值。一个人的价值就是为别人增加价值，也为自己增加价值，在价值交换中确立自己的位置。

我大学毕业后的第一份工作是做一个企业家的秘书。秘书和助理的工作是不同的，秘书基本上是要做好一个上通下达的服务者的角色。

但是，后来我名为秘书，实为助理。我能够协助老板进行工作，也从来没有滥用过他对我的信任。

从社交的角度来看，我认为自己和其他秘书有所不同的一点是，我非常留意老板的行业活动，而广泛的社交就是 20 年前的我在行动中隐隐觉得那是很重要的关键点。

由于工作的原因，我会接触到很多企业家。当时的我作为老板的秘书，不可能去主动结交那些企业家，但是我比较注意去和与老板接触的那些企业家的秘书保持很好的联系。也就是说，我去接触我最容易接触到的人，从他们身上学习和接收信息。

他们一般不太主动和我交流，但我会主动留下联系方式，很积极地与他们交流，并表达自己的想法和诉求。我建了一个秘书圈，当时还能准确地背下所有人的手机号码。在工作中，我得到过自己所建立的这个"秘书圈"很多重要的帮助，也让我的老板从中有所获益。

提这段经历，我并不是炫耀自己，而是想说，积极的心态创造积极的行动，唯有积极的行为才能创造积极的结果。

对那时的我来说，维护和很多朋友的交往是需要花时间的，所以我平时努力工作，周末就联系大家聚一聚。因为我是发动者，所以找地方、问时间、挨个跟每个人联系都是我的事情。虽然烦琐，但我不这么觉得，我知道友情是要靠交流和时间来增强的。

我那时还知道一位非常著名的律师，他的业务能力非常强。每每遇到案件，他总是能把最关键的点找出来：当别人停留在表象的时候，他已经挖掘到了最深的层次；当别人还在想第一步怎么办的时候，他早已找到了往后走的三步路。

但是，他最早的时候是怎么给自己做业务，让别人信任他，给他机会来打官司的呢？

很长一段时间，他从来没有在自己家里吃过饭。无论是谁找他吃饭，还是哪些朋友聚会，他只要判断到场的人人品正派，活动可靠，不是违法乱纪的聚餐活动，基本上能做到全部参加！和他一起吃过饭、聊过天的人，都很高兴自己认识了一位律师。而当大家真的有需求的时候，第一时间就会想到他。

况且，凡是来参加活动、积极投入交往的人，往往是人群中的亮点。哪怕是那些很内向、很安静的人，当他们有法律问题需要咨询和专业帮助的时候，往往请教和询问的就是这批积极分子。当越来越多的积极分子向别人介绍这位律师，让他名气越来越大的时候，他的专业能力和影响力叠加起来，就使他成为一个呈指数型增长的案例。

我还有一个朋友，是一位设计师。他的业务能力很强，但是缺乏业务意识。以前，我总劝他多出去活动，但他总以自己性格内向等理由敷衍和推托。

后来，在我的强行要求下，他加入了一个俱乐部。不出一个月，他告诉我，他接了一个企业 logo 设计的业务，这单笔收入涵盖了他整个月的工作收入。

所以，每个人在时间面前都是平等的。你可以把时间用在抱怨自己没有出生在一个富贵的家庭上，也可以把时间用在抱怨周围没有什么"贵人"上。当然，你更可以把时间用在努力让自己掌控一些什么上。

有这样一个故事。有一位地毯商，无意间发现他最漂亮的一块地毯的中央鼓起了一个包。为了弄平地毯，他就用脚去踩那个包。虽然这个包被踩平了，但是地毯别的地方又鼓起了一个包。于是，他又去踩，包暂时没有了，然而过一会儿，包又在别的地方出现了。他一次次地踩踏，直到最后他掀起地毯的一角，发现一条蛇摇晃着身体爬了出来。

我们在生活中，总是回避真正的问题。其实，很多时候，真正的问题是缺乏积极的心态，有时就表现为用各种各样的借口来为自己开脱。

比如，有的人很久不联系你了，突然找到你，让你帮他个忙。当然，他可能觉得有点儿不好意思，就用这样的开场白来解释他长期没有联系你的原因："不好意思，今天来找你，我这个人吧，平时就是不会搞关系，所以……"

我们只要认真想一想，就会发现这个借口一点儿都不会让帮忙的人感到高兴。难道平常发个短信问候一声，还需要多会"搞关系"吗？难道平时打个电话问候一声，还需要具备多大的"挟泰山以超北海"的能力吗？

我还听到很多年轻人问："走出去，主动和人交流，就一定有用吗？"我想说："到底有没有用，你得走出去才知道，但我敢肯定的是，你出去跑一天，比你宅在家打游戏要强。"

当然，在我们与他人的交流和接触中，一定会有一些不如意的地方。这时候，积极的心态显得尤为重要。

我曾有一个助理，这个年轻人的工作态度很好，我很满意。有一次，我们一个重要业务合作伙伴的机票被他订错了。他没有找对方可靠的人确认，而是从第三方听到了消息后，就开始行动。我语气严厉地批评了他。

　　我知道这个第三方的朋友一向是可靠的，唯独这次，第三方的朋友传播的消息有误。我一直等着这个助理，想着他事后来找我聊一聊，我一定会温和、耐心地和他沟通，并和他聊聊商业沟通方面的一些原则和心得。但是，他没有。在后来的工作中，他和我沟通时总显得很有压力，也有点儿怕我。

　　我想他还不懂得真正的相处之道：积极、主动的交流才能够消除恐惧和猜测。

成功之人的大门是虚掩的

　　很多人都想与成功人士建立联系。我先强调的一点是，不要盲目轻信接触成功人士就能给自己带来利益。当一个人没有目标的时候，接触成功人士的意义并不大，毕竟生活中的每个机会说到底都是自己创造出来的，而不是一味地靠等待别人的点拨得到的。

　　不过我认为，年轻人有这样的想法是一件好事，毕竟有这样的想法说明他很有上进心。

　　而且，如果能够想办法去看看一些社会上的成功人士，抛弃功利的想法，仅仅从丰富个人经历的角度来说，这还是一件有益的事情。因为对一个人来说，在大学的时候，如果接触的只是同龄人，进入社会后，要接触的人突然转变成年龄段不同的人，就会有些不知所措。

　　提前为自己积累经验是一种必要的准备。了解不同人的不同性格、不同需求，对丰富自身是一种很好的体验。

我大学毕业后第一份工作就能给一位大企业家做秘书，我觉得是因为我不"怕"他。而且，在工作中，陪着我的老领导去见各类大人物，我表现得也比较从容。

这得益于大学期间，我是学生会主席，与人的接触要比其他同学相对多一些。因为学生会要办各种活动，所以当时：我对内，必然要和不同性格的同学打交道；对外，也提前有了一些社交的经验。

当时，很多同学不理解，我要忙学习，又要忙着实习，还要忙学校的活动，到底是为什么。我想，可能是因为一些看不见的收获，在正面激励着我把学生会的工作做好。

那么，要打开成功人士的大门，关键点在哪里呢？我想讲一个故事：

> 从前，有一户人家，家中有个菜园。菜园里有一块大石头，这个大石头看起来很重很重，谁也搬不动。一天，儿子对爸爸说："爸爸，为什么不把菜园里的那块大石头挖走？""那块大石头呀，你爷爷那会儿就有了，石头应该很重。"爸爸说。
>
> 过了好多年，儿子长大了，变成了爸爸，娶了媳妇，生了个儿子。一天，他媳妇对他说："亲爱的，我们为什么不把那块大石头挖走？"她丈夫想了想说："那块大石头，

在我小时候就有了。要是能挖走，早就没了。"媳妇听了很不自在，她想：从它旁边走过的人除了跌倒就是擦伤，多碍事呀！

第二天，他媳妇提着桶水拿着铲子想来挖石头。媳妇把桶里的水倒到了石头的周围，用铲子不停地挖着。没想到，大石头很轻松地就被挖出来了。夫妻二人大吃一惊，原来这块石头并不重，而是眼睛骗了人。

我常用这个故事回应一些年轻人问我的问题。大家对接触一些社会上的成功人士，普遍存在的担心或者偏见是：成功的人，时间都很宝贵，有什么办法能与他们建立联系呢？

我们被貌似巨大的石头吓住，以为自己无法将其挖去，但是唯有行动才能消除恐惧。当我们真正去做的时候，会发现，困难远比我们想象中要小。在社交中也是如此，有时候，一些我们以为高不可攀的大人物，离我们其实并不遥远，大部分的人都珍惜别人真诚的尊敬和善意。只是我们过于担心，甚至在还没遇到石头之前，就自己在脑海中"建造困难"了。

比如有一次，有个年轻人问我："当一个人年轻没有什么资本的时候，如何吸引别人的目光？"我问他具体指谁，他说这个问题他还没想好。所以，他问的这个问题本身就是一块假设的大石头。

　　还有一次，有个年轻人问我，他非常尊敬一位业内的高手，但是对方根本不会在意他，该如何搭建与高手之间的联系？我问他："你已经做了什么，效果怎么样？"他说他在不知道做什么的时候还什么都没有做，我想这个问题本身也是一块假设的大石头。

　　我们再来看看小程的经历。小程大学时所学的专业与经济相关，快毕业的时候，他想拜访那些中国很著名的、在课堂上听老师说起名字的经济学家。

　　他想见这些大人物，并不是因为有什么商业目的，只是凭着大学生的热血和天真。他好奇，自己到底可不可以凭借一个大学生的身份见到这些传奇人物，哪怕只是听他们说说话，跟他们聊聊天。

　　别人取笑他，说："这是不可能的，有的经济学家是谢绝社交的，哪怕再重要的邀约都会拒绝。"那么，他是怎么做的呢？

　　小程非常认真，他没有过多地停留在与他人的讨论和想象中，而是做了必要的知识上的了解就出发了。比如，有一位经济学家常居北京，祖籍是南京。小程设计的路线正好是到南京，于是在从南京到北京的火车上，他收集了大家的祝福，并让大家将祝福的话写在一个本子上。回到北京之后，他拿着这一份来自企业家老家的问候——来自社会上不同角色的人手写的祝福，送给了这位经济学家。

　　当时，这位经济学家非常感动，称这是他收到的最好的礼物，并对小程有了非常好的印象。

小程的经历充分证明了成功人士的大门是虚掩的，只要你去做，推开这个门，你可能就会看到不一样的风景。

这个案例还令人感动的是，我们看到小程的努力，没有心机，也没有权谋，更没有对人的算计，看到的只有热诚与行动的力量。

所以，年轻人大可不必觉得自己没有资本，被一些消极的观点影响。只有你相信，成功之人的大门是虚掩的，你才能推开他们的大门。

利用第一面营造感觉

我们会接触很多陌生人，但接触再多，也不意味着我们的资源多。不然，公交车售票员就是朋友最多的人了。

多个朋友多条路，我们需要朋友。在此处，我所提到的朋友，并不是指生活中亲密无间的朋友，而是指在事业上能够支持你的社会资源。有的朋友，你会在当下就知道他是你的帮助者，而有的朋友，是你暂时看不到，但在未来会发挥作用的支持者。

重视他人，为自己创造机会多结交朋友，也是一种竞争力。

比如在一个产品发布会的现场，主办方还没有正式开始活动之前，你与其一个人骄傲地坐在那里孤芳自赏，不如利用这个活动多认识些朋友。大家一般都会互相打招呼，彼此交流一下、留一下联系方式，因为被邀请来的人都是有一定宣传力度的人。

只不过有的人四处发名片，但是并没有人真正地收藏他的名片。大家离开活动现场时，这张名片可能就被大家随手丢了。

所以，无论去参加什么样的活动，没必要成为现场"乱飞"的人，但是确定目标，注重陌生人的资源，就一定比别人机会多。那么，到底该怎么做呢？

我们接触陌生人的时候，要营造一种好的感觉，使对方和我们之间从陌生到熟悉，并为以后接触创造机会。

如果初次接触他人的时候多加注意，并真诚地运用以下三条原则，那么，你可能有机会收获一个不错的朋友。

第一，观察比提问重要。

见到陌生人的时候，我们常常会控制不住地向对方提问，因为我们需要收集对方的信息，才能把对方对标到一个合理的心理位置。但是，在和别人互动的时候，如果你连续问出三个问题，对方一定会排斥你。比如，你问对方："你在哪里工作？""你们公司在哪里？""平时，你参加这样的活动多吗？"这三个问题，本身没有任何冒犯性，但只要连续提问，就会给人一种压迫和审问的感觉。

正确的方法是，和陌生人交流的时候，会观察比会提问更加重要。能在后续再问的问题，就别在第一次见面时问完；能自己观察到的事情，就别在提问中验证。

到底怎样观察和判断一个人？

一、看家庭文化。你看一个人去往哪里，要看他从哪里来。

二、看个人经历。他经历了什么，决定了他如何对待别人。

三、看发展阶段。一个人在事业的上升期、低谷期、膨胀期，都会影响他对你的态度。

小刘在业内是一个有名的金牌助理，当她的老板出国之后，她需要重新选择合作伙伴。很多人都邀请她，在熟人的关系里，她通过了解信息和见面观察，毫不犹豫地选择了李女士，果断放弃了王女士。

小刘见王女士的时候，发现王女士虽然处于创业期，但是因为她是从一个大机构辞职来创业的，而且家庭优渥，很多时候都是家庭的助力帮她弥补自身的不足。她自带的优越感导致她对身边的人态度倨傲，虽然王女士对小刘和颜悦色，但是小刘知道，等确定合作之后，王女士一样会颐指气使地对待她，并会把这个态度解释为"真性情"。

李女士则是通过自我打拼得到一切的，她不但珍惜自己的付出，也懂得忍耐。越是没有家庭的助力，她越知道自己该如何发展，并集聚资源。因为李女士真正知道怎么对待别人才能得到别人的帮助，所以，小刘见李女士第一面就确定了要与她合作。

第二，调整你的频率。

接触一个人的时候，你心不在焉或者顾左右而言他，也许你并未察觉，但是你的每个细节在对方眼中都是放大的。所以，在接触他人之时，严以律己不但是一份对人的尊重，更是必要的自我要求。

只有全心投入关注眼前这个人，你才能把自己的频率调整到和对方一样，才能真正地从眼前人入手，得到你期待的资源。

小张在一个活动中认识了王总。当时，三五个人和王总聚在一起聊天，有人问起了王总的一位好朋友李总的联系方式。李总的公司当时有一笔业务需要合作方，由于李总的口碑和结款速度快，大家都想与李总合作。

王总虽然没有正面回答，但是也给了一定的指导和提醒。小张便认定王总是一个热心、不排斥帮助别人的人，需要做的就是取得他的信任。

这群人里只有小张没有提到李总，而是和王总聊了聊他手头正在做的项目，聊了聊自己未来的规划和可能的合作。有意思的是，小张发现李总、王总一起做的一个项目，他也参与其中。于是，王总对小张并不像对其他人那样，给李总一个下属的联系方式，而是在约李总见面的时候直接带着小张一起过去谈业务。

你只有把自己调整到和对方同频率的时候，才能令对方重视和信任你。否则，当对方感受不到你的重视时，你就拿不到好的信息和资源了。

第三，展示你的客观。

因为我们的东方文化使然，我们大多数人都比较含蓄，因此，当与他人接触的时候，不容易表扬和肯定对方。但是，当我们意识到肯定和表扬对方重要的时候，一不留神，对对方的肯定就显得非常刻意了。这种走样的过度赞誉，对方听了也不会舒服。

肯定别人要客观，发现别人的优点，表扬别人做的事情，不要太夸张地套近乎，别把自己显得"轻"了，这样才能让别人和自己都处于自然的状态。

那么，如何客观地赞美别人，或者让对方感觉你是客观的态度，而不是刻意讨好或者有意为之呢？你不妨在与对方接触的时候，把直白地表达感受的话以提问的方式说出来。

例如，你想夸赞对方戴的手表很高档、有品位，不妨说，我看到某个知名企业家也戴过这款表。当然，前提是不能撒谎。

又如，你想表扬对方招待你的家宴菜品出众，你不妨直接请教一下海参的发法，就比你一味地说"真好吃、真好吃"，更显真诚。

处理信息是重要竞争力

我们与陌生人接触时，会产生很多新的信息。如果对这些信息进行一定的管理，它们在某一天就有可能转化为资源。而如果不进行管理，随着时间的推移，它们就会再次成为陌生的信息，带给你这些信息的人对你来说仍是陌生人。

名片曾是商务人士重要的社交工具，当下，社交媒体上的信息管理，同样需要我们进行精细化操作。

我们以微信朋友圈为例，检视一下你的朋友圈，你可能会大致感受到自己的价值。

那么，我们如何通过管理来提高自身的竞争力呢？要分析三个问题：

你的朋友圈有多大？

质量有多高？

你能调动朋友圈的多少资源？

这三个问题至关重要。

首先，让我们看一下朋友圈多大最合适。

朋友的数量多少适合，这要因人而异。以微信朋友圈为例，你能控制多少人数是你的本事。在数量上，如果你有本事搞定 5000 人，自然是你能力超群。可是，你有本事搞定 10 个重要的关系，并维护好，这也未尝不是你的策略。

我的建议是，微信朋友圈看起来可以使我们积聚成百上千的朋友，但它作为一个产品，终究是无法超越一些人际关系本身的传统特性的。例如，见面三分情：人与人之间只有在线下交流过，才能确定对方是否可靠。

与微信朋友圈不同，我们真正的线下互动朋友圈极小。这不仅受技术限制，也受人性限制。所以，我个人建议朋友圈里朋友的数量不要超过 150 个。

牛津大学教授罗宾·邓巴提出了"邓巴数字"，大意是：我们的社交圈与十几万年前没什么区别，个体能够认识、信任，并在情感上依赖的人不会超过 150 个；之所以是 150 个，是因为人的大脑容量有限，无法承载更多。据说 10 年前，邓巴开始研究英国人寄圣诞贺卡的习惯。用寄贺卡来衡量人们的社交关系，是因为送卡片是一种投资：你必须知道邮寄地址，去买卡，得写上几句、买邮票，然后寄出去。大多数人都不会愿意为无足轻重的人这样费心费力。结果，最主要的发现是这样一个数字：以一个人寄出的全部卡片为例，所有收到贺卡的家庭的人口总和平均为 153.5 人，也就是 150 人左右。

其次，朋友圈的质量有多高？

这是个看似无法量化的问题，但我们依然可以通过科学的方法来检查自己的朋友圈。例如，定期检查你的朋友圈，做删除、更新、添加。一个星期，一个月，三个月，六个月……都可以是你检查的频率。

对自己的朋友圈进行审视还能够发现自己的问题。比如，你备注在事业线的客户的数量在一个星期内没有增加，你就要提醒自己下星期关注一些行业活动了。如果一个月都没有增加，那么无论你手头的工作有多忙，都要赶紧主动参加一些聚会了。如果不小心三个月都没有增加，你必须采取紧急措施，立即发起活动，安排组局。

又如，你备注在生活线的朋友的数量三个月都没有删减，这不能证明你的朋友圈的质量高或者是你和朋友的关系很稳定。相反，你要审视自己是否到了该认识新朋友的时候。

最后，你能调动朋友圈的多少资源？

　　这个问题与第二个问题相关。小宋的朋友圈中，生活线上的朋友很稳定，基本上都是大学同学。他把他们当作最重要的朋友，数年没有更新、替换和变动。可是，这里面的人真的是他可调动的资源吗？

　　小宋需要一笔资金周转的时候，自然要求助朋友圈的人。于是，他向同学小李求助。小李表示，自己的家庭在炒股，赔了不少钱，经济困难。

　　可是没过几天，一个偶然的机会，小宋和同学小王聚会。小王聊起近期小李在微信发了很多"炫富的日常生活照"，奇怪的是小宋没有看到。他这才发现，小李利用微信"不给谁看"这个功能，单独屏蔽了自己。小宋这时明白了一切：小李在心理上已经把自己从朋友圈里开除了。

　　很多人把日常维护朋友圈看作一件麻烦事，并用一些借口让自己继续懒惰，例如小宋就是这样想的：小李是我的真朋友，所谓"真朋友"就是平时不怎么联系，一旦有需要的时候，他一定会帮自己！

　　其实，别人没有义务一直相信和支持一个与自己渐行渐远的人。如果你不利用朋友圈的功能与朋友保持有节奏的互动，让对方了解你、信任你，纵使对方在你的朋友圈里占据核心位置，可是你在对方那里已经不是了。对方当然会防备你随时有可能提出来的要求，尤其是小宋总在朋友圈发一些"钱不够花"的抱怨和感叹！

大学的感情是纯洁、难忘的，但是不能对其太执着。原来以为会做一辈子的好朋友，只是原来是这样。既然人在变化与流动，朋友圈就必须保持相应积极的改变。

我们不能苛求别人永远单纯不变，毕竟，我们自己也在变化中，不是吗？

对于年轻人来说，非但不能排斥这样的变化，反而要主动迎接变化。

40 年前的人们，可能一生只认识固定的一批人。而现在，人员流动性大，我们可能与最亲近的朋友失去联系。人与人只要缺少面对面的交流，亲密程度每年就会以 15% 的速度降低。可是，我们也看到了新的风景、新的人。在你新认识的、能够面对面的人中，你有多强的能力增加亲密感？把他变成朋友是你要做的事。

朋友圈的加加减减是必然的。虽然社交网络号称能解决这个问题，使我们想跟多少人对话就跟多少人对话，但是无论社会怎样变化，一个人只能和数量非常有限的朋友保持互动。亲密关系需要的情感和心理投资相当大，而我们拥有的情感资本和时间资本是有限的。

我们要担心的不是技术上增加多少人的问题，而是如何与有限的人进行高质量的互动。

　　互联网产品层出不穷，即便是微信这样的超级 App，将来依然有可能被新的产品所取代，而信息管理的能力则是伴随我们一生的重要财富。

给每个名字一个合适的位置

你是谁，才能成为谁；你想把自己塑造成谁，你在别人心中才是谁。

你不经营现在的你，别人怎么知道现在的你是谁？尤其对于微信朋友圈来说，如果你保持每天发一次内容的频率，那别人就会以这一个星期的内容来评判你的为人了。

一个人必须对自己有要求，才能要求别人。

对于当代人来说，管理自己的形象，管理自己的手机，管理自己的情绪，都应该像早起刷牙一样自然。如果一个人的手机中，微信朋友圈的人数不少，但是缺乏有效的管理，就一定会让本来可以发挥巨大作用的朋友圈变得形同虚设。

我们可以整理自己手机中杂乱的微信通信录，认真地思考，然后花一点儿时间研究你的手机（因为安卓和苹果系统对细节设计不同），你要根据自己手机的特点对朋友圈的人进行备注。当然，如果你足够熟练，还可以按照自己的备注方式进行特别标注。

这样做的目的，就是让所有朋友进入一个手机的活力排序中。这样，平时你就不会特别随意，突然看到谁发了内容，就热情地点赞、评论、交流，又突然因为刷不出他的内容，导致将此人置于脑后，两人的关系慢慢冷淡，甚至彼此遗忘。

按照不同的排序与朋友们进行有效互动，必然不会导致对方认知与自我认知不一致。

要知道，让你在乎的人知道你有多在乎他，让你感觉重要的客户知道他在你心中有多重要，让有可能帮助你的人真的了解你，因此在未来能够帮到你……你的朋友圈将价值百万。

设计朋友圈就是在设计你当下的生活。大部分人的朋友圈都分为两条线，这样便于掌控关系。

一类是生活线，一类是事业线。

把哪条线列在首位，要看你近期对生活的设计。这将让你最节约自己的心力，去安排你的生活。

例如，对你来说，你的亲戚重要还是客户重要？

一般人都会说，当然，亲戚比客户重要，亲戚会陪伴自己一辈子，客户只是当下的重要关系。可我并不这么看，这要看你近阶段的规划。

如果对你来说，近阶段的重要规划是冲刺事业，那么，陪伴客户和去机场接亲戚这两件事在同一时间内发生，你该做哪一件？

建议你选择去陪伴客户，增加自己的业务量。

而且，不必对亲戚怀着愧疚感。当你发展得更好的时候，你对亲戚的价值将比去机场接他更大！

所以，朋友圈中不同人的位置和你与不同人互动的频率，不但体现了你的价值观，还体现了你现阶段的重要任务。那么，当你的生活线和事业线定好之后，按照什么原则把你认识的所有人排序呢？

第一考虑是按照亲密关系进行整理，并入生活线。先考虑和自己最近的人，没有关系的人不作为第一考虑。例如，在生活线中的人可以包括：亲人，合作伙伴，老师，朋友，兄弟姐妹，帮助过自己的人。

这里的排序可以根据个人情况灵活安排，例如，如果你现在正在上大学，老师是大学生能掌控和接触到的第一个社会重要资源。他们对你人生价值观的开启和你的生活都有着重要的影响，所以要把他们暂时排在兄弟姐妹前面。

第二考虑是根据对你的帮助大小进行整理，并入事业线。能给你事业带来帮助、能支持你的人，比看起来厉害，但对你却不起任何作用的人重要多了。

例如，事业线上的人包括：投资方，下属，老板，重要客户，潜在客户，合作方，供应商。

第三考虑是重点圈子，并入事业线。这里有你参加各类圈子和聚会认识的关系不强、半陌生的人，按照此人的行业、能力、财力、品格进行排序。

要注意的是，如果你是做互联网产品研发的人员，可是这里出现了一个卖名牌手表的朋友，你不要想当然地以为这个人对你毫无价值。例如，你想了解高端人群的消费习惯，对方也许有第一手资料。因为此部分人大多是半陌生人，所以每个人名都要经过深入思考之后再来判断放在哪个位置。

线上摸规律，线下要高效

如果在同一个行业待了三年以上，你要换工作，可能不会通过招聘网站，而是通过熟人介绍，因为你不自觉地已经进入了一个圈子。同样地，朋友圈也能形成不同的圈子。一个处于事业上升期或者攀爬期的人会主动参与或是组建圈子，因为朋友圈的人必须发生线上线下的互动，以此来推进与他人的关系。

人们渴望与他人互动，体现自己的影响力，但不得不承认，现实生活中的大部分人都非常被动，不愿意与别人互动。正如这样一句话所言："世界上有一半的人，手持鲜花在等待；世界上另一半的人，在等待那鲜花。"

你自己不动，朋友圈就僵化了。我们应该在线上观察对方，摸索他们的做事规律，然后决定如何与其互动。我们可以这样做：

一、在朋友圈发一些大众谈论的话题以外的内容。

想想我们自己为什么要看朋友圈？我们想要在碎片化的时间里，

最快地获取想要的信息，朋友圈是我们对某个人产生黏性的重要依据。如果大家都在发所有人都知道的事情（例如"明星 × × 被爆料出轨"），我们会觉得这个内容只需要接收一条，而有个人只会发这样的内容，那么他发的大部分内容就是垃圾信息了。

二、推荐适合的内容给合适的人。

朋友圈可以做标签区别，比如我们发现一个朋友总是转发一些别人的东西，内容全是心灵鸡汤，你可以封他为"鸡汤王"。那有关于心灵鸡汤的内容，你也可以推荐给他。

三、在合适的时间发出你的消息。

观察你的重要客户。如果他更新微信朋友圈的时间总是固定在某一个时间，你就可以在这个时间成为第一个为他点赞或是与他互动的人。

四、给不同行业的人送去不同的问候。

五、注意把握尺度，尽量不要发有"教育别人"感觉的内容。

六、生活中的搞笑场景，会成为你微信内容中的亮点。

……

线上活动如此，而线下活动要掌握一个重要的原则——高效。

我们现在去约见一个人的时间成本越来越高，所以，朋友圈的人要在私下相聚，一定要高效。以下是几个高效"约见"的方法：

一、大城市的交通成本特别高，如果你下午去一个地方，和一个人只谈一小时，那么不妨在此地同时再约见另两拨朋友。出门一趟，就可以搞定多件事情。

二、标注好朋友圈中朋友们的行业和属性。如果你去上海，不但要能迅速找到上海的朋友，还要能迅速找到上海某一个行业的朋友，最好还能细分到立即找到这个行业中的总经理助理这一类朋友。

三、和你线下能有互动的关系无非是玩乐关系与利益关系，那么，能否从玩乐渗透到利益，也考验你的交际能力。例如，你约客户打高尔夫球，慢慢让他对你的好感从玩乐渗透到合作中。

以上是一些基本的方法，但是任何方法背后都应该是一种自我管理。尤其对于年轻人来说，无论你的专业能力有多强，在信用方面的自我管理都不可忽视。

我不止一次看到我助理的同事在看同一本书，我翻开这本书，看到了这样一个案例：

> 一天晚上，我在公司加班开会的时候收到一条短信，是朋友小 S 需要找某电商的渠道负责人，让我帮忙问一下。我当时想了想，好像朋友 N 在那个公司，便回复"好的，我问问"，就继续工作了。

忙完手头的工作后，我就联系朋友 N 询问情况。结果，得知他已经离职了。尽管如此，人家还是承诺帮我联系他的前同事问问，只是要过一天才能给答复。

我再问的时候，朋友 N 说确实没有人认识那边的负责人。我又问了几个可能有这方面资源的朋友，结果第四天，他们都回复我说不认识。

我只好给小 S 回复短信说："不好意思，我答应帮你问的人没问到。但是，我有位朋友有另一个电商的渠道资源，不知道你是否需要。如果需要，我帮你再联系。"

我发完短信没多久，就接到了小 S 的电话。他说他群发了几百条短信，我是唯一一过了这么久仍然在帮他关心这件事情的人！

这本书的作者叫成甲。作为青年才俊，他分享的这个案例让我们从侧面了解到一个年轻人想要快速崛起，需要的到底是什么。

我看到的是，除了专业的能力，还需要是"几百个人中独特的一个"——能够做到别人做不到的自我管理。

成甲是在提醒大家，不要过于孤立地看待线上和线下交际模式的不同。因为线上和线下只是形式的不同，本质是相同的：你都要是一个有自我管理能力的高价值的人。

　　具备了这个本质，你完全可以在线上积极联系你想联系的人，线下用积极的行动来有力回应。这样，你和对方就能够互为加强，你的社交能力也会越来越强。

内向性格 ≠ 消极应对

我们在线下（也就是真实生活中）与人打交道的过程中，不必改变自己的性格，却有必要清楚地认知自己的性格优势，把优势发挥出来。

有这样一个寓言故事：一个画家很希望自己能画一幅被所有人喜爱的画，他先很认真地画好一幅画，然后把这幅画放到了大街上，并在画的旁边放上一支笔和一张纸。纸上写着：请你在你认为不完美的地方做个记号。

等到画家去取画的时候，他惊呆了，自己的画被标满了记号。可是，他想了想，觉得再不好的画也不至于如此一无是处吧？于是，他重新临摹了同样的一幅画，放到大街上，在画的旁边依旧放上一支笔和一张纸。纸上写着：请你在你认为最满意的地方做个记号。

画家取画的时候，再次惊呆了，因为画上又标满了记号。原来，有些人不满意的地方，正是其他人满意的地方。

　　内向的人不要让内向成为自己的借口，内向也可以是你的优势，不要自卑，认为自己人微言轻。你实践过，你努力过，你已准备好，那么你和别人说话的时候，你的语言优势就是存在的，你的语言就是有力的，你的话就会传到对方心中。

　　当然，内向的人和外向的人在社交策略上，还是有一定区别的。对于内向的人来说，社交是一件让人有压力的事情。越是如此，越应该精减社交的数量，提高质量。精减数量对内向的人是一种保护和调整，内向的人享受独处的时光。实际上，把自己的生活中塞满了交际的人，容易泯灭自身性格中的闪光之处。

　　如果内向的人能学会在少的时间内关注少的人，提高交际的质量，就会得到更好的资源。况且，我一直强调，交往的人太多，不见得一定是好事。不是你接触的所有人，你都会和他们发展成比较稳定的社会关系。如果你把每个接触的人都记住，都发展成稳定、密切的人际关系，你会觉得特别辛苦——身心俱疲。

　　接触一个人的时候，如果那时候你很需要帮忙，或者他给你的感觉很好，才可以继续保持一些联系。逢人就交往、套近乎，这恰恰是不成熟的表现，因为没有考虑别人是否有交往的需要。

　　交往意味着你要占用别人的时间。当然，别人也要占用你的时间。你需要用时间来接触他、了解他，还要用很多时间来体味你们这段时间的交往。所以，你要精简数量、提高质量，因为你分享的是自己的生命。

不必东奔西走地交际，而是要找准精确目标。

当找准目标，参加目的性强的活动时，你要学会全力以赴。还要加深这种交往，让关系变得坚固、紧密、可靠。

最后，还要注意包容活跃的人，即使是那些与自己性格完全不同的人，不能共事并不意味着不能彼此欣赏。

总之，无论你是什么样的性格，人们都会适应并接受，人们不能接受的是不好的态度。

无论性格如何，与一个人谈话的时候，你对他的态度是冷淡还是欣赏，这一点对方是能够感受到的。

如果你内心不重视、心不在焉，你的沉默寡言就会被看成一种蔑视。当然，如果你认真倾听，只是性格内向、不善表达，对方也会从你的眼中读出欣赏。

我就是因为被人误会过，才有了这样的感悟。

我一向就是个话不多的人。有一次，我参加一个会议，由于会议前我花了大量时间赶一个项目，开会时，我深深地感到自己体力不支。所以，我没有发言，还是和以前一样话少。

事后我才知道，有人对我的态度有些不满意。这令当时的我很吃惊，我竟然还以为对方不会察觉到我的心不在焉。

我漫不经心的态度令发言的人感觉很不舒服，所幸我平时口碑还不错，有人帮我，这才没有引发对方对我的太强抵触。

后来，我就告诫自己，无论什么情况下，都尽量不要去敷衍别人。当你不能保证用很好的状态倾听对方发言的时候，就向对方老老实实地解释，不要取巧。

如果你处于对方的注视下，至少要保证你的思想也同时在场。

恰到好处地经营你的形象

一个人想要有一定的影响力，就要建立人群关系。

在这个过程中，你需要有自己的个人魅力。这种个人魅力一经释放，就会给人一种震慑力。

在此，我分享三位公众人物的故事。

第一位是知名主持人。他面对舞台鞠躬的幅度，既不夸张，又不显敷衍。这是一种真正的、恰到好处的绅士品格。仅仅这一个鞠躬的姿势，就足以让台下太多人为之赞叹。我想说的是，姑且不管这种鞠躬的姿势是不是他百般尝试练习出来的，毋庸置疑的一点是，鞠躬这件事一定是他所注意和在乎的。

第二位是一名女艺人，她是很多人的"女神"。近距离地接触她时，我发现：她在荧幕上的美，是一种她自己的完美角度。她在演电视剧里的角色时，能够在表现角色的基础上，把自己最美的一面放大。她知道自己的哪一个表情是最美的，她知道一举手一投足怎样才是优雅的。这是她对自己形象的一种专业态度。

第三位是一位知名男歌手，他是影视和流行音乐领域的常青树。有一个很有代表性的事件是，他早年与媒体接触时，当上百个镜头对着他的时候，他一一对着镜头看过去，这样能够保证每个摄影记者都清晰地拍到他的最佳形象。这是一种重视自己的表现。这样的自我要求无疑是很严格的，但唯有如此，个人的形象才能禁得起闪光灯的追赶。

对于我们大部分人来说，如果也能稍微注意一下自己的仪态，并且关注一下自己说出去的话，以及自己的某一个行为在人群中的影响，其实达到的效果就是非凡的。你会发现很明显地，别人对你的态度变化了，那就是从你有自我要求的那一刻开始发生的变化。

即便我们不要求自己行走、坐、卧一切得宜，至少也要注意以下两个方面的平衡。

一方面是要树立自己的形象，向大家传达出一个很好的信号。这样的信号往往是一些坚强的、刚性的符号，这些符号会让你具备一种威力。

例如，当你在戒烟时，别人都知道。大家觉得这一定很不好受，很多人可能就会和你聊"不好受吧"。如果你说"没事，一点儿感觉都没有"，那就显得很假。

但是，如果你说："太难受了，这个滋味简直就不可忍受……"

你传达给对方的信息，就显得你比较软弱。

其实无论你说什么，对方都知道戒烟的滋味是不好受的。你不妨说："是不好受，但还是可以忍受的。"这样的态度，会让你在别人的印象里加分。

另一方面，威力不等于没有人情味。常常看到一些人自以为自己很有威力。比如，有一些领导见到人的时候，头抬得特别高。与别人沟通的时候，他们从来不看别人的眼睛，这样的态度是非常不好的。

有些人觉得自己权力大，以为别人走路绕着他走，是怕他。其实不是，大家只是烦他而已。

有一次，我接触到一个年轻人。他说自己常常遭人妒忌，我就问他具体是哪一方面被人妒忌。他说因为自己具有良好的逻辑思考能力，而很多人是没有这种能力的，所以会妒忌他。就在我还在迟疑，没有想清楚的时候，他接着说："我向来是一个辩论高手，我看问题很深刻。别人和我辩论，我很容易找出他思维里的漏洞，抓住这个问题一追到底。有一次，我和一个同事谈论我们领导的一个方案。我至少说了三个方面，指出这个方案不可能实施的漏洞在哪里……"

在这里，我不得不说，有的时候，战胜别人，你就输了。

一个真正有大智慧的人，并不是一定要赢别人，而是在能赢的时候，放别人一马。这样做既点到了问题，引导别人改进，又能柔和地引导，把发现错误的机会留给对方。

样样会，样样有机会

一个人的能力是多方面的，学历、经历、魅力，三力缺一不可。

学历至少可以代表一个人的学习能力，经历是一个人的财富，魅力是我们八小时之外，为自己做了些什么。现在，人们即便工作再忙碌，也会拿出一定的时间丰富自己的生活，参加周末一些看似与职场毫无关系的特长培训班，如舞蹈班、插花班、茶艺班、歌唱班等。在我看来，这是一种正常的现象。

这些特长可以增加你的魅力，如果你歌唱得好、舞跳得棒，公司活动时正好有了展示的机会。某种程度上，这也为你创造了很多机会。

想想看，一个刚走上工作岗位的新人，在工作经验上他显然是不丰富的，不能给别人提供价值，那么，他怎么能让别人关注自己，同时又不让人觉得他哗众取宠呢？

如果这个新人会变个小魔术，利用午休时间，给大家变个魔术玩，这会一下子把大家的兴趣都调动起来。他与别人的话题也会越来越多、距离越来越近，他融入团队就不再是什么困难的事情了。

想拥有这种魅力，必须在前期投入时间。时间对于人们来说都是非常宝贵的，正因为如此，人们才会总感觉没有时间，担心"业余活动多，会耽误挣钱"。可是，你是否有兴趣爱好这件事比你现在手头是否有1000万元都重要，因为个人在社会消耗的财富是有限的。如果你是一个无趣之人，纵然有了1000万元，也是一场灾难。

拿出时间，感受你的兴趣，"修炼"你的人生趣味。每天面对忙不完的工作，面对复杂的人际关系，压力会在无形中生成。人们也时常因为工作上的小事而心生不满，影响工作时的心情。

如果你所服务的对象是社会上有一定地位、名气的人，或者特定人群，你需要向他们推销高价格的产品。对服务对象而言，这个购物的过程就不可能是买一瓶洗发水、问一下成分、闻一下味道这么简单了。拿销售挖掘机的人员来讲，挖掘机不同于一般产品：第一，购买者购买挖掘机的出发点是将其作为一种生产资料去赚钱的，因而能否赚到钱是其考虑的第一因素；第二，挖掘机是高价值产品，因而购买者在确定是否购买时要考虑很多方面的因素。

客户一定不会像购买快消品或生活用品那样，只是简单判断一下就做出决定。此时，业务员和客户之间打交道就放到了主体的位置上。能够打动客户，就能够成功。

挖掘机的介绍资料，人人都可以熟练掌握，刻苦的业务员都可以倒背如流了。可是，这些死记硬背的内容，在和他人打交道的过程中能发挥多少作用呢？靠这些真能打动别人吗？

我的一个朋友是销售奇人。他的成交率令和他同样参加培训的人望尘莫及。更令人震撼的是，他对于"基础知识"的掌握不但不牢固，甚至还比不上销售业绩排最后一名的同事。

那么，他是如何成功的呢？我这个朋友最大的特点就是有趣，能创造时机，并能抓住时机。这里的"有趣"不是指"能吹能侃"，因为对于大客户而言，"能吹能侃"反而让人感觉不实在、不放心。朋友的有趣表现在他和那些腰缠万贯的大客户接触时，从不怯场。朋友平时生活中兴趣广泛，无论是健身训练、养生知识，还是居家风水，他都懂不少。

他去拜访大客户和同事不同，与他同行的人总是熟记产品的介绍内容，见了客户就推销产品，而朋友则不然。他每次拜访客户，带齐资料，见了客户，总是很轻松地把资料递上，然后说："这是大品牌的产品，质量是有保证的，各种手续、资料都在档案袋里，您可以随时看看。我今天来，有个发现，就是您客厅栽种了一棵树，从居家摆设的角度来说……"总是在几句话之后，客户就对他刮目相看了。

靠着在第一时间与任何人不同，他占了先机，赢得了主动权。

再来说说我的一次经历。我有一个女同事，她非常善于给合作方营造一种非常好的氛围。

此前，我对她有诸多不理解，因为她是一名高管，无论是资历、背景，还是能力，她似乎都可以在对外展示公开形象的时候，表现自己富有能力的一面，但是她却选择了展示自己富有魅力的一面。

我们此前的工作很少对接，但后来有些项目要一起合作。有一次商务聚会，她神奇地从她的名牌包里取出了自己烘焙的点心，在休闲的时候分享给大家。当时，我们所有人真的是有点儿饿了，合作方有多位女士，她这样做，大家瞬间有了增进类似友谊的感觉。在后面的谈话中，我明显感觉到合作的味道变浓了，谈判的氛围在感觉上已经慢慢消失了。

后来我发现，有她在的地方就是一个有活跃度、有温度的地方。她来之前，所有人在一起只能谈规划、谈大事，即使不想谈太累的话题，似乎也不太好主动谈及自己的生活。但是只要她一出现，大家就慢慢地开始随着她的步调展开话题。大家可以分享一点儿手头实实在在正在做的事情，自己需要的帮助，自己的困惑，自己对生活的理解，等等。

我想，这是因为人人都需要在社会上参与竞争，但是人人内心都渴望家的感觉。所以，在合适的氛围，她是一个真正的高手，能够让性格不同、学历背景不同、商业环境不同的人都无拘无束地聚在一起。而究其根本，是她先无拘无束，敢于分享她的生活，于是其他人就再也不必"端着"了。

先让别人对你产生好奇

如果有机会结识一些非常厉害的人物的话，我们要学会先试着让对方对我们产生好奇心。比如，通过为对方提供有价值的信息的方式。

就像你遇见比尔·盖茨，你吹嘘自己有多少资产，恐怕他看都不会看你一眼。你说自己认识多少名人，他也会无动于衷。试想，什么是他关心的呢？

记住，人们最关心、最看重的永远是自己。别人在你面前说起他讲过的故事，你听第二遍就烦了，但你讲和他相关的故事，他总会感兴趣。

见到比尔·盖茨，你应该主动聊微软的产品，向他描述一个用户最切身的体验。

如果你是白领，你在他眼中就代表了一部分白领对微软的认识；如果你是大学生，你就代表了一部分大学生的认识。

任何人都有自己感兴趣的话题，只是需要你用心发现。

很多能力超强、做快消品销售的人，去任意一个公共场合，都能结交陌生人，因势利导地推销自己的产品。

讲一个耐人寻味的案例：

一家开张不久的饭店，老板是出了名的热情好客，经常主动陪客人聊天。

有一位客人显然吃得很满意，总是赞叹菜品的独创性。这位客人显然不忙，没有要走的意思。于是，老板过去跟他聊天。客人说："您对菜品的用心，让我觉得我的工作做得还不够到位。"

老板高兴之余，对他也有了些兴趣，于是问他："您是做什么工作的？"

客人说："我做汽车行业，在工作中只重视车的性能要够好，还有价格的合理性，忽视了很多沟通上的问题。例如，介绍车的时候，太中规中矩了。"

老板听完后，对他的话题更感兴趣了，就和他聊车的话题，聊了一刻钟。这位客人走的时候，留下了自己的名片。老板也非常高兴地说过些天正巧要带一个朋友去看车。

其实，中国社会最大的特点是人情味浓厚，人们都希望找认识的人谈事情。

你用自己的方法认识一个人，就向成功踏出了你的第一步。

晓东是一家房地产中介公司的员工，他常常会找到一些比较不错的房源。

这当然与他的勤劳密不可分，大家都偷懒时，他会到自己负责的一些小区去转转。

看到老年人从超市出来，拎着很沉的东西时，他会主动过去搭把手。常常有些人被他打动，就会提起小区内某个房源的消息。

晓东是一个有分享精神的人。有一次，看到同事小赵一筹莫展的样子，晓东主动分享了自己的这个方法。

小赵感觉十分有道理，于是变得勤劳起来，也不在屋子里待着了，经常主动走出去寻找房源。

在小区里，看到有人拎东西，小赵也会主动上前帮忙，可是效果却并不好。有一天，小赵累了一天，却无功而返。回来后，他向晓东抱怨："太奇怪了，为什么咱们穿同样的衣服，我去小区里要帮人拎个东西什么的，他们像防贼一样防着我？一个老太太明明都快拿不动那堆水果了，我一开口、一伸手，她马上就低头走了，都没正眼瞧我一下。"

晓东非常好奇这是怎么回事，他决定第二天陪着小赵一起去看看问题出在哪里。

经过观察，晓东终于找到了人们不理睬小赵的原因。

原来，小赵每次看到需要帮忙的人，就赶紧走上前去，特别热情地介绍自己，例如："阿姨您好，我是房地产中介公司的小赵，我帮您拎东西吧。"

对方一听这话，马上就头也不回地拎着东西走了。

晓东不得不亲自示范。看到有人正在搬东西，他走上前说："大哥，我帮你搭把手。"然后二话不说，撸起袖子就帮对方搬东西。

搬得差不多了，搬东西的大哥主动递给晓东一根烟，问道："哥们儿，你做什么工作？"

晓东说："我做房地产中介。"

这时，搬东西的大哥非常热情地说："我自己有车，常常帮人搬个东西什么的。这个小区来来回回总有人搬家，肯定有空房子。一会儿，我给你问问搬家的这家人，看看能不能给你拉个生意。"

晓东赶紧感谢，然后留下了自己的名片。

小赵都看呆了，问晓东："你运气怎么这么好？"

晓东说："不是运气好，而是你不能太着急介绍自己。你一说自己是干什么的，别人就以为你是有目的地帮忙。谁愿意承担这种心理压力呢？就不理你了。你先帮了人家，人家自然就会对你上心，愿意帮你了。再说了，帮不了你也没关系，权当咱们出来运动一下，不吃亏。"

所以，人和人在付出同等劳动时间的情况下，之所以会有一些效果的不同，还是在于思路和策略以及对人情把握上的不同。

对场面的控制力就是气场

每个人的样貌不同，有人给别人的感觉是亲和，还有人给别人的感觉是威严，但在我个人的社交经验中，我认为气场比一个人的样貌更重要。人与人刚接触的 60 秒，是强气场还是弱气场，能立即被他人感受到。

如何增强气场？唯一的办法就是增强对场面的控制力。

在《世说新语》中有这样一个片段耐人寻味：魏武将见匈奴使，自以形陋，不足雄远国，使崔季珪代，帝自捉刀立床头。既毕，令间谍问曰："魏王何如？"匈奴使答曰："魏王雅望非常，然床头捉刀人，此乃英雄也。"

大意说的是，曹操要接见匈奴的使者，但是他觉得自身形象不太好，于是就让另一个形象很好的人来代替他，自己拿着一把大刀站在旁边。

接待完之后，曹操派人去问匈奴的使者感觉如何。使者说："魏王的确是很有风度的，然而我觉得床头拿着大刀的那个人，才是真正的英雄！"

这里提到的气场并不是一定要你多强势，而是你当时的自如，有决定权和掌控力，以及对自己的信心。

正如这个故事所讲，曹操之所以样貌一般，却气宇轩昂，这不是装的，而是他征战多年，杀伐、决断之下对事情拥有了一种强大的操控力，因而产生的一种强烈的自信，也成就了一种"英雄气"。

其实，人际交往也是如此，你越展示出这样的自信，别人越觉得你有能力驾驭一些事情。能否拥有这样的自信，是由你的实力决定的。

那么，对年轻人来说，如果还不具备强实力，应该怎么做才能增强自己的气场呢？我从实际的经验出发，给出三条建议。

第一，约别人见面的时候，早到 10 分钟。

约会不迟到，这是非常重要的一条。如果你每次约会都能不迟到，最好是稍微早到片刻，你等着别人来见你，你就会比较镇定，你的气场就会稳固。但是如果你迟到了，你刚进去就要先向对方道歉，自然心虚气短了。

还有的年轻人倒是能够听进去我的建议，但是早到了之后，就是呆呆地坐着玩手机，早到的意义就没有了。记住，气场是对场面的控制力。

通常情况下，如果别人来你的公司见你，你会感觉从容自在、游刃有余。去别人的公司，你就会略有紧张感，这就是场面的控制力。

但是，如果对方是我们尊重的人，我们可能会放弃自己的自如，以对方的需求为主，会考虑去拜访对方。还有的情况比较普遍，就是约在咖啡馆等场合。在这样的场合，你和别人约见的时候，如果你早到了，要做的就是与这个环境和氛围相融合。比如，知道洗手间的位置，提前熟悉一下特色的饮品，找一个好的位置。更重要的是，提前坐在对方的位置上看你自己所处的位置。如果你需要对方专注地听你说话，你务必做的是"封死对方的视线"，让你的背后不要有人来人往等分散注意力的事物……

类似的细节，听起来都很简单，但是不走心的人往往就做不到。做到以上几点的好处是显而易见的，比如你知道了洗手间的位置，对方需要的时候，你可以从容地为对方提供帮助。又如，你能够准时地出现在某地，就是给对方一种信号："这是一个靠谱的人。"

第二，自信是气场的核心，你要建立起自信。

你使用的语言，你的体态，你眉目间传达的情绪，都会让你散发出一种力量。这种力量虽然看不见、摸不着，却会被对方在第一时间捕捉到，并影响你们后期的交往。

有人曾经想给我介绍业务，他问："你听说过我们这个业务吧？"

我如果回答"没听过"，这对他的自信无疑是一种削弱。他可能会对自己所推荐的这项业务的影响力打上一个问号，于是他不得不重整旗鼓，再次介绍。

一个成熟的业务员会这样介绍："公司今年推出了一个大项目，其中我负责的业务是……"如果这样说，听的人也许会觉得可信度高一些。

见客户也同样如此。我们要展示一种自信、从容的气场，不妨从自己熟悉的事务入手。

有时候，约客户在自己的办公室见面、聊事情，不适合冷冰冰地只谈公事。

我曾经拜访过一位企业家，他的整个办公室装修得很有特色，体现了他的高雅品位。他的办公室里有茶桌，还有一套昂贵的茶具。

他懂茶道，兴致好时，请人品茶，既有禅意，又有人情味，比起设宴百桌要高明很多。

所以，如果你想在与人第一次见面时就展示出自信的一面，不妨从自己懂的事情入手。设计场景也好，引出话题也好，当一个人做自己懂的事情时，会在不知不觉中散发出一种气场。

第三，合理控制小插曲。

我曾听到这样一种说法：恋人之间只要远行一次，回来的时候，就可以确定两个人是会在一起还是会分开。

也许听起来有点儿怪，细想却有道理，这暗含了人际交往中的一个道理：有的人，天天在你面前，你未必读得懂；有的人，你见他千次，却未必会发现他的优点或者缺点。

问题出在哪里呢？

当固定循环地重复一种生活的时候，我们根本不能够全面地了解对方，只有在发生突发事件时，我们才能看到一个人的另一面。

见客户更是如此。你是为了与对方建立关系而约见的，见面时要警惕一些小插曲：控制得当不影响交往，控制不当却将适得其反。

你约了客户吃饭，你的一言一行、一举一动都将在他的"品味"之中。你如何点菜，点菜的时候是否能够照顾好对方的喜好，对方都会根据你表现出来的修养、气质、品位，在心里给你打分。你的每个细节都在告诉他：你是个什么样的人，你是否经常参加社交场上的各种活动，你是否能够得体地与外界交往。

先来给大家设计一个场景：你的表现非常好，这时突然有个服务员过来倒水，不慎把水洒到了你的衣服上。在服务员道歉之后，你是原谅他，还是得理不饶人？要知道，客户虽然和你在同一张桌子上吃饭，但他并不是你的亲密朋友，他在观察你。

错的当然是服务员，但如果你对服务员大吼大叫，客户会觉得自己也没面子，还会觉得你的粗暴暴露了你没有修养的一面。

所以，对待这些小插曲，要合理控制，别忘了你今天的大目标，别忘了你的大局。生活就像一次考试，没有人知道考你的人会观察你的哪一点，你所相处的每个人都有可能成为考验你的一道题，所以我们要学会善待别人。

相反，如果你很灵活，让客户觉得你是个与人为善的人，他对你的印象就会有所不同。例如，你与客户在你公司所在的大厦停车场停车，前方有"车位已满"的告示牌。此时，你朝停车场的管理员打个手势，面前的拦车杆立马缓缓升起，你就能找到车位。因为你平时对这位管理员亲善和气，所以他愿意在能力范围内给你提供一些便利。

这就是你的社交能力在小事上的表现。

非语言信息在说话

日常生活中，我们大多都是在看，而不是在观察。例如，你看到了一个人，但是你认真留意了他的变化、表情了吗？你总结过他的习惯吗？

就拿一起打麻将的甲、乙、丙、丁四个人来说，如果仔细观察，你就能够发现，他们有不同的性格。

甲只有赢的时候才会舒展眉头，笑得非常开心，而他并不享受打麻将的过程。

乙打麻将时很爱说话，例如哪个同事又买了个新包，新近有什么新款的裙子。乙渴望的是大家能够凑在一起说话。

丙总爱问为什么，他不在乎输赢，但他很想知道怎么输的、怎么赢的。

丁更有意思，平常不怎么爱打麻将，最近打麻将的频率却突然高了。她出牌时总是先甩一下左手的大钻戒，然后再打牌，要让别人注意到她的骄傲。这说明丁喜欢"炫耀"。

在对这些细节的洞察中，你是用眼力靠近他人的内心。

有没有什么方法能提升观察力呢？生活中的很多细节，如果你只是看，可能是看不出什么的，但是如果你把今天看到的写成一篇日记，那么你的观察力自然就会得到提升。

你强迫自己书写，会不自觉地强迫自己观察，因此你对人的理解才会变得深刻。

此时，观察力就改变了你所看到的世界。当你对人的观察变得细致后，世界会在你的眼里越来越清晰。

《沟通的艺术》这本书分享了人类学家爱德华·霍尔定义的在日常生活中的四种距离：

第一种是最短的距离——亲密距离。

这样的距离在 0.5 米左右。通常只有非常亲密的人才可以处于这个空间之内，并且多半发生在一些私人情境中——拥抱、安慰、保护。

第二种是个人距离。

这个距离介于 0.5 米到 1.2 米，这样的距离通常是夫妇在公开场合站在一起的距离。如果在宴会上有异性与你保持这样的距离，你可能会觉得有些不舒服。

第三种是社交距离。

这个距离介于 1.2 米到 3.6 米，在此距离内发生的沟通行为大多是商业行为。

在此距离内，比较近的一档是 1.2 米到 2 米，这样的距离通常是销售员与顾客或是同事之间的距离。而比较远的一档——2 米到 3.6 米，一般在非个人的情境里，这样的距离通常是我们跟老板之间的距离。这样，他可以隔着他的办公桌看到我们。这跟拿一把椅子坐在老板身旁约 1 米的距离有很大的不同，不会让人那么紧张。

第四种是公共距离。

这在霍尔的分类中是最远的一种，指的是 3.6 米以外的距离。在这个公共距离里，比较近的距离就是大多数老师在教室里与学生之间的距离，较远的空间（超过 7.6 米以上的距离）对于两个人的沟通来说几近不可能。演讲者大多数采用公共距离，其原因是听众的人数太多了。但是，我们同时也可以猜想，如果有人在可以选择的情况下仍然保持公共距离，那就表示他不想和别人有任何对话。

以上四种距离，如果我们掌握了其本质，就会帮助我们在日常生活中观察到别人语言之外的一些信息。

我工作的头几年，有一次去见一位很低调但是履历却非常耀眼的老师，我通过很多方式，终于得到了拜访他的机会。

这位老师和他的助理翩然而至，他果然很有风采和气质。我们约在咖啡馆见面，在交流的过程中，我通过认真观察，发现了一件事情：这位老师和他的助理并行或者我与这位老师沟通事情的时候，他们两个人之间虽然没有任何语言和动作上的亲昵行为，但是他们之间的距离却在不经意间处于亲密距离，而他们毫无不自然的感觉。

感受到这一点之后，我对这位助理格外尊重，我请教她怎样才能够推进我想做的事情。她私下对我说："我看出你是真心想和老师合作的，真正了解老师的人才知道，他其实是一个很感性的人。除了一些商业的条件，我觉得你还可以多和他聊聊自己对他个人的了解。"

后来，我和这位老师合作得非常顺利，这位助理对此事的帮助非常大。当然，随着合作的深入，他们两人是夫妻的事实也就很自然地让我知晓了。

我想，当你对这个人是一个名人的助理还是名人的亲友有所判断后，你的心态和你应对的策略当然会有很大的不同。而他们的亲密关系从来没有避讳，也没有打算宣布，只是要靠你去观察和分析才能得知。

我们与人沟通时，非语言的信息也属于很重要的线索。当我们能够熟练地捕捉和把握这些信息时，我们离成熟、有效的沟通会更近。

比如，我接触过一位名人。当时，他只给了我一个模糊的信息——告诉我他的活动要由他公司的商务推广部来和我商谈。令我没想到的是，来和我谈业务的居然是一个非常年轻的小姑娘。我观察这个姑娘的言谈和身体语言时，感受到了气场。

一个年纪轻轻的小姑娘为什么会有如此自信、笃定的气场？原因不重要，重要的是，我知道她对这位名人的资源和行程完全可以拍板。这和以为她只是一个来走过场的人，而幕后真正拍板的人是这位名人，我将提供的信息是完全不同的。

后来，我们的合作成功了。随着时间的推移，我才慢慢知道了一个重要的事实：这个姑娘是这位名人所合作的公司投资人的亲戚。她非常珍惜和这位名人一起学习的机会，从毕业实习到现在，一直都在这家企业。伴随着公司业务的起步、发展、壮大，她一步步升迁。无论是从个人关系还是从个人能力来看，她纵然再年轻，也是一个拥有重要决定权的人。

第二章

聚合赋能：深度社交才有力

赋能是一门艺术

一位贤明的父亲和他七岁的儿子在整理后花园时，遇到了一块埋在土里的大石头。父亲觉得这是一个教育孩子的好机会，于是他要孩子自己将大石头移开。

孩子推了半天，石头毫无反应。他就聪明地在旁边挖了个洞，找来一根木头插进洞中，把另一块小石头垫在底下，使劲往上撬，但大石头仍纹丝不动。显而易见，以他的力气是不足以搬动大石头的。

孩子告诉父亲他搬不动，父亲在一旁看得很清楚，但仍冷冷地说："你要尽全力。"

这一次，孩子用尽了全身的力气，小脸憋得通红，到后来将整个身体的重量都压在木头上了，却仍没有挪动石头。孩子大喘着气，颓然坐下。

父亲走到他身边，和蔼地问道："你确定你真的用尽全力了吗？"孩子说当然用尽了。

这时，父亲温柔地拉起孩子的小手说："不，儿子，你还没有用尽全力。我就在你旁边，可你没有向我求援。"

这个故事听起来很简单，但是在生活中，我们却常常是那个单纯的孩子。实际上，有的人面对困难的时候能够产生一种兴奋感和不畏惧的气质。这并非来源于自信，在当下这个高密度合作的时代，懂得在适当的时候寻求他人的帮助并不意味着依赖他人，也不是可耻的事。完美的互援与合作永远不能被忽视，当你懂得合作之后，你的自信也会增加。

我有一个朋友，专门负责对大客户的销售工作。每当她出马做一件事情的时候，你总感觉有 80% 的可能性会成功。很多人怀疑她有什么背景，但是无论大家怎么猜测，她清者自清，完全靠实力拿下大单。慢慢地，她的威信和影响力建立了起来。久而久之，大家都很佩服她。

那么，她的实力完全是靠自己来打造的吗？在我看来并不是，我分析了她"实力"的构成部分，这其中包含着与人交往和沟通的能力。

第一，赢得他人的信任。

她靠着真心做事的态度，能够堂堂正正地赢得别人的尊敬和好感。所谓"大客户"，什么样的示好他们没见过？但是我这位朋友的做法却与众不同。

有一次，她去客户的公司聊合作。当她聊到她所在公司的另外一件不相干的产品时，客户露出有一点儿感兴趣的表情。我的这位朋友说："我到时候送给您，您来看一下我们这套产品的实际效果。"客户笑着点了点头。

后来，她和客户聊合作，并没有再提这件事。客户也知道，人与人之间说的"到时候"，根本不知道"到哪个时候"。

开完会不到半小时，我的这位朋友又回到了客户的公司。原来，她开完会直接开车回公司，在办公室找到她谈到的产品，然后开着车就回来了。当她手里拿着那套漂亮的印刷品给客户展示的时候，这个客户说"从来没见到过这样的人"。

当时，她所展示的执行力和行动力，深深地打动了这位大客户。

第二，搜集零散信息。

很多时候，她能够最后靠产品和实力拿下订单。在大部分人看来，这是她所用的设计师厉害。但是，她的设计师从她这里离职后"泯然众人矣"。而她依然还能够做出令人信服的产品，因为她知道，自己闷着头做产品，即使做成千上万套方案也都未必能拿下订单，真正打动客户的方案，一定是能映照客户内心需求的产品。

有一次，她帮一个客户设计一款产品。当时，其他人依照常规判断，根据客户的产品特点和属性，准备做一款女性化的设计，只有她没有做常规的设计，而是以一个大气磅礴的设计作品征服了客户。这是因为她明白，所谓的大客户，并不是一个人做决定，大客户身边是有一个团队的。不能只投其所好，而是要了解大家的需求，大家想要提升的产品形态到底是什么样的。

她的成功也并非自己闭门造车，而是耐心、勤奋、诚恳地拜访了大客户身边的所有人，听了大家的想法之后，才得到的一个方向。

第三，高人指导方案。

她每次结束一个大项目后，并不会"人走茶凉"，比如有一位很有思想的前辈，她称之为"徐阿姨"。她与徐阿姨在一个项目合作中认识，此后她一直和徐阿姨保持着非常好的联系。她一直关心并定期探望徐阿姨，经常与徐阿姨聊聊生活和工作。

这种不带功利性的交往，完全出于她对徐阿姨的尊敬，可是不功利不等于不能带来现实的益处。在一次项目的比拼中，人生经验丰富的徐阿姨给了她重要的启发，让她有了超越一般人的见地和思想。

当她靠产品竞标成功之后，她还特意与徐阿姨分享了自己的成功，这更加激发了徐阿姨对她的关照之情。后来，徐阿姨至少给她介绍了两个重点合作的大客户。

所以，当我们能够意识到他人的力量时，就能够发现他人能在自己的生活中发挥神奇的力量。只有把别人真正放在心里，精进自己与他人交往的能力，才会在无形中放大你自己的能力。

把别人变成感恩的人

有读者问过我这样的问题：自己悉心经营与他人的关系，仗义疏财，也舍得为别人付出，可是，为什么总是遇到一些不知道感恩的人？这些人为什么没有把他放在心上，也没有时常联系他？他发现，他帮助过的大部分人都默默远去，消失在人海……

我懂他的心情，不过这个问题不好回答，讲一段我自己的经历吧。

大学期间，我在物质上帮助过几个生活条件艰苦的同学。大学毕业后，大家忙于生活而慢慢失去了联系。我能够理解的是：一方面，每个人都有自己新的生活课题，大家真的很忙；另一方面，这几个同学如此辛苦，好不容易一步步成为白领，过上了体面的生活，也许他们不想过多地与我联系，是因为有可能我的存在，提醒了他们有过一段比较艰苦的大学时光。

无论怎样，各奔前程而已。大家大概有四年的时间完全失去了联系。

后来，我的事业有了起色。慢慢地，我在同学当中，因为做事靠谱、待人不错，有了一定的口碑。

这几个同学一起联系了我。他们都很真诚，说必须聚在一起吃顿饭。

见面吃饭的时候，大家都很感慨。随后，他们又都不约而同地提到了我大学时期对他们的帮助，提到了自己当时的窘迫，提到了同学之间那种纯粹的帮助与交情。

经历的事情越多，一个人对事情的态度可能就会变得越温和。我不觉得老同学们对我说的话不真诚，我相信他们的感谢是在内心里一直都有的。

当然，以前他们把这种感谢放在心里，现在是什么让他们觉得有必要把这种感谢拿出来"晾晒"一下呢？

我心里越来越清楚的是，在这个世界上，当感激都可以成为人与人之间交往的一种方法时，你总要靠一些什么来让人想要接近你。

如果一个人够强，哪怕他并没有做出什么实际的事情去帮助别人，都有可能经常收到一封感谢信，感谢他精神上对自己的帮助，那么他的存在本身就是一种榜样的力量，这也是一种帮助。

所以说，当发现别人对你缺少感恩的心时，你要看一下自己当下是否在走上坡路。只要你咬紧牙关，坚持往上走，走到某一个点的时候，总能够与一些人重逢。

反之，如果自己发展得不是特别好，那么，你就会发现自己帮助过的人都慢慢地和你走远了。不是别人不知道感激，而是生活真的很现实，每个人都要在现实的社会中趋利避害。这并不庸俗，我们也不应该去强迫别人成为道德上的完人。

我们自身越努力、价值越大，别人就会越珍惜我们的付出。与其怪这个世界太冷漠，不如让我们更努力！

当然，对我们自己来说，遇到别人忘记了我们对他的好时，也没必要耿耿于怀，因为有时候我们感觉对别人的帮助很大，可在对方看来，它有可能很大，也有可能很小。

有个不算太熟悉的朋友的侄子来北京，这个小男孩找到了我。虽然我和这个朋友不太熟，但我还是尽可能地帮助他的侄子安排了生活上的一些事情。例如，帮他安排住处——让他暂住在我另一个朋友的房子里。

他找到工作之后马上就搬出去了。有一天，我到借房子给他住的朋友家做客，聊起这个小男孩，我们俩都再也没有收到过他的信息。他也许刚来北京，还不懂得能有人提供自己的房子给他借住，是帮了他一个不小的忙。

开始的时候，我们觉得这个孩子有了新工作和新住所，报个平安给我们是周到的做法，但后来，我们也就释然了。也许只有帮助过他的人知道，在北京这样的大城市，能够给一个刚来这里的人安排一个非常好的住宿环境，是帮了他多大的忙，可对小男孩来说，这并没有那么重要。因为他没有经历过找不到房子的苦，所以他也没有多珍惜。况且，即便我不来安排，他多花些钱住宾馆，也不会无容身之处。他未必一定要对我们有多感激。

这是正常的，有可能是我们把自己做的一些事放大了。这样反而容易误会别人。无论怎么样，我们对一个人的好，是出于自己当时的意愿。自己愿意去帮助他，很自然地做出来之后，要学会忘记。

忘记不是为了利他，而是为了利己。当我们对一个人有所期待时，情绪就会被对方绑架。而当对方没有给出你所期待的回报的时候，你的内心就容易产生一些后悔的情绪。后悔自己当初帮他，后悔自己当时不明白对方的为人。这些后悔的心情，对自己的伤害是最大的，它会消磨掉一个人的自信，以及一个人做决定时的坚定。

老实是一种聚合力

有一次，一个人想问我问题，绕来绕去，我听出来他的意思是想问：如何才能用不正当竞争的手段获得一个机会？

我当众没有给他台阶下，而是直接告诉他："看来你对厚黑学领会得很深，那你就保留自己的观点吧，实在没必要在这样的场合分享出来。"

我分享了很多人际交往的观点，但是都有一个核心的原则：我们与所有人之间要建立的联系，都是要放大和展示自己的亮点，来建立真实的连接，而不是把原有的自己抹杀，靠虚假和欺骗的手段赚取信任。

我在《高情商聊天术》里提到过一个很重要的聊天方法，叫作建立自然连接，并且举了很多例子，就是讲在聊天中怎样建立自然连接的。比如，即便我们在存在着"强烈功利心"的情况下要联系别人，也要给对方一个理由。

老陈需要联系老张，帮自己的一个朋友打听能否进老张的公司工作。老张自己开了一家公司，经营得风生水起，所以老陈一打电话，老张就很直接地问道："什么事，你就放心直说吧！"

老陈听完就直说了，说完之后，老张答应老陈可以安排。但是，他的安排是把公司人力资源负责人的联系方式给老陈，让老陈自己联系。后来，老陈的这个朋友是按照正常的公司制度去面试的。结果没有通过面试，此事不了了之。老陈再打电话给老张的时候，老张就巧妙地把这件事情推开了。

老张在电话中提醒老陈"有事直说"，这种态度的出现，可能是因为老张经常接到别人"求办事"的电话所形成的条件反射。不过，有一点是毋庸置疑的：老张因为自己的生意做得好，所以他对自己的"能量"是敏感的，他知道别人来找自己可能存在目的性。

老陈的失误是真的"直说"了，他最应该做的，是先打消老张的防备心。怎么说才能和老张建立自然连接，让老张不那么敏感呢？

老陈可以说："没什么事，就是昨天看到我们前年一起去旅游的老照片了，觉得那会儿的我们真是精力充沛。所以，你看下周什么时候有时间，我们一起去故地重游？"

对于这样的电话，老张是没有什么抵触心理的，因为老陈把突然打电话的行为合理化了。老张在内心会这么解释：对方不是利用我，而是因为感情才来找我。

当与对方自然连接之后，老陈才有让老张满足自己需求的机会。

以上方式是站在对方的角度，让自己的聊天加入一定的弹性，从而不会直接引起对方的反感，本质并不是给对方"下套"。

我再举一个例子，有人和我聊天的时候说："张老师，您的书写得太好了。"我会感受到其中的善意，也会礼貌地回应。可是，如果他是用我所倡导的"建立自然连接"的聊天方式，他可能会说："张老师，我昨天去图书城看到您的书了，摆放的位置很好，当时就有好几个人站在那里看您的书。"我可能就不会只说声"谢谢"，而是与对方展开更多的话题了。

总之，再多的技巧，本质还是要诚恳、老实地与别人交流。没有老实，寸步难行。我们分享的是，老实人如何灵活地做事和表达自己的老实，以此来与别人建立联系，而不是去表达你内心本来没有的东西。

如果现实世界正在飞速变化，我们与他人的交往模式就必然要发生一些转变。比如，以前一个老实人在一个单位一待就是一辈子。慢慢地，周围的人都能够了解、信任与支持他。现在，三五年也许就会颠覆一个行业，人们没有足够的耐心和时间来了解一个人，所以老实人必然要增加一些灵活性。当然，本质的确不应该改变。

20 年前，人们认为跑业务的人都是油腔滑调、能言善辩的人。但我参加了一个销售行业的活动之后惊讶地发现，前 10 名的销售员中有 3 个人都有不同程度的口吃，而这似乎并没有妨碍他们事业的发展。当时我就明白了，轻微的口吃让一个老实人显得更加实在、可靠，不会巧舌如簧的人往往更能给人带来安全感。

公司发展也是如此。公司找了一家供应商，这家供应商的特点是产品的价格昂贵，即使一把普通办公椅的价格也比其他供应商提出的高出许多。负责人找供应商谈了好几次，对方的态度总是非常温和、诚恳，但是在价格上没有做出大的让步，他们固执、诚恳地坚持自己的产品"一分价钱一分货"。负责人感觉他们"轴"，不懂变通，但还是接受了他们的价格，与他们合作了。

后来，公司又有需要，有新的供应商表示想要与其合作。新的供应商提供的椅子与老供应商提供的椅子从外表看没什么区别，但是价格很便宜。他们也特别会"做人"，还常常拎着好茶送给相关的负责人。

过了不到半年，新找的这家供应商提供的椅子总是出问题，员工总是需要修椅子。这种事情的频繁发生，干扰了员工的正常工作。

相关人员这才发现，从老供应商那里购买的椅子，至今都没有坏过一把，而想到新的供应商还送来茶叶等礼物，公司的人越发感觉他们在用质量不好的产品骗自己。

这时，经历了事实验证后，公司对老供应商建立起了"再信任"，比最早的合作要坚固许多。

后期有很多合作，公司开始主动联系他们，并且价格上不再与他们多次谈判，也不会有太大的争论。

有人问老供应商，你们怎么会那么"精明"？对方回答：我们是老实人，不会像别人那么"精明"地做生意。

从这个案例中，我们能够重新理解"老实"这个词。老实人其实"不老实"，只是他们更懂得规划自己，并坚持自己的原则。

一个人越老实，内心越有力量，做事就会越踏实。

反之，聪明人是不喜欢按部就班地用老方法去做事情的。

给大家讲个案例。我刚工作的时候，一直不明白我的一位领导老魏为什么特别反感一个叫小李的同事，因为小李的性格特别外向，也特别愿意与人分享他的工作经验。怎么看，他都是一个八面玲珑的人。

小李对老魏就更不用说了，嘴很甜。他也很愿意表达对领导的仰慕，即使再多的人听这些话都觉得假，小李本人也说这是他的真心话，他不怕别人的评论。

后来一个偶然的机会，我才知道老魏讨厌小李的原因。原来，小李给老魏的一直是好听的话，而给另一位领导的可是实实在在的厚礼。

天下没有不透风的墙，老魏知道这件事后，小李越是嘴巴抹蜜，老魏听起来就越是觉得讽刺。

有意思的是，老魏并不喜欢那些送礼之类的风气。大部分同事从来都没有给他送过什么礼物，他不稀罕什么礼物，也没有对这些同事有什么意见。

但是，老魏偏偏对小李产生了很不好的抵触心理。

道理其实很简单，如果小李从来不送礼，那么大家就接受了他是这样一个善于口头表达，却不擅长以实物言谢的人。

可是，小李给另一个领导送了礼物，这就证明小李很懂这一套。那么，很懂这一套的人，却如此厚此薄彼，才会令人不舒服。

所以，有时候做老实人才是不累的。送礼这样的事情，最好不要轻易用，因为你一旦用了，以后你就会上瘾。而别人看到你上瘾了，他也就会上瘾了。

老实人不必学这样的一些小聪明，与其让自己看起来又老实又不老实，不如学一种"大智若愚"的情怀。著名建筑师米斯·凡德洛说过一句话："Less is more."意思是"少即是多"。

这是一种提倡简单、反对过度装饰的设计理念，生活中也同样适用。简单的东西往往带给人们的是更多、更好的感受，用心老老实实地把一件事做好有时候就是一种竞争力。例如，我一个做艺人的朋友有一个助理，是个憨厚的小姑娘，说不出哪里好，就是谁也替代不了。清晨，助理陪朋友去电视台，还会根据情况，给一起参加电视节目的某些人准备一份早餐，恰到好处，很自然地表达一份关心和善意。诸如此类，总是给朋友一些惊喜。也就是说，做一个助理，就要做不可被迅速替换的助理。

网传这样一小段视频，是某个电视节目播放过的一个画面：一望无际的非洲拉马河畔，一只非洲豹向一群羚羊奔去，羚羊拼命地四散奔逃。非洲豹的眼睛盯着一只未成年的羚羊，穷追不舍。追逐的过程中，非洲豹对离它很近的、站在旁边惊恐观望的羚羊视而不见。

耐人寻味的地方就在这里，挨着非洲豹的羚羊并没有让它分心，它一次次放过这些羚羊，还是一直追逐着原来的那只。终于，它追到了。

这个故事给我们传达的道理是"只追一只羊"，那些挨得很近的羊，不过是扰乱非洲豹的一种诱惑。如果非洲豹真的放弃先前的那只羚羊而改追它们，结果未必追得上，因为它已经跑累了，而其他的羚羊并没有跑累。

如果非洲豹随意改变自己的目标，其他羚羊一旦起跑，转瞬之间就会把疲惫不堪的非洲豹甩到身后，非洲豹最终将一无所获。

老实人的成功有时候就是因为他不会高估自己的能力，而是踏踏实实地盯紧自己的目标。

老实人憨厚地笑笑，别人就愿意为他做的事，有的精明人要费很多力气才能做到!

做人如清泉，做事如深海

"做人浅如清泉"指的是我们在和人沟通与交流的时候，不要过度"隐藏自己"。

在读日本稻盛和夫先生的《活法》时，我看到了"率直之心"：

> 所谓"率直之心"，并不是别人要你向右转你就向右转，并不是盲目顺从，而是抱着谦虚的态度，如实承认自己的弱点和不足，然后不惜一切努力奋斗。具备一对虚心聆听他人意见的大耳朵，具备一双真诚审视自己的大眼睛，耳聪目明，充分发挥耳朵、眼睛的作用。

稻盛和夫先生在这本书中讲到了他的一段经历：

> 谈到"率直之心"，让我想起我当研究员时的事情。每

当我专心致志地做实验，实验出现了预期的结果时，我会情不自禁，高兴得跳起来："啊，太棒了！"我用整个身体来表达这种喜悦。

然而，这时候，我的一位助手却总是用冷冷的目光注视我。

有一次，我又兴高采烈地跳起来，并对这位助手说："你也该高兴啊！"不料，这位助手却无动于衷，一副兴味索然的模样，不屑地抛出一句："你还真是一个轻浮的人。"他接着说，"为了这点儿芝麻绿豆的小事，'太棒了，太好了'，开心得眉飞色舞。值得男子汉高兴得跳起来的事情，一辈子有一两次就不错了，而你动不动就高兴得手舞足蹈，未免太轻率，会被人瞧不起的。"

他这一席话犹如一盆冷水，让我从头到脚感觉一阵冰凉。

我稍稍稳定了一下自己的情绪，这样反驳他："你的说法或许有道理，但我认为，研究出了成果，哪怕是微不足道的成果，也应该把自己的喜悦之情、感恩之心直率地表达出来，可以成为一种动力，激励我们继续这种枯燥的研究和单调的工作。"

我的说辞中虽然带有几分苦涩，但却简单明了地表述了我的人生哲学和信条。那就是，不管什么小事，只要开心，只要感激，就要率直地表达出来，不绕圈子，不装深沉。这种心态的积极性，我不假思索就对这位助手说了出来。

对于稻盛和夫先生这样的企业家与哲学家，在他阅尽人间百态之后，还认为"率直之心"如此重要。我们从中能够看出，一个人的身上，真实是多么重要的力量。它既是铠甲，又是武器。

一个如清泉的人会给人一种放心的感觉，你平时完全可以把正直、积极、灵活的一面展示出来，让对方感受到你的踏实和靠谱。

我常常听到很多年轻人问我："领导……我到底该怎么办？"

问的人多了，我便总结出了自己的经验，那就是：社会是在变的，领导是在变的；即便是一个领导，他的心情也是在变的。

如果你去问一个变化的事物，不如去问自己的心，你坚持的原则是什么。你要有自己的原则，你的原则会让周围的一切因你而变，而不是将自己的希望寄托在有可能变来变去的事物上，迷失自我。这些原则包括：

第一要保证的是自己具备正直的品德。

我的一个朋友，他所在的公司面试过一个高端人才。坦白地讲，这个人的业务水平很高，脑袋也非常灵活。

面试官不禁疑惑，这么有才能的人，为什么还没有被猎头挖走呢？于是，他就询问了一下对方的情况，知道对方有过一段做管理人员的经历。朋友就想了解一下他的这段经历，以便考虑将来如何让他带团队。

此人一张嘴说话，就是怀才不遇之感："团队里的每个人都有小算盘，甚至不能统一语言，完全就没法带这批人。"后来，朋友又问了几件具体的事情，对方认为全是别人的失误，才让他无法开展工作。

面试结束，此人出局。

第二保证的是自己足够积极。

老员工通常在公司是很宝贵的资源，就算他没有出众的业绩，但因为熟悉企业文化和工作流程，也会比其他人更多一些机会。可是，有些人往往会因为自己的失误，断送了自己的好前程。

有的人到了一定年纪，有了一定的资历，就墨守成规。当公司实施新的制度，并且要考核的时候，领导让一名老员工带头学习。本是非常好的学习机会，不料他说："我上岁数了，就不带头了，还是让年轻人学吧，学会后给我传达一下就可以了。"

这种消极的态度是一种不成熟的、任性的表现，只能让机会离自己越来越远。不要随意、负面地传达自己的想法，毕竟很多时候这些只是我们不经意说出口的，可却给了别人不满的理由。人们对我们的信任需要累积和维护。

第三要保证的是我们本身的灵活性。也就是说，做事要深，要让别人知道我们是有能力解决问题的人。

一个公司招聘了一个学历很高的员工。本来，公司对他寄予厚望，但是发生了一件事情，令人对他大为失望。

领导告知他明天公司要接待重要的客户，他做的第一件事，居然是走了很远的路，自己找了一家酒店，订了包间。可是，这明明是公司前台一个电话就能解决的事情！

所以，他还没有学会真正的合作。

很多人的成长环境中，评价的标准都过于单一。例如："学习好，就一切都好。"或者"业绩好，一切都好"。这就忽视了人际交往中要求的高度合作性。有这样一句名言："一件事永远不要靠一个人花 100% 的力量，而要靠 100 个人花每个人 1% 的力量去完成。"

如果从小学到大学，你一直被单一价值观所引导，没有积极争取当班干部或者进入学生会，那你进入社会后，就应该多参加一些志同道合的人组织的沙龙，培养一定的合作性。

参加一些沙龙，人与人之间互相认识，就有了一定的合理性，人与人的交往在有理由的情况下将会更顺利地进行。

有理由是非常重要的，因为人与人的交往、互动，最好是在自然的情况下发生，这有助于在合理的情况下产生一种信任感。在社团中，多付出劳动，多帮助别人，才有可能让别人记住你。而且，你最好是给自己争取一个合理的角色，这样你又多了一个服务他人的理由。这样慢慢发展，你的人脉必定会越来越广。

除了社团之外，还可以给一些你认识的人写邮件。当一个业务要开展的时候，你突然发现可能需要你的某个同学帮助，但是这个老同学好久不联系了。你突然找他，恐怕他会因为警觉而产生心理上的反感。

那该如何聊第一句话，让对方觉得你找他帮忙是合理的呢？

你可以说："我正和一大批老同学聊天呢，想到了你，咱们有空见面聊聊吧。"

你还可以说："我正在家里整理老照片，看到了你的照片，想到了你。好久没见了，咱们找几个朋友一起聚聚吧。"

有了合适的理由，再找机会看看对方是否有需求。这样既不破坏关系，又能够表达自己的善意，从而增进彼此的感情。

做事要深，还意味着做事要有足够的层次，不能只停留在表面。小林和小冰是校友，主修的还是同样的专业。毕业后，她们进入同一家公司工作。

两个人的工作都是给一些媒体的老师寄发资料。这类工作很枯燥，但是她们的工作状态很好。

唯一不同的是，小林寄发资料的时候，总是夹上自己的名片。东西寄到了之后，她还会主动给对方打一个电话。她会恰如其分地做一个 30 秒钟的自我介绍，然后问对方还需要什么资料，她愿意主动提供。小冰不会做这些，她一直是按照常规工作安排寄发资料。

一个月后，小林寄发邮件，出现了一次失误；小冰没有出现任何失误。

一年后，小林积累了很多媒体资源，拥有了与很多媒体老师不错的关系，得到了一个晋升的机会。小冰成为优秀员工，得到了一笔不多的年终奖。

这件事情很真实地说明了人可以老实，却不能死板。当你拥有得天独厚为别人服务的机会时，你可以不要求对方回报，但是不要让对方叫不上你的名字，瞬间忘了你是谁。

绝口不提的三类人

我们要有一种自我意识：任何时刻，我们都要树立自我形象，以及扩大自己的影响力，哪怕只是闲聊。

年轻的时候，我做过实习记者。我和同事去参加一个活动，为了让大家感觉亲切、放松，我和我的同事与当时在场的人聊了很多。活动结束时，我的同事还和在场的人多聊了几句家常。在我听来，他只是为了"客气"而说了几句谦虚的话。

就当我们感觉氛围融洽，收拾东西要离开的时候，我清清楚楚地听到从人群里传来这样一句话："现在的大学生，根本没什么水平。"

当然，我们当时采访的目的是让人放松，不给他们压力，把采访完成好就可以了。但得到这样的评价，还是让我对当时的工作有了反思。那就是，做记者进行工作采访，或者是平时与他人聊天，当我们想要和别人拉近距离的时候，是不是一定要做到让对方感觉不出差距？甚至发展到，对方本来是高看你的，但是因为你聊得太没有边界了，反而对你产生了一些轻慢，觉得你也不过如此呢？

我慢慢体会到"亲而难犯，威而不怒"的含义，思考做事、说话的尺度到底在哪里。

后来，随着社会经验的积累和时间的推移，我慢慢知道什么时候一定是说多错多：有的话，是不能接的；有的回应，是不必给的；有的姿态，是不能丢的。

除了我们没必要为了和别人套近乎就自我贬低、说客套话之外，关于对自我形象的维护，有以下三种人我们是要绝口不提的。

第一类是比你发展得好的同事。

同事之间自然存在着一定的比较。同样的竞争环境，如果同事做得好，必然有一定原因，但是如果公开评论比你发展得好的人，哪怕只是微词，也会令人感觉你不但能力差，而且缺乏度量。

纵使对方有道德问题，只要他发展得比你好，你也不要不承认他的努力和运气，而发出无力和无用的评价。一个冷静的职场人，在工作中面对复杂情况的时候要明白：要么果断干脆，即便在你的同事抢功的时候，也要精准无误地出奇制胜；要么坚忍、沉默，向你的竞争对手学习。

小李工作勤奋，他花了一个星期的时间熬夜加班做方案。他的搭档小王要求看一下小李的方案，并表示一定不会抄袭。

小李是怎么做的呢？

他大大方方地给小王看了方案。

到了公司领导要求两人呈现方案的时候，小王要抢先讲。小李发现小王有很多地方"借鉴"了自己的内容。

可是，小李并没有慌。因为当领导觉得小王的文案中一个调查数据非常有意思的时候，问小王这个数据来源，小王支支吾吾说不清楚。

轮到小李呈现他的方案时，他镇定自若地讲起自己做方案的思路，尤其是有力地补充了他使用的调查数据的来源，并且讲清楚了这个方案里很多关键的环节。

在这个案例中，小李并没有停留在道德层面去批评和指责小王的行为，而是防患于未然——在自己独家的内容中"埋下了关键一笔"，这一笔是只有自己才能解释清楚的创造性劳动。

试想，如果他不是冷静、客观地处理了这件事，而是等小王抢了他的功劳，他再去指责小王，领导非但难以分辨真伪，还会觉得小李在横生枝节，难免心生不快，也许还会批评小李"不懂得工作中要注意保密"。

那么，我们到底该如何看待那些发展得比自己好的同事呢？

我们先得承认，对方和你在同样的起跑线上，同样的资源优势下，如果对方就是能吸聚资源，发展得比你快、比你稳，那么他一定有自己成功的道理。我们评价别人的人品、道德，都是很模糊的概念。

你要做的就是观察，观察对方用的方法是什么，进行记录和整理。

如果你用心看了足够多的信息，并进行了整理，你就能明白，当面对同样的事情时，可以有多少种不同的做法，而不同的做法带来的后果是什么。

你当然可以拥有选择的自由，也可以按照自己的心意来做事情，但前提是，你已经明了所有的做法和与之对应的利弊。

第二类是不在场的人。

一个部门的同事要一起开会，有一个人还没来。就在大家等待的时候，有人开始发牢骚："他怎么还不来？是觉得自己的时间比我们的珍贵吗？"

这看似是在取悦现场的人，以及讨好领导，但是这样的抱怨，绝对暴露了说话人的搬弄是非和不厚道。

如果此时有人说："不知道他是什么原因没来，要不，我们先开会吧。开会的内容，我可以单独去传达一下。"

这个人就会因为内心的厚道被大家认同。这样，任何人迟到的时候，都会想起谁厚道，谁会说人是非。

第三类是竞争对手。

在实际的商业竞争中，我们都知道有一条不成文的规则，那就是不说竞争对手的坏话。那么，实际上怎么操作呢？是不是一提到竞争对手，我们就退避三舍？

其实并不需要如此，当对方提到你的竞争对手时，你既没必要假意地承认对手，也没必要批判对手，你可以试着这样说："对方也还可以，我们公司的优势是……"

甚至可以说："他们的东西还可以，但是我们的优势是……我认为其他家没法比，所以我在这家公司工作 10 年了……"

就这样，从一笔带过到层层推进，自然而然地提到自己，让自己和公司的信用互相加强，从而实现自己的目标。

争与不争的分界线

多年前，我替朋友去参加一个项目的谈判。当时，我面对的是一位女士。她谈判的时候，思路之清晰，逻辑之缜密，令我们很佩服。

后来，我选择的角度就是以共赢的一个方案打动对方，来促进合作。

谈判基本结束了，合作也谈成了，令人意想不到的事情发生了：这位女士要把自己谈判来的一部分利益割让出来，让双方利益均享。

当时，我们所有人都很惊讶，她在细节上的毫不让步令我们怎么也想不到，最后她会有如此的举动。

那一次，我从这位女士身上学到了很宝贵的一课，那就是商业合作中，争与不争是门艺术。

用通俗的话来说，你争来的是你的身价，反哺是你的气度。

身价是重要的，当你投入金钱之后，你会对自己购买的产品多了一份尊重和耐心。比如：花自己的钱买来的书，我们会认认真真地看；赠品得来的书，我们却经常看都不看就丢掉。带着"免费"的心情去看书，总觉得书里讲的道理很一般。

商业社会认可这样一点：不怕你足够贵，只要你足够值。

看看超市，如果只要价格高，便没有人买，就不会出现那么多层次的商品了。恰巧相反，那些被定了高价的名牌商品，不仅更能得到使用者的精心呵护，最终还提升了商品本身的品牌效应。

曾经有过这样的试验，就是让人们试穿不同品牌的运动鞋。试验的结果是：跟那些价格较低的运动鞋相比，穿高价位的运动鞋让人觉得更舒服。

除了争取身价，还要懂得争格局。

在与人打交道、与人合作、与人谈判的过程中，要审时度势，把利益和我们的付出妥善地安排好。

我有一个同学，当年，他在他所在的公司属于业务骨干，能力出众。

有一次，他向我抱怨公司某个制度的不合理。我支持他全面思考和梳理这个问题，然后在合适的机会，大大方方地从他实际工作的角度把问题反馈出来。

果然有一次，大领导组织开会，他站起来提出了他思考的问题。

在他陈述观点的时候，其他部门的负责人老余提出了反对意见。当然，这位反对者语言苍白无力，自然不是对手，因为我同学已经深思熟虑，早有应对的良策。

当天，我同学从公司大局、制度改良、可操作性等角度提出了制度的问题。而且，他还结合了麦肯锡的商业理论，反驳了老余的意见。当天就引起了很大的反响。

从那一次开始，他的领导觉得他虽然年轻，但是有担当、有思想，当堪大用。

当时，正好我得到了一瓶珍贵的红酒，我把它送给了我的这位同学。我说："你不是说老余喜欢品红酒吗？这瓶酒你可以送给老余。"

他当时非常不理解，大声说："没关系，即使在一个公司，我也不怕老余。他虽然资历老，但是，他根本就管不了我。"

我只对他说了一句话："老同学，你除了要让人怕，还要让人敬呀！"

听完我的这句话，他愣在了原地。

后来，他还是把酒送给了老余。

这就是争与不争的艺术。现在，我这位老同学已经是一名很成熟的管理人才，也很有人格魅力。我想我当年谈判时从那位女士身上学到的知识，他早已能运用自如了。

我在实际工作和商业合作中，发现我们大部分人都懂得进取的重要性，却往往忽视了"退"的艺术。一位在投资界非常知名的天使投资人，在一次私下的场合曾经点评自己，说到很多项目大家看起来都以为是赚钱的，但是没掌握好何时"退"，便会失之毫厘，谬以千里。

有时候，当我们不争，退出去，看一下全局，就会发现自己到底在系统和事件的推进中起到了什么样的作用。

比如，你的同事借鉴了你的创意，取得了领导们都非常欣赏的工作成果。此时，什么是真正的争？真正的争是反思自己是否存在眼高手低的问题，要在工作中提高自己的行动力，并且留意在日常交流中对某些话题进行适当的保留和保密，而不是不依不饶地找领导要说法。这样做的结果并非只针对同事，而是把领导也推到了一个进退维谷的位置。这样的争对错、争说法，会影响你未来的人生。稻盛和夫先生有这样一句话："过去判断积累的结果就是我们现在的人生，今天如何选择，将决定我们今后的人生。"

所以，争大局，不争小利；争未来，不争一时。这可以是我们在面临选择时，给自己的一个重要提醒。

对刚就业的年轻人来说，到底该争什么？比如，差旅费和工资，你该争哪一样？

我 20 多岁和大学同学聚在一起的时候，大家都在炫耀自己赚了多少钱，也就是公司给我们发了多少钱的底薪。那时候，我们误以为那个钱数就代表了资历与能力。

但是现在，经历了越来越多的事情，思考也越来越有深度，我终于懂得了，能赚多少钱不是衡量一个人价值的唯一尺码，也不是人际交往的筹码。例如，当我的某个同学年薪 500 万元的时候，实际上和我无关，他就如同某个明星人物一样。收入只是个数字，不会引起我过多的关注，只要前提条件是我无求于他。他的钱不但和我没有丝毫的关系，也撼动不了我和他之间的交往和平等的关系。

什么时候我才感受到他的气势呢？永远不是他银行卡里有多少钱，而是在他往外花钱的时候，我开始审视和关注他。因为他的企业给了他一笔巨款让他决策投资，花掉的那些钱就代表他的能力、心量、眼光、投资手段，甚至是社会贡献等。那时候，我们几个老同学开始以同学中有这号人物为骄傲。

讲这个道理，是想分享，在你衣食无忧的情况下，如果有一天，领导要给你涨工资，你要看领导究竟有多信任你。请不要看他肯给你涨多少钱，而是要看他愿意给你涨多少差旅费，让你走出办公室这片狭小的天地，去交际，去见识，去创造价值，去拓宽个人的领域和空间。

"为之而不能，能之而不为。"想要快速发展，就要舍得放下能够轻松掌握的工作，勇于突破！当你的差旅费大于你的工资时，意味着什么？那意味着，你不但此刻对公司有价值，你的未来也被公司看好，你是一个注定要成大器、发挥巨大作用的员工。

公司给你空间，给你平台，这才是真的"挺"你，而不是多发个红包那样简单。

让你的钱为你赋能

有两个人同时看见一辆名车停在了五星级酒店门口。其中一个人看了以后，撇撇嘴说："开这种车的人，肚子里肯定没有什么墨水。"

另一个人想了想，看着他说："开这辆车的人是否胸无点墨我不知道，但是我发现凡是说这种话的人，口袋里通常都没有什么钱。"

奥美创始人大卫·奥格威在他的《一个广告人的自白》一书中，写到自己早年做厨师的一段经历：

我们厨师的工资低得可怜，但皮塔先生却从供货人那里得到了很多佣金，供他在豪华别墅过日子。他从不向我们隐瞒他有钱，他坐出租车上班，手拿一根包金头的手杖，下班后衣着考究，简直就像一位国际银行巨头。这种炫耀特权的做法，激励我们要步他后尘的雄心。

《一个广告人的自白》是广告业的人都会关注的书，而我们从这段材料中，还能看到什么呢？

一个有事业心的年轻人（大卫·奥格威），他看着他的老板过着与自己完全不同的生活，他没有敌意，而是觉得自己一定要"步他的后尘"。

如果他对他的老板稍有敌意，他就不会有下面这段文字：

> 皮塔先生的领导艺术诸因素中，给我印象最深的也许要数他的勤劳。一个星期63个小时俯身于火红的烤炉前搞得我疲惫不堪，工休的那天，我必须躺在草坪上久久地望着天空休息。可是，皮塔先生一个星期要工作77个小时，两个星期才休息一天。

因为大卫·奥格威"不仇富"，所以他观察到他的老板在人前尊贵的一面，是靠在人后不停地努力才拼来的。

总有人一提到"有钱人"的时候，就可以滔滔不绝地抨击："有钱人没一个好东西！马无夜草不肥！"或者提到对社会的认识时，也有人会对社会上一些阴暗的东西如数家珍。

当一个人只关注这些的时候，他几乎等于蒙上了自己的眼睛，有了一颗只会抱怨和愤怒的心。

那些黑暗的，他全信了。

那些积极的，他视而不见。

"地里不长庄稼就长草。"这句话出自一个故事。故事讲的是，一位老父亲问孩子，这一片荒芜的地方如何除草。孩子想了很多除草的方法，这些方法无疑都是很有效的，但是不能解决的问题是：第一年，所有的草除干净了；第二年，"春风吹又生"，草又长了出来。

除草的问题就交给了父亲，父亲解决的方法是在地里种上庄稼。土地上年复一年地种上了庄稼，再也没有荒芜过。

这位父亲要告诉孩子的是，心田也是如此：如果不吸收正面的东西，负面的东西就会时不时地跑出来。只有多接触有益的内容，才能让自己的心总在一个健康的正循环里。

我曾遇到过一个年轻人，他对所有一夜暴富的富人如何不正当赚钱的资料都很感兴趣。当提到富人是如何消费和生活的时候，他的戾气和怒气就一起跑了出来。

于是，我引导他："这个社会的确有一些不好的事情，所有的有钱人中，你最佩服谁？"

他很久没有吭声，原来，他从来没有关注过健康的创业故事。

就连太阳上都有黑子，一个人的眼睛如果总盯着黑子，就会忘记世上还有太阳。

综上所述，我们要正视金钱的作用，要懂得尊重金钱。

在商业合作中，尊重钱是正确使用钱的前提。钱用好了，它就是你上升过程中的好助力。如果不用钱，钱就成了库存，赚钱就成了一件非常痛苦和无聊的事情，因为你会把它仅仅界定为生存的手段。

合理的花费是为了更好地盘活资金，让钱真正地发挥威力。

大家熟知的李敖，很少表扬女性，但是他高度评价过一位女性陈文茜，说她是最聪明的女人。富贵一辈子的陈文茜在接受鲁豫采访的时候曾经这么说过："自己很早就明白，花了钱，才会有很多的朋友找自己。"她在和朋友交往的过程中，从来没有因为钱而出现过问题。

陈文茜还有自己的生活原则：收入要比支出高，但不能高太多；坚决不投资房产；不买奢侈品。

与此对比，陈文茜还爆料她去某个富商家里的发现：富商的书桌简直破烂不堪，甚至卧室一度让她以为是用人的房间。在这一方面，她又认为不能过分省钱，有钱人不好好花钱就是坏榜样。

钱，会花才能证明你真正拥有它。你要懂得对比与衡量付出和得到的价值，哪个多，哪个少。当值得的时候，就一定要花，至少不要总是在和朋友吃饭的时候到处找钱包。

钱一定要用，人有一双翅膀才能驾驭金钱，才能飞翔：

第一就是敢于花掉它，花掉它才能拥有它；

第二要能控制金钱，花费有度才不会被金钱控制。

花钱和节约并不矛盾，会花钱的人既不会让人觉得他铺张浪费，也不会让人觉得他吝啬小气。

听起来让人觉得匪夷所思，实际上却并不矛盾。

讲一个我朋友的故事，大家就明白了。

朋友是个儒商，他非常喜欢旅游。只要他想去一个地方，他一定会订最好的酒店。只要环境舒适、景色优美，花再多的钱都没有关系。有时候，一晚上的花费足够普通工薪阶层半年的收入。但是，朋友钱花得非常坦然，也毫不心疼。

值得称道的是，朋友并不是一个"烧钱"而没有社会责任感的人，不说私下对贫穷山区捐款的数目让认识他的人自愧不如，就是平时他使用一件日用品的时候，也一定能够做到"物尽其用"。他热爱国画，但他从未浪费过颜料，任何东西都是彻底用完才换新的。这一点，又让我们觉得他是个有环保意识、不浪费的人。

看懂了这个事例，你会在对人性的把握的基础上，重塑自己的金钱观。进而保证你有钱的时候，花钱不被人妒忌，这展示了你的能力和品位；省钱不让人感觉抠门，这展示了你粗中有细的做事风格。

对于年轻人来说，用好钱可以做好以下这三个方面。无论月收入是 5000 元还是 5 万元，尽量保证以下三个方面的均衡。

第一个方面是保证你的健康。

因为很多年轻人仗着年轻体力好，熬夜加班、通宵上网，用健康换财富，这不符合可持续发展的方向。你应该用钱养护和武装你的身体，可以考虑在健身、营养等方面进行投资，来保证你的身体一直好用，保证自己有灵活的大脑和充足的体力。

也许你现在省吃俭用，觉得自己节约下来这些钱，与其他花费掉这些钱的人相比，没有什么区别，也觉得自己的身体还是很健康的，但是用不了 5 年，这个区别就会显示出来。10 年后产生的差异，花多少钱都追不回来。

钱花在哪里，一定会被看出来。

第二个方面是应该投资自己的头脑。

可以在读书和学习上持续投资，增加了你的自信和知识积累之后，你的职业生涯就会因此有质的飞跃。

同样也用不了 5 年，你和那些从未做过这个投资的人来对比，也会有很大的差距。而对于他们来说，再来追上你会变得很难，因为年轻时是记忆力等重要能力的巅峰时期，懂得投资自己的头脑，说明你利用好了这个重要的时期。

第三个方面是应该用来保证你的人脉，对社交追加一点儿投资。

财散则人聚，财聚则人散。人与人之间（家人之间、朋友之间、同事之间、上级与下级之间），交际难免需要花费。

不花费金钱就想搞好关系是不可能的。朋友少约会可以减少花费，对领导多说好话就期待换来信任，然而自己省吃俭用，感觉幸福吗？和朋友的感情深厚吗？领导真的能听进你的那些好话，觉得你是真心的吗？

该和朋友吃饭、娱乐、旅游的时候，就去参加，不要做守财奴。当你花钱得到了很多体验和阅历的时候，有一天，你花这些钱所积攒的经验会让别人看到你的价值。永远不要等有钱了才去好好对待别人，而是好好对待了别人，才能越来越有财运。不懂得这个顺序，就得不到回报更高的机会。

在支付方式单一的时代，我常常是发起聚餐活动的人：有朋友送我一瓶好酒，我找三五个好友，一起聚聚；有朋自远方来，我组织大家一起聚聚；还有一些业内的交流活动，我也常常是发起者。有人问：这样会不会陷入无目的的交际怪圈里？

对我来说，并不会。因为我在选择人的时候，不是以对方是否有钱、当下是否对我有利来衡量的，我是以情感的浓度、看问题的深度、个人的独特性来组织活动。当然，当时来的人是我选择的，我也是被选择的。当大家觉得聚在一起是有价值的，而不只是抱怨和发牢骚时，大家才会有聚在一起的积极性。

每场活动组织完，我都会很有收获，了解到社会上不同角色的人看待事情的不同。久而久之，我的社会知识的交叉性就得到了很大的提高，这对我的工作有非常大的帮助。

在我刚工作的头 5 年里，我是没有攒钱的计划和打算的，但是即便是这样，我也做不到每次聚会都是自己来请客吃饭。那样的话，既考验自己的经济承受能力，又容易把好朋友变成"酒肉朋友"。

可是，既然是组织者，当时我的收入也算不错，那么，怎样在付钱的时候显得更加有担当和大大方方呢？我的方法是付零头，也就是在每个人都付钱的情况下，肯定是有一些零头的，这部分的钱也许并不多，但是每次都是我来付。所有付钱的人，既不会觉得你是在逞能，又会感受到你的诚心。

那么，在支付环境发生了改变的当下，我们和人交往的时候，如何利用钱来为自己赋能呢？尤其是当人们认可了知识付费之后，你想交往一些有知识、有层次的人就更容易了，互联网的发展让现在的交往变得更加容易。

可是，这里面花的心思却应该和我当年的一样多，你才能真正得到别人的欣赏。比如，有的人常常开通某些打赏的功能。你每次都和大家一样，只给 5 元的打赏，这就是停留在普通人的阶段。

要敢于"冒出来"，比如连续 10 天，每天打赏 100 元，你绝对可以和你想学习的人取得联系。同时，取得联系之后，也不要把对方当作你的"谋臣"，什么个人化的问题都抛给对方，想用一个红包来粗暴地解决。你还是要把对方当作学习者，在公众平台与对方保持一定的互动。当有了一些有建设性和启发性的意见需要与人交流时，再私下与对方进行一定的交流，你就能利用这甚至不到一次大餐的钱，收获一个亦师亦友的好资源。

情感的力量无人能敌

我常常发现有一些人对"成功人士"存在误解，把成功的人看得太超脱了。

其实，一些成功的人，即便看起来非常理性，你也不要认为和他们的接触就只是陈述利弊而已。要知道，理性不等于没有感情。而且，高度理性本身就包含着感性，包含着对自己的接纳、对别人的体察。

给大家讲一个故事：星期天，一个穿着破烂牛仔裤和黑条 T 恤的年轻人，对礼拜很好奇，就赤脚走进了一座漂亮的教堂。

他并没有注意到周围的人都穿得很正式：男士身着西装，女士身穿套裙。他不知道该坐在哪里，就径直走到前面，盘腿坐在台前的地板上。这时，一个很体面的招待员走了过去。所有人都提着一口气，大家不知道接下来会发生多么尴尬的一幕，是要把这个年轻人赶出去，还是会当场起冲突？

出乎大家意料的是，这个绅士招待员走到年轻人身旁，脱掉鞋子，盘腿坐在了他身边。

在场的人都被这样的举动感动得泪流满面。这个招待员是懂得情感的人，他懂这个年轻人，也懂所有人的心意。他对一个陌生人的接纳，让所有人都感觉安心，他靠自己给整个环境营造了一种正直、温暖的氛围。

很多人在阅读这个故事时都感受到温暖和感动，人的情感是具有共性的，谁没有过无所适从的时刻？

我接触过一位非常知名的喜剧创作家，他从喜剧创作的角度来研究人类的笑行为到底是如何发生的，以及笑的行为机制到底是什么。

他有一个有趣的分享。在喜剧的表达和表现中，他做过一些尝试，发现当一个作品的结局是不太光明磊落的人最后占了上风，哪怕他设计的场面笑料十足且抖包袱非常高明，人们看完作品，走出大门的时候，脸上的笑还是有点儿"拧巴"。他和其中一些人沟通，大家说，看完作品后，不知道为什么，心里总是觉得有些不对劲儿和不舒服。

所以，我们要坚信的是，人心终归还是向善、向暖的。我们在和别人的交往过程中，无时无刻不需要管理自己的行为，要以真和善来打动别人，而不是以讲一些黄色笑话和爆粗口来暂时吸引别人的注意力。

在吸引别人注意力这个现象上，我常常感到大家过于着急。有很多人问我："第一面怎么做能给别人留下深刻的印象？"这当然是个好问题，但是这个问题之外，我们还要注意的是，哪怕留不下印象，也要有得体、适当的举动。

第一印象固然重要，但是坏的第一印象不如没有印象。拿销售这个工作来给大家举个例子，快速消费品属于冲动购买产品，像洗发水、牙膏、巧克力等。人们买这类产品的时候，通常不会进行深思熟虑。如果一个销售员的销售行为足够热心、热情，很有可能制造出一种很好的氛围，即便客户是第一次接触你，也有可能毫不犹豫地买下你所推荐的产品。但是，如果你所销售的是一件大宗商品，例如一辆汽车、一套房子，恐怕人们就不会轻易做决定了，会进入一个理性分析的阶段，而且也会长时间地考察。

对于这部分商品来说，销售人员一定不要在一开始就给潜在客户太大的压力，以免引起对方心理上的排斥，也不要在第一次见面的时候就有一些浮夸的行为。

比如有的销售人员第一次见到顾客的时候，就快步上前，近距离推销。这立即就会给人很强的不舒服的感觉，虽然得到了顾客的注意力，但是别人也下定了决心"赶紧逃"。

正确的做法应该是，注意适当的距离，然后用脸部的微笑来释放善意。从销售的规律上来说，如果你要见这位客户，大概率上是三次以上才能成交的事情，就不要妄想一次成交。不按照规律行动，很有可能第一次就让客户关上了心灵的大门，并有可能永远对你关闭。

所以，大宗产品的销售人员，不能总把产品当作自己的孩子，拼命逼迫对方接受。要相信这个产品是客户的孩子，早晚要回到他的家中。产生这种自信、从容，你才会游刃有余地开展工作。

人与人的交往也是如此。世界上没那么多与自己一见如故的人，人与人的接触需要时间。如果第一次见面你就给了对方很强的心理压力，让他产生了心理上的排斥感，再见面也很难有亲切的感觉。

我有一个很厉害的朋友，她是履历"鲜亮"的职业女性。她和很多号称自己完全是"理性派"的职业女性接触，总是敢主动聊孩子。她并不是不懂得界限，而是她知道如何亲近别人。她完全知道什么时候开始聊，并能注意适可而止。

利用你的故事连接他人

故事不仅仅是人们生活中的消遣和点缀，在以色列学者尤瓦尔·赫拉利所写的《人类简史》这本书中，有一个有意思的视角：人类是通过故事连接在一起的。当然，这本书里的很多观点并不强迫每个人都认同，这是作者自己分析人类历史的一种方法，表达的是一种个人的历史观。

书中有这样一部分内容，讲的是：人类语言的特别之处，是发展了一种八卦的工具。社会合作是人类得以生存和繁衍的关键。对于个人来说，光是知道狮子和野牛的下落还不够。更重要的，是要知道自己的部落里谁讨厌谁，谁跟谁在交往，谁很诚实，谁又是骗子。就算只是几十个人，想随时知道他们之间不断变动的关系状况，所需要取得并储存的相关信息量就已经十分惊人了。

人可以表达关于从来没有看过、碰过、耳闻过的事物，而且讲得煞有介事。虚构让人类可以一起想象，编织出种种共同的故事。

共同的故事赋予人类前所未有的能力去集结大批人力、灵活合作，而其他物种的合作只能发生在少数熟悉的个体间。正因为如此，人类才一跃而居食物链的顶端。

在我们现实的交往中，八卦和故事几乎是人们生活中不可或缺的部分。

我们用生硬的语言创造人和人之间的连接，远不如用故事打动别人。如果你的故事足够好，你的话就会自动地走入对方的心里。怎样才能讲好故事呢？

第一，要明白讲故事的目的，是更生动地吸引他人，而不是欺骗和戏耍别人。

小张和小厉曾经是很好的合作伙伴。他们俩常常一起合作，谈下了很多不错的生意。

有一次，他们遇到了一个脾气非常暴躁的客户。这个客户不但脾气不好，而且还极有距离感。两人请他到高档餐厅就餐，试图与他走近一些。两个人介绍产品的时候，客户总是一副"在听又没在听"的无所谓状态。后来，小厉在上了一道很有名的招牌菜之后，开始拉家常，说起自己最想念农村老家的鱼。

客户听了之后，有了点儿兴趣。于是，小厉就利用这个契机与客户进行了沟通。小厉说了自己稍微有点儿苦难的人生经历：在农村出生，来到大城市如何让别人瞧不起，做业务是多么努力……说到动情处，小厉的眼里似乎有了点儿泪花。

小张是第一次知道小厉的背景，他想到这个天天穿名牌的人，从苦难出身到现在奋斗出来的确很不容易，还感慨每个人原来都有故事，当时很受触动。

客户更是被深深地触动了。这个性格古怪、捉摸不定的客户第一次被打动了。结账的时候，他坚持要自己掏钱。而且，客户还表明，会在第二天安排一个他的主管来对接这件事情。

小张第一次看到感情牌的厉害之处，不过他内心对小厉也多了几分同情。后来，在根据两个人的业务提成分配奖金的时候，小张也常常不动声色地多分给小厉一些。

几个月后，他们一起出差，小张突然发现小厉对农村的一些生活习惯有些陌生。因为两个人都比较熟悉了，小张就随口说了一句："你还说自己是农村出来的孩子呢，怎么对很多事都不太懂？"

小厉说："我是在城市长大的，不是在农村。"小张说："上次我们和客户吃饭的时候，你说到自己是农村孩子。"

小厉突然笑了，用小张想不到的语气，狠狠地说了一句："你是说和王总吃饭那次，是吧？我查了查他的背景，知道他是从农村出来到大城市打拼的，曾经还闹了不少笑话。所以，我就给自己编了个故事，果然，起作用了。我家的生活环境一直不错，在大院里算是数一数二的好条件了……"

听完，小张心里特别不是滋味。后来，小张再也没有和小厉合作过。

多年后，小张听到小厉的一些传闻，发现小厉过得并不是太好。很精明的一个人，就是做不成事，家庭生活也不太幸福。

会讲故事，能从生活中提炼故事，和编故事欺骗别人是不一样的。就像计划和算计虽然听起来差别不大，但是对于行走社会的人来说，却差之千里：懂计划的人，拿到了好处却不被人生厌，而太喜欢算计的人，终有一天会被别人算计。

第二，把自己的经历提炼成故事，真实自有千钧之力。

很多做销售业务的人请我推荐一本书，我都会推荐《当场就签单》。这本书是日本一位销售奇才加贺田晃写的，书中提供了大量人与人之间交流的对话技巧。其中有一个故事很曲折，也很有代表性。

销售人士加贺田晃在20多岁的时候，卖了一块荒地给一个家庭主妇。后来，这件事情被男主人知道了，就在办手续的时候，男主人要求加贺田晃立即归还存折。

当加贺田晃赶到这家的时候，他听到了男主人的咆哮，男主人骂他是骗子、贼。整个公寓都是男主人愤怒的吼声。至于女主人，已经被打得浑身是血。

加贺田晃对眼前怒火并未熄灭的男主人开了口："先生，哪怕你打我，我也必须说两句。我是我家六个孩子中的老大，我爸在我刚懂事的时候就死了，我妈也有心脏瓣膜病，每天都因为哮喘卧床不起。身为大哥，我每天早上上山砍木柴、下海捞蚬子，赚的那点儿钱好不容易才把我的那群弟弟、妹妹供到中学。可以说，我比谁都知道钱有多重要、多宝贵。"

他用高过男主人的激情来讲述儿时的经历，这时候，夫妇二人开始安安静静地听他说话。他接着说："所以，我才必须说，这块土地，是足以保障孩子将来的土地！因为昨天只有太太一个人在家，我才只卖了一个人 50 坪。今天您也在，请您也买一份，两个人加起来是 100 坪，请问土地写谁的名字？"

听完了加贺田晃的话，男主人缓缓地回答："……写我吧。"

不但避免了退单，还实现了当场就签单。

值得品味的是，加贺田晃对这个事件的回忆和分析。他分析了自己为什么能够做到这一点，而其他人却做不到，因为大部分人一看这样糟糕的局面，肯定放下存折就跑。

让他下定决心的是，他看到了那个被打的女人。他知道，如果他放下存折立即走掉，那么这个女人在家里将会毫无地位，一辈子抬不起头。于是,他下定决心——不走了,必须把局面翻转过来。

他本身的信念是坚定的,讲的故事也是正直和感人的,所以他才能实现最终的全胜。

第三,要真正锻炼自己的共情能力。

要想讲好一个故事,不但要有足够强的深入挖掘自己内心的能力,做到真诚,还要有足够多的体会他人和与他人共情的能力。

我在《高情商聊天术》里讲过一个例子。我和一位很有分量的企业家陈总见面,他的助理不俗。他知道我们对陈总好奇,所以在一次聚会时,他讲了一个故事,让我们对他和陈总都有了很好的印象。

大家喝酒、聊天的时候,这位助理这样说道:"我最尊敬的两个人:一个是我的父亲,一个就是陈总。陈总在我们企业没有资金,需要救命钱的时候,我看到即使在那么难的时刻,他也没有一句怨言,他整个人的豪情令我至今都很受震撼。我的父亲是个普通人,但是他在一个很容易出现工作失误的岗位上度过了半生的时光,一直到退休,他都没有出过一次差错。大家常说我工作很拼命,但是和我的父亲比起来,我觉得自己还是应该更努力。"

　　这段话既拉近了他与我们的距离，又提高了他的领导和他本人在我们心中的段位，尤其是在这样的一个氛围中，真是恰到好处的一个故事。

到底如何送礼物

人情往来，送礼是人之常情。

正因为送礼物在生活中很常见，每个人都难免会这样做，所以要把这件事做得出彩是非常难的。

一般情况下，礼重情重。这里说的"重"，不但是价格上的，而且是价值上的。正所谓"千里送鹅毛，礼轻情意重"，轻的鹅毛因为千里来送而加重了分量。价值上的重，会增加情感上的分量。

那么，我们怎么把一份礼物选好、送好呢？

第一，送礼送金不如送心，最好是能送给别人他需要的东西。

业务员小张接到客户的电话，原来客户临时要去趟泰国，需要用一下小张的车。因为两人比较熟络，小张就毫不犹豫地答应了。

根据小张对客户的了解，这个客户是第一次去泰国，而且客户不是个细心的人。于是，在开车去接客户的途中，小张买了些小物件。送客户到达机场后，小张取出了一个小包让客户带上。客户没多说，拿着东西就匆匆登机了。

后来，当客户从泰国回来的时候，第一个要见的人居然就是小张。原来，小张给客户带的东西有风油精、诺氟沙星、创可贴等外出旅行的必备物品。在关键的时刻，就是这些小物品帮了客户的大忙，小张成了客户眼中的救星。小张和客户的关系直线上升，顿时由熟人的层面进入信任的层面。

再举个例子。除了实物，注意力和时间都是稀缺资源，如果你能为对方节省时间，或者为对方节省心力，就等于是给对方送了礼物。

老张有一个工作伙伴王女士，王女士平时看起来是一个理性派。

有一天，王女士知道了老张孩子的生日，提前三天就和老张约定，当天"跟她走"。那一天的安排非常精彩，王女士深知老张是一个工作狂，根本没有任何娱乐的经验，而老张的爱人也总是"飞来飞去"，家里平时都靠保姆打理。

王女士有两个孩子，都已经中学毕业了。她清楚地知道老张的孩子在这个年龄段喜欢玩什么、去哪里好玩、怎么安排时间，以及孩子玩的时候，大人可以做什么。王女士还帮一家三口拍了不少温馨的照片……

后来，老张桌子上摆着的全家福照片，就是王女士帮助拍摄的，这样的小物件远胜于千言万语。

第二，送生活的梦想给对方。

这种情况可以不选择对方需要的东西，但是你需要有超前的眼光，引导对方的需要。

我有一位女性朋友，她特别擅长处理自己和女下属的关系。

她有一名非常能干的女下属，大学毕业后给她做助理，现在已经完全可以独当一面，被分配做公司一个部门的主管。

无意中，这名女主管讲起了她和我这位朋友之间发生的一件事情。

女主管刚大学毕业的时候，就因为专业对口、成绩优异来到这家公司实习。因为她的老家在偏远的小镇，所以她读大学的时候和大城市的同学在一起就很自卑，因此性格很内向。因为穿着没品位，大家逛街的时候都不会带她。

她第一天来公司的时候穿了一条过时的红裙子，公司的女同事看到后什么都没有说，却与她保持着一定的距离。

内心敏感的她很快就感受到了大家的疏远，她想实习一结束，领了工资就走人，以后再也不来这家公司了。

没想到的是，临走的时候，她的女领导——我的那位女性朋友居然单独送了她一份实习礼物。

这份礼物是一瓶非常名贵的香水，价格超过了她一个星期的实习工资。她的女领导说："我不想对你说那些大套话，实实在在地讲，在这个社会上生存，不但男人需要光环，女人也需要光环。只要你努力工作，有了光环的你就会有魅力。这个香水就应该属于你，将来你也会成为所有人眼中的白天鹅。"

这番话女主管一直记得清清楚楚。也因为这一点，她留在了这家公司，忠心耿耿地跟随女领导，将事业发展了起来。

更有意思的是，如今的她当然买得起名贵香水，但是她说，她永远都不会忘记人生中用的第一瓶名贵香水是谁送的！

第三，送礼是为了避免遗忘，来增进感情。

当你没有那么好的礼物可以选择时，不妨增加你所送礼物的关联性。

例如，你第一次送的礼物是茶具，那么下一次你可以选择和此相关的礼物，例如茶叶。再下一次还可以围绕茶的主题，送精致的茶点等。

通过这么强的关联性，你的礼物也具备了一定的特色。对方一喝茶的时候，就容易想到你的周到、送礼物的连贯性。

当你的礼物和对方发生关联的时候，送礼送到了对方的心坎上，交往就不再是建立在两个人的地位或权利上的了，而是基于相互的尊重与关心，这会给你们的关系带来关键性的转变。

要提醒大家的一点是，送礼要送得好，就不能临时抱佛脚。

凡是有生活乐趣的人，在挑选礼物和送礼物的时候总能给人以惊喜。所以，这就提醒大家，不但要忙碌地工作，同时也不要忘记生活。

只有不断发现生活中的新乐趣，并且与周围人分享并感染他们，才能懂得生活。如果一个人能一直发现生活中的乐趣，如找到新的茶楼或咖啡馆、旅游、读到好书、认识新朋友，让生活一直有新鲜感，不断地提升自己，交际能力就会随之增强。

引导别人信任你

别人对你的信任感是需要你引导的，首先要做到：多展示拥有的，少说没有的。

这是利用了马太效应。关于马太效应有一个故事：

国王远行前交给三个仆人每人一锭银子，吩咐他们："你们去做生意，等我回来后，再来见我。"国王回来后，第一个仆人说："主人，你交给我的一锭银子，我已赚了十锭。"于是，国王奖励了他十座城邑。第二个仆人报告说："主人，你给我的一锭银子，我已赚了五锭。"于是，国王便奖励了他五座城邑。第三个仆人报告说："主人，你给我的一锭银子，我一直包在手巾里存着。我怕丢失，一直没有拿出来。"

于是，国王命令将第三个仆人的那锭银子赏给第一个仆人，并且说："凡是少的，就连他所有的，也要夺过来。凡是多的，还要给他，叫他多多益善。"

现在，马太效应被人们广泛地认知。简单的理解就是，所谓"强者越强，弱者越弱"，一个人如果获得了成功，什么好事都会找到他头上。

人脉也是如此。人们倾向于把资源给拥有资源的人，也愿意帮助那些本身有一定能力的人。

当然，马太效应谈不上是好是坏。对于没有资源的人来说，无论你过去有多么默默无闻，都没有太多人关心，人们关键要看你现在在做什么，你的未来有什么样的可能性。要学会乐观地看待自己，你的杯子盛了半杯水，你描述这个杯子是半满，还是半空，取决于你是否乐观。

对于一些有社会资源的人来说，要学会合理地展示自己的优点。社会是现实的，那么，当你向别人介绍自己的时候，会如何描述自己现在的状况呢？

你说自己的性格如何，固然很真诚，但在别人看来，性格是难以捉摸的，他们还是感觉你的介绍很空、很虚。

人们容易犯，也很难避免的一个错误就是，常常把对方拥有的东西与对这个人的认识画等号。

例如，如果你随意地说自己拥有一辆昂贵的车，这个车的意象就会进入对方的脑海之中，将你和这辆车联系在一起。

这并不是说人们势利，而是这辆车往往会让对方更了解你客观的生活状况。这辆车还有一个很大的作用，就是它可以直接提高别人对你的信任度。太多人吹嘘自己如何富有，我们如何分辨呢？这辆车就是一个客观的证据，增强你话语的可信度。

除了物质上的包装，任何时候，我们都要努力展示最好的身体状态。

曾经有一段时间，我特别疲劳，整个人都显得没精神。看着一沓的机票、火车票，我更觉得自己有理由没精神。

有一次，在见到一位任何时候都很有气势的企业家时，我实在没忍住，我问他："您是如何保持这么好的精神状态的？"

他笑了笑，问我："你觉得我的精神状态好吗？"

我说："当然了。"

说完，我就有点儿后悔了。我分明看到他眼神很明亮，但是眼睛里明显有红红的血丝。

他说："我已经连续一周，每天都没睡超过五小时的觉了。"

我说："那您为什么会有那么好的精力接待那么多人？"

他笑了笑，说："一个人必须有好的势头。因为人很奇怪，当你精神萎靡的时候，别人好像觉得不批评你几句都不行。相反，你精神抖擞的时候，别人一接触你，就会愿意接受你。我们没必要养尊处优，才有好的精神状态。创业公司就该如此，任何时候，都是最好的身体状态。"

听完他的话，我很有感触。也许我见他之前，准备的那些问题都没有太大的用处了。因为我的疲劳让他不会打起精神回答我的问题，而他的神采奕奕，让我的思维跟着他跑了起来。

对于现在的很多人来说，这个案例同样很有作用。我们现在常常感觉自己一直在吃苦，其实未必是真的吃苦，往往是看到别人吃螃蟹，我们一看自己碗里只有青菜，就觉得是在吃苦，实际上离真正的"苦"很远。

不必总觉得要让身体恢复到一个什么样的程度才是一个良好的状态。你可以今天不见某个人，但是到了你们相约见面的时候，你就应该带着好的精神状态一起上路。

别人对我们产生信任的感觉，有时候的确是感性和盲目的，正如有句话所说的："人是感性的动物，只是偶尔理性。"

我刚到大城市发展的时候，老家来了一位校友。校友带了很多家庭条件不是特别好的同乡，想来北京找点活儿干。

他当时找到我，我问了一圈人，的确是帮不上什么忙。

我内心有些过意不去，于是就带他们去一家特有名的餐厅吃招牌菜。

当时花了不少钱，结账时，大家没想到这么多，都不想让我一个人掏钱，于是纷纷表示愿意自己出钱付账。

他们不赚钱却要花钱，我实在不忍心，于是就赶紧说："不用担心我，我认识这家店的老板——"我没有再继续说下去，大家也没问。会意之后，他们马上就不抢着付账了，这也是我愿意看到的。

其实，我的确见过这家店的老板一两面，不过不熟，所以我也没有说后面的话，但是大家以为我省略的话是，我因为有关系、能打折，或者少花钱。

那一顿饭，将近花了我半个月的工资。后来的半个月，我都是在很窘迫的状况下度过的。

有意思的事情发生了。有的老乡回老家之后，不但描述了我的盛情款待，更重要的是，还说我如何有本事，与大餐厅的老板都熟悉，吃饭都不用花钱……

就这样，有个生意人通过这些描述找到了我，问能否介绍他与这家餐厅的老板认识一下，他想提供一个有特色的当地土特产的低价供货。

没办法，我只能硬着头皮上，没想到很顺利地就把老板约了出来。

更妙的是，两个人的生意居然谈成了。此后，我就真的成了这家餐厅的贵宾，吃饭真的可以打折了。

这件事情在我的经历中算不得大事，却让我很真切地体会到：别人的信任并不是全靠他理性分析得来的，有时候，你给别人营造的感觉好了，你的机会自然就会多起来。

失败之时即逆转之时

一个人的能量或者一群人的能量，都是在克服困难中逐步上升和提高的。

朋友的弟弟让我帮助介绍一份工作。朋友知道我认识一位非常有名的销售高手，现在是一名很有威望的销售培训讲师，他想让我帮助介绍认识。

我问了一个问题：这个年轻人未来的发展方向，是希望向培训方向发展，还是希望做销售？

朋友明确地表示，想要通过跟这位老师学习，直接成为销售培训师。

通过我来联系这位老师的人很多，所以我直接就回复了朋友：这位老师的个人经验是，只有具备了非常丰富的销售经验的人，才能跟随他学习销售技巧。

因为对于销售这个岗位来说，无论是跟单、控单，还是赢单，都需要在实战的挫折中一步步走出来，才能真正地长出对这个行业的理解能力和敬畏之心。

这位老师讲到，有一次他去培训电话销售，有学员当场叫板："老师，我有一个客户搞不定，现在我打他的电话，靠您了……"

当场，这位老师见招拆招，不但化解了危机，还赢得了所有学员的信服。

他自己也是靠销售了几十个行业的产品，通过不断反思和学习，才有了现在的成就。

我想，每个人的事业精进，每个人的人际开拓，每个人的自我成长，也许都需要逆风时刻的坚持才能有所得。尤其对于与人交往来说，当我们发生不如意的事情时，一定比我们春风得意之时凝聚的目光更多。所以，失败的当下，你的做法有时候能瞬间改变你的处境。

我们如果不被情绪干扰，很多时候，方法就能自动跳出来。重要的是，屏蔽情绪干扰，这当然不容易做到，所以如果能做到这一点，就更能征服他人。

做到这一点，要首先认识到，失败是什么。在我看来，在漫长的人生中，在无常的际遇中，失败不是事实，而是一种看法。

有位小徒弟跟着一位铁匠师傅学艺。学成后，小徒弟要出师了，他开始了出师前的独自工作。第一个月，他为三位不同的客户各打造了铁器，小铁匠做得很用心。

他的第一位顾客是一位侠客。侠客拿到利剑后，很不高兴地说："这把剑太沉了，我要退货！"小徒弟听了之后，不知道如何应对。这时，师父进来了。他说："您是一代大侠，剑重方显武艺高强。"侠客高兴地付了钱，然后带上剑离开了。

第二位顾客是一个屠夫。屠夫拿到刀之后，很不满意地对小徒弟说："你给我打的刀太小啦，要拿它来砍骨头，使不上劲儿！"小铁匠又无法接话，师父说："技能高的师傅，宰牛的时候讲究技术，从缝隙入手毫不费力，这把刀就是为您这样有技术的人打造的。打造得太沉了，您使用起来手臂反而容易发酸。"屠夫连连点头，然后把钱付了，带上刀离开了。

第三位顾客是个年轻的樵夫。只见他一进门来就问小铁匠："你怎么打一把斧头就用了这么长时间？"小徒弟脸憋得红红的。师父连忙笑着说："慢工出细活嘛！这把锋利的斧头包管您一天劈一大堆木头！"樵夫马上转怒为喜，满意地买走了斧头。

生活总会有不如意，况且，一个小小的不如意，只是整个事件的 10%。

有这样一个故事：一位男士在洗漱时，随手将自己的高档手表放在洗漱台上，妻子怕被水淋湿了，就随手拿到了餐桌上。

儿子起床后到餐桌上拿面包时，不小心将手表碰到地上摔坏了。

男士特别喜欢这块手表，照儿子的屁股就揍了一顿，然后黑着脸骂了妻子一通。妻子不服气，二人斗起嘴来。

一气之下，男士的早餐都没有吃，直接开车去了公司。快到公司时突然想起忘带公文包了，又立刻返回家里。

可是，家中没人，妻子上班去了，儿子上学去了，他的钥匙还在公文包里。他进不了门，只好打电话向妻子要钥匙。

妻子慌慌张张地往家赶时，撞翻了路边的水果摊。摊主拉住她不让她走，要她赔偿，她不得不赔了一笔钱才脱身。

他拿了公文包到公司时，已迟到了 15 分钟，挨了上司一顿严厉批评，他的心情坏到了极点。

下班前又因一件小事，他跟同事吵了一架。

妻子因早退被扣除了当月全勤奖。儿子这天参加棒球赛，原本夺冠有望，却因心情不好而发挥欠佳，第一局就被淘汰了。

在这个故事中，手表摔坏是其中的 10%，后面一系列事情就是另外的 90%。

当我们面对不如意时，要知道，所有人并不会比你更了解和关心其中的细节，所有人也不敢百分之百清楚你接下来会怎么做。

所以，我们先要处理好自己和自己的关系，别人怎么看我们不重要，我们要坚定地相信自己。别人不仅会判断你的输赢，还会通过观察你是垂头丧气还是精神抖擞来断定你是精疲力竭还是游刃有余。

这决定着接下来大家对你的投入。

一个人不可动摇的决心，会让别人毫不犹豫地支持他；一个人的精气神，可以让糟糕的事情出现转机。

有个姑娘小黄，上大学的时候家里破产了。如果借不到足够多的钱，她就上不了大学。当时，她的父母几乎是得不到亲友们的支持的。

她振作起来，并没有挨家哭诉自己的悲惨遭遇，而是采用了一种"报喜"的形式，挨家去告诉亲人们她考上了大学，她会靠自己的独立和发展，把家族振兴起来。

纵然大家知道她有些硬撑，但还是被这个女孩的精神所感动，然后纷纷帮她凑齐了学费。后来，她通过自己的努力，真正实现了当时的诺言。

如果一个人能够扛得住失败之时的压力，并懂得反省和调整，他周围的人就一定会越来越多，而不是越来越少。

一个经历过成功和失败的人，说话的时候才更有底气，也会更容易被人相信。

在杨德昌导演的电影《麻将》里，有这样的台词，大意是："这个世界上，没有人知道自己到底想要什么，他们就等着别人来告诉他们。所以，只要你用很诚恳的态度告诉他，他想要什么就对了。"

对未来的想象力决定了你对自己设计的未来的可能性，对未来的可能性和信心，决定了你当下能否熬得住，而当下能否熬得住决定了此刻到底有没有人站到你的身边。

想要别人靠得住，先要自己站得住，你才能成为更强大的自己。

第三章

对抗与平衡：以万变应千变

打开秘密话题的方式

　　关系里的对抗常常是很多人最头疼和最想回避的，所以有些人看起来很受欢迎，但是他们内心之门并未打开，甚至是封闭的。只有不怕对抗，敢于应对人际关系的挑战，能够懂得在对抗中平衡住关系的人，才能够成为真正的情商高手。

　　通常，人们面对对抗的关系会有三种做法：回避、逃离、迎上前。回避和逃离会导致内在自我的不成长，一直停留在交往的舒适区，只能交往一类人，接受一类信息，处理同样的事务。这样的人在工作中容易做"管事"的工作。

　　只有迎上前，子弹才能落在身后。从工作的角度来说，相当于"管人"的工作。只有迎上前，才能获得成长，有更大的空间和更好的收益。

　　如何迎上前，需要好的心态和方法。从心态的角度来说，当你面对的人有各种问题的时候，你要明白的是，不恰当的期望，会带来无限的苦恼和伤害。对别人要求过多，本身就是不现实的，人无完人。

哪怕对方说话时漏洞百出，或者处理问题的方式非常不妥，但是你们之间发生关联是必然的。你可以指责对方，但问题是两个人的。你要与对方合作，要克服自己的抵触心理，就需要找到正确的方式。

在心态上，你可以将"不得不"，变成"我选择"。

比如，要去见一个很强势的人，你如果告诉自己"我不得不见"，你就会很被动。见到对方的时候，这种消极的心态必然引发消极的行为，消极的行为肯定会带来消极的结果。

但是，如果你理性地分析"我见他的目的，是解决问题，我的目标就是要让他给我机会……"你反而会跃跃欲试，至少你懂得了为自己的生活和交际负起完全的责任来。这种自己成为自己主人的心态，是一种担当和成熟。

当你有了决心，很多方法都是可以学习的。比如，我们和对方分享自己的秘密。人的平衡性是当他听了你的秘密之后，会忍不住说一点儿他自己的秘密。当两个人能够交换秘密时，关系会自动前进一步，有可能削弱对抗性，而不像以前那么冰冷和生硬。

多年前，当我去拜访一个大人物时，使用过"交浅言深"的一招。

他是出了名的强势、不可一世，但也的确有骄傲的资本：此人多年旅居国外，业务精通、熟练，战略布局高瞻远瞩。

在我们沟通比较愉快的情况下，我邀请他一起吃饭。看他想要拒绝，我赶紧说不是随便找地方吃饭，而是选了一家新开的餐厅，口味相当不错，座位也不好订，可是我已经订好了一个安静的便于交谈的独立包间。听我这么一说，他很爽快地答应了。

到达餐厅之后，大人物从办公室的环境一脱离，脑袋上权威的光环就小了许多，但我对他还是很尊敬。

吃着，聊着，喝了几杯。我主动说起了自己的一段经历：早年，我去一个陌生的城市出差，要完成一个看似不可能完成的任务。当时，也的确是人生地不熟，自己一个人每天都不知道吃什么，也不知道要攻克的任务什么时候会出现转机，将在这个地方出差多久……

当时，缺乏交际意识，没有人可以倾诉，三餐几乎都在某个知名的洋快餐品牌店里解决。去那里吃饭的人都是来去匆匆的，从不交流，匆匆吃完，各自上路。

虽然当时还是完成了工作任务，但是后来只要一听到那家洋快餐的名字，我就会有一种特别说不清楚的心情。

　　大人物听着，突然开口说："我能理解。"

　　紧接着，他就说起了自己在国外的一段隐秘生活，我听得出来，他说的都是真的。

　　此次晚餐结束时，我和他的关系增进了很多。

　　第二天再见到他的时候，我发现他有些不自然，因为他显然意识到自己昨晚"说多了"。

　　可是，既然隐秘的事情说出来了，他所表现的气质中，藏着掖着的部分就少了，整个人也就变得平常了一些。

　　我认为，当时一起吃饭过程中的信息交换，是我与他接触的一个突破口。他头上的光环变小了，至少在我面前，他从一个不可一世的人，变成了一个也有喜怒哀乐的普通人。他对我后期的工作提供了不少帮助。

　　人与人的交往，很大程度上不取决于见面、认识时间的长短，而是要看人与人之间聊了什么、进行了什么内容的谈话。

　　大部分人说出自己的秘密时，往往就控制不了人和人之间的距离了。

　　使用这个方法的根本目的是让我们在接触一些人的时候，不要毫无主张，只会敬而远之，而是要迎上前，这样才能收获更多的体验。

不过，生活中还有很多人恶意利用这个规律操纵别人，所以有人上当受骗，而且还是被刚认识不久的人骗了。

例如，一位女性把自己家庭生活的不如意告诉另外一个女人，也许她是不小心说出来的，但是在成人的世界里，大家都是以成人的标准来评价别人和自己的，所以，当她说出这一切时，就会被认定为她已经把对方当作非常要好的朋友了。

而人性中，又有"承诺一致"的心理（就是人们不愿意让他人认为自己前后行为是不一致的）。当这位女性已经超越了说话的界限，和对方感觉好像已经成为朋友的时候，就给自己挖了坑：当对方请她买点儿保健品，请她帮个忙，向她借点儿钱的时候，拒绝是一件困难的事，于是……情况会越来越糟糕。

年轻人小范就是这么被同事忽悠的。她同事偶尔对她聊起自己的情感经历，小范觉得对方很拿自己当朋友，于是就说了自己的秘密。小范的秘密是她暗恋的人是自己的领导，而领导是已婚人士。

刚说出这个秘密，小范就后悔了。果然纸里包不住火，此事慢慢传开，产生了很不好的影响。小范最后离开了公司。

处理这件事情，小范错在交换了不平等的信息。不管同事是无意交换还是有意设计，在本质上，小范应该从自己身上找原因。当和同事聊天的话题从工作转移之后，小范应该有能力打断话题的延伸。

打开秘密话题的正确方式到底是什么？就是要意识到人和人之间只要开始对话，就进入了一个对话系统。进入某个系统时，要有自己的话题，而不能随着对方的话题走。这就像一些明星为什么反感和记者聊天，因为进入记者的提问系统中时，他们就一步步走进了记者提前设计好的问题中。无论他们怎么回答，记者都能够按照自己想要的东西写出一篇报道。

谁设计话题，谁就有控制权。不要进入别人的语言系统，有时候要主动打断你不希望继续进行的话题，"维护"自己的思想。这让你不会轻易对别人说出自己的秘密，也防止你被自己说出来的话套牢，自己挖坑自己跳。

人际交往中，正式的场合一般不会出现越界和透露秘密的问题，只有在非正式场合，与同事私下在一起的时候，才会出现问题。据我长期对职场的观察，大部分职场人私下是不愿意和同事一起过多地参与休闲活动的，只有公司组织集体活动的时候，大家才被迫增加与同事的信息交换。

公司组织集体活动对于拉近同事之间的距离非常有好处，可是对于个人来说，为了不在这次活动中过多地透露个人信息，造成和同事交往的压力，在这里，我提供一个好的方法：白天可以和同事聊心情、聊天气，晚上过了11点，最好闭上嘴巴睡觉。

因为过了 11 点，人的意识就不受控制了。如果没有准备好可以交换的假秘密，你就会不自觉地把自己的心里话说出来，不论你对眼前的这个人是否有足够的了解。

起身就走，远胜千言万语

我们在处理一段关系的时候，知道关系的底线就是相处的底气。人与人之间当然可以采取多种方法来维护关系，但有时候，发生决裂时的坚持往往并不是为了决裂，而是为了再发生关联。

在对抗和平衡的艺术上，我们先来谈如何更好地维系和平衡。《伊索寓言》里有这样一个故事：铁罐和瓦罐是朋友。有一天，铁罐对瓦罐说它想出去，到大街上走走，问瓦罐愿不愿陪它。瓦罐说："我不想走出家门，因为外面的世界很复杂，我在自己的家里自由自在。"铁罐鼓励它："你应该走出去看看外面的世界。"

瓦罐说："你是铁的，皮很硬，不会碎。我出去磕磕碰碰的，一会儿就碎了。"

铁罐说："不用担心。如果有什么硬的东西来到你面前，只要我挺身而出，你就安然无恙了。"

瓦罐听了之后，觉得非常放心，就和铁罐手挽着手上路了。

它们都有三只脚，走起路来摇摇摆摆。只要有一丁点儿磕绊，两个罐罐就会碰到一起。瓦罐感觉太委屈了，简直就是活受罪。

最后，它还没来得及开口抱怨，就碎成了一片。

很多人遇到问题向我咨询时，我都会想起这个故事，讲给他们听。

无论是亲密关系，还是同事关系，只要是合作关系，都容易出现这样的问题：两个人的能力、经验、素质不太匹配的时候，外界的压力还没到来，其中一方就已经被另一方伤害了。

打铁还须自身硬。

为什么我们想去认识别人，而不是别人想来认识我们？

与其你去找他，不如让他来找你。每个人都有自己的独特性，要学会把自己的能量发挥出来。自己有了光环之后，就可以吸引到关注你的人。有些人一直在烦恼为什么他人看不到自己的"光圈"，原因其实很简单，关键就在于你自己要先做成点儿事情，把自己的"光圈"擦亮，用自己的专业来传播自己。只有这样，才能焕发出自己独特的光芒，吸引众人的眼球。

对于职场人来说，要靠专业的实力打动别人，而不是用一些流行的技巧，例如，只是向对方展示一些看似漂亮却并不适用的 PPT 或者 Excel，这是无法让别人信服你的实力的。

正如一些明星的复出，他们不断地制造一些绯闻和话题，这样做是本末倒置。正确的方法是，让别人关注你的想法、你对这个世界表达的东西，关注的人中会有你的铁杆粉丝，他们不太会关注你的私生活——那些随即被快速遗忘的事情。

我们想要做好关系里的平衡，意味着要把自己变成能与对方匹配的人。要对自己提出更高的要求，以一个优秀的人的标准来要求自己。

有了平衡，就有了起身就走的底气！

当关系已经发展到超越你的内心界限的时候，你要知道，千言万语的表达都不如起身就走。这是真正的态度。

老李在中间人的推荐下，要去见一个卖某种生产设备的人。从某种程度上来说，对方的选择空间更大，因为对方属于临时起意，要处理掉设备，而且的确是要价不高。

老李邀请自己的老朋友老张陪同前往。

在办公室等待的时候，老张看到老李患得患失，就怕不能够按照原价购进。老张给了老李一条建议："这次你这么紧张，证明对方的要价确实不高，所以你要提防涨价的可能。万一出现涨价的情况，你不要说任何话，只要记住一点即可——起身就走。"

老张的建议是有效的，老李太想要对方的设备了，"太想要"是谈判的劣势，但毕竟占了第一个来谈判的先机，这天然具备了一定的优势。只要洞察情况——对方也有劣势，只要能到谈判桌上面对面，就意味着己方一定是有机会的。

后来，谈判异常顺利。对方有燃眉之急，甚至主动降价，促成当场成交，也并未发生任何突发情况。

老张教的谈判技术，老李并未用上，而且很快就忘记了这条原则。

直到过了一段时间，老李有一次自己要卖一件高价值产品的时候，因为他忘了这一条重要的谈判原则而损失了不少的一笔钱。

事情是这样的，老李听到对方的报价之后，去和对方见面，但是对方一坐下来，就开始找理由压价，老李却没有"起身就走"。因为没有这样一个信号，所以老李在复盘这件事情的时候，发现仿佛自己一定要卖掉产品的决心被对方捕捉到了，对方把他"吃"得死死的，导致最后的成交价远远低于他自己的计划和期待。

老张的这条谈判原则并不是空穴来风，而是他从朋友那里学到的经验：有一位做销售的朋友，做销售虽然没有几年，但是特别善于总结，业绩完成得非常好。他有时候对老张开玩笑说自己是一名演员，只是他演得非常自然，演的也是自己内心真实的想法。

他在业内脾气不好是非常出名的，谈判超过三次，朋友经常就会"起身就走"。有意思的是，"起身"之后，用不了多久，有的项目就会火速上一个新台阶，很少有公司因为他"起身就走"而拒绝和他合作。

这个朋友是一位数据控和理性主义者，他研究了自己的策略，无论一开始他给的价格有多低，对方的采购总会感觉不满意，基本上都要谈上多次。朋友流露出不耐烦或者烦躁情绪的时候，对方才能够对价格或者其他方面的问题做出一些让步。

这对朋友的启发特别大，他想明白整个交往的模式之后，决定采取策略来降低自己的时间成本。

于是，他第一次见面谈的价格不会虚高。谈上三次后，如果对方再不为所动，朋友就会有要"起身就走"的意思了。这是自然的情绪，是给对方的压力，也是朋友一种非常好的策略。

现在，他谈业务，基本上沟通三次就成交了，而且他的这种方法并没有给他带来任何负面影响。那些采购者，觉得朋友敢起身就走，一定是把价格压低到极限了，因此大大提高了成交率。最后，客户给朋友的评价是"真是个有血性的人"。

这是商业谈判的一种策略，也是人与人之间互相观察和评判对方的某种规律。记住，不管你多想要什么，你热切的眼神只是赢得好感的一方面，而你拒绝的坚定态度，则是赢得尊重的"另一面"。

妥协是高水平的艺术

起身就走，与妥协并不矛盾，那就是我们对真正的对与错的判断，以及对自我与他人关系的反思。

我年轻的时候，感觉自己脑子转得快，常常在说服他人的过程中，让对方哑口无言。总是以为自己又成功地拿下了一个客户，或者又成功地说服了一个人，很有成就感。

直到有一次，我在酒桌上搞定了一位大老板。当时，他拍着胸脯给我做出承诺，说一定能满足我的要求。那天，我的心情非常好。

没想到的事情发生了：第二天，这位老板把一笔业务转给了他的一个手下全权负责。而他的这位手下完全没有按照我和老板约定的条目进行，这让我非常生气。

我去找这位老板，他支支吾吾，说"手下人不好管"。可是没过多久，他就不接我的电话了。一笔业务就在磕磕绊绊中进行得很艰难。

这件事情给我的刺激很大，让我意识到很多事情不能只靠"术"来征服别人，还要有"道"的支撑。

口头上说服别人是容易的，得到别人口头上的承诺也是容易的，可是当我们不能合理地给别人提供价值的时候，即使别人碍于情面勉强答应了，到了后续，他们也会因为内心的不满意而使事情产生变故，让事情变得复杂。

人与人之间除了要有拒绝的底气，还要懂得这是一门妥协的艺术。要兼顾双方的利益，才能做到平衡。该妥协的时候妥协，尽量不要逼迫别人勉强答应他本来不想做的事。合情合理才不会导致前期承诺容易，后期执行的时候繁复无比，让自己措手不及的状况。

合作的过程中，不相信同事是不行的。像我以前常说的那样，不放心把自己的后背交给战友，就打不败眼前的敌人。当然，任何事情都要适度。如果需要小心戒备的时候，你自恃与战友关系好，不小心踩雷，你的战友一定会背着你前行吗？不要轻易做这种尝试。

我有个朋友，接管了一个分公司。他做事颇有些江湖气，雷厉风行，他的下属都很信服他。

有一天，他开除了一个不合格的员工。这个员工居然给总公司写信检举朋友，信的内容有的是无中生有，有的是添油加醋。

其实，朋友的业绩有目共睹，可是正因为他的能力超强，平时不懂得收敛，所以有小人作祟。公司的大老板居然找人来朋友这里调查情况。

事情发生后，朋友和我一起吃饭时有些郁闷。我特意让他提高警惕，该做下属的工作就得马上做。可是，朋友说："这种事，没关系，我手下不用嘱咐也知道该怎么说。"

他说这番话的时候，我起初以为他要么是在我面前嘴硬，要么是还没有重视。我本想和他多说几句，但还没来得及强调事情的重要性，他便有事匆匆离开了。后来，我把这件事忘在了脑后，可是一个月后，朋友被降薪了！

他一脸郁闷地来找我，问我为什么当时就预感到事情不对劲儿。我对他说："第一，离职的员工说老板的坏话，虽然这种事很不道德，但是很常见，谁都能理解。那么，为什么上面还专门找人过来调查？一定是有小人添油加醋，才导致这样的结果。第二，总公司来的人的心理是这样的：他们来的时候毕竟是带着任务来的，本意上他们希望查出点儿什么，证明自己确实没白来，证明他们投入工作了。但是，如果你会做人，稳定住周围的人的心，他们自然会空手而回。第三，你的下属是个很大的问题。当有人随便说你坏话的时候，凭你的能力，谁也不敢附和。可是，上面不支持你了，他们不知道风往哪里刮的时候，就会有不同的人出于不同的目的来算计你。"

看到朋友很烦心，我告诉他："现在的这个错误犯得很及时，早解决想不到的问题，就不会在出大错时收拾烂摊子。此刻知道工作中的关系以利益为先，一切没那么牢固，以后可能自然就会站得牢固。"

这些话让朋友从愤怒中慢慢抽离出来，我接着帮他分析：总公司还是信任他的能力的，因为降薪这件事情并没有动摇他的根本。但是，如果是降职，那就麻烦了：一定会有人希望借这次机会自己顶替他的位置。如果有了这么大的利益驱动，一切将不堪设想。

我们都追求"在职场不被轻易替代"，这完全可以成为我们未来发展的目标，但不要误以为凭自己的能力，已然具备了不可撼动的地位。

其实，没有任何人不可以被替代，"小心防备"比"以身试雷"好得多。

和客户的关系也是如此。有的时候"拿下"客户，不如妥协。放下这个客户，放下你的功利心，对客户说"这不适合你"。

你在拜访客户的时候，你会筛选客户吗？大部分人都急于成功，急于结交成功人士，可是在这个过程中，他们往往容易忘记筛选客户。

要知道，适合自己的，才是最好的。有的客户虽然很富有、很有实力，但是他不适合你，那你就应该学会放弃。还有的客户在选择合作方的时候，态度是不成熟的，属于不明白自己想要什么的人。

就品牌的问题，我和一个做过多年品牌的朋友交流过。他认为不论做什么品牌，先找到有价值的客户都是最重要的。

何为有价值的客户？有价值的客户就是不会因为价格而放弃这个品牌。也就是说：你降价，他会购买，因为他认可你；你涨价，他依然会购买，还是因为他认可你。

我总是提醒那些为伺候不好客户而发愁的朋友：不要担心，有的人也许本来就不是你的客户。一个人的精力是有限的，在某一段时间内，他所能服务的客户是有一定数量限制的。当一个人把不属于自己的客户放到自己的篮子里时，意味着要挤压那些真正有价值的客户。

所以，这个世界上有太多的人，也有海量的信息，你要准确地判断你适合哪一类人。如果找不到这群人，你就无法有的放矢。

那么，当那些不是你客户的人来找你的时候，你该如何做呢？如果足够有判断力，你会不会有勇气说："对不起，这个不适合你，因为……"

如果你敢这么说，那么恭喜你，看似你妥协了，放弃了一笔收入，但这何尝不是一种以退为进？当你放弃这个本来不属于你的客户，就有可能真正地征服他，他有可能给你介绍真正的客户。

摸清他人的真实意图

在哈佛大学谈判项目组推出的《高难度谈话》这本书中，有一个很有意思的例子，大意是：罗里很关心她的阿姨，这位阿姨常年都睡在很破、很旧的床垫上，拒绝家人给她换新床垫。于是大家说，她已经失去理智了。

对罗里来说，她很在乎她的阿姨，于是她采取的方法是我们大部分人在与人产生矛盾的时候，都会做的事情——用强大的意志力去执行自己的想法。并且相信，只要阿姨试过了新床垫，就一定会扔掉旧床垫。

但事实上，阿姨认为罗里是一个很难相处的人，因为她保留床垫的理由没有被充分倾听："这张床垫伴随了我和老公整整40年，这里面是有感情温度的。"

书中有很深刻的一句推理：保留这张旧床垫意味着留住了她仅存的一点儿对生活的控制权。人与人之间发生误解，往往是因为好意未必真的符合对方的心意。

很多时候，我们常以"为你好"为由，干涉、干扰别人，引发矛盾而不自知。

我在 10 多年前做记者的时候，有一次，一个帮过我的大学同学找我帮忙。他想要做一个推广活动，问我能不能找几个朋友过去帮忙，我说当然没问题。

我尽心尽力地帮他筹划这件事，替他联系好了不少资源。他上午给我打的求助电话，我下午就给他回了电话。我从电视台到报社，把我能找的人都找了。

当我告诉他已经搞定的时候，他很吃惊。当我告诉他有多少资源的时候，我似乎感觉到他在电话里的声音是发抖的。后来，他特别生气地说："你怎么不提前和我商量，你找这么多人，我怎么安排？"

当时的我，觉得他太没上进心了，领导好不容易给了他在业务口突破自己的机会，他不拼一把怎么能行？！

但是，现在我完全理解了老同学，他的确从内心深处就不适合做与人打交道的工作。而且，他当时已经在准备考研了，只要做好分内的工作就可以了，不追求风险和耀眼。后来事实证明，他的确有自己的路。现在的他已经通过学习和努力，定居在国外搞研究工作了。

还有一次，我的一个朋友托付我关照他的孩子。我帮他的孩子在另一个朋友那里安置了实习工作。之后，有一次正好经过朋友孩子工作的地方，我就过去看了看他，看到他的领导，也打了招呼。当时，我没觉得有什么不妥，可是后来，这个孩子在公司里被有的人叫作"关系户"，一举一动都格外受关注。一段时间还让这个孩子很难接受和处理，对工作也产生了畏难情绪。

几年前，外地的一个朋友托我帮忙安排个会议场地。我当时让我的助理来办理，他做了一件和我当年一样没有注意到的事情：不懂得先询问关键点再去工作，也不关心对方的意图和目标是什么。

我的助理想的是，帮助找一个不收费的场地，当然是空间越大、容纳人数越多越好。他知道我比较好面子，最后他找了一个很豪华的场地。外地的朋友发现，虽然不用他支付场地费，但根本邀请不到那么多客户来参会，整个会场会显得稀松，氛围尴尬，他不得不重新找场地。后来，我帮他在另一个朋友的一个艺术空间找到了一个上下两层的活动场地，既能提升环境品位，又不至于显得太冷清，这才帮他顺利地完成了任务。

经历了太多事情之后，我终于懂得了，你的出发点是好的，还不足以成事，了解对方怎么想的，才最重要。

如同下面这个故事中所蕴含的道理：

　　渔夫出海，偶然发现他的船边游动着一条蛇，蛇的嘴里还叼着一只青蛙。渔夫可怜那只青蛙，就俯下身来从蛇口救走了青蛙。但是，渔夫也可怜这条饥饿的蛇，于是找了点儿食物喂蛇，蛇快乐地游走了。

　　渔夫为自己的善行感到欣慰。时过不久，他突然觉得有东西在撞击他的船。原来，蛇又回来了，且嘴里叼着两只青蛙。

　　我们用"好意未必有好的效果"的思维来思考的时候，就有机会了解别人。

　　那么，当别人的意图表现得不明显时，我们怎样才能明白对方的真实意图呢？那就是穿上别人的鞋子，了解对方的处境，知道对方的痛在哪里：对方为什么不能明示？

　　当对方不能明示，需要你来摸清他的意图的时候，存在两个情况：第一，他要提到的事情对你的利益没有好处；第二，他没有梳理好自己的情况。了解到这一点，你就需要理性和谨慎作答了。

　　对方的盟友和紧张的关系在哪里？大部分人在商业合作中，都需要更多的盟友和更少的敌人。在这样的情感关系上去思考，你就可能知道对方的意图了。

　　对方当下要解决的问题是什么？如果你能够跳出对方看问题的

局限，站在一个更客观的立场来看，既能知道对方想要的答案是什么，又能用一个超越对方思考的超级答案来回复他。那么，你就得到了无形中具备忠实度的影响力。

除了以上原则，我还提供一个串联对方行为的方法。你用这样的方法，能够得出对方的意图到底是什么的结论。

小李是一家商场某品牌冰箱的销售人员。

一天，商场来了一位打扮很时髦的中年妇人。她说："给我介绍一下冰箱。"

小李说："您想看个什么价位的呢？"

她说："我不在乎价位高低，主要是看性价比。"

于是，小李就把她带到了很贵的原装进口的冰箱前介绍。

可是，顾客边听边拿出手机发信息，心不在焉地听小李说完，然后说："不要这些笨重的大冰箱。"

小李就把她带到一批中档价位的冰箱前，又开始介绍这些冰箱的功能和特点。顾客好像并不满意，她的眼神开始游离……

后来，顾客随意说了一句："我喜欢小巧的东西。"

小李把她带到小冰箱（价位偏低）前，展示小冰箱的功能。显然，这次顾客比较耐心地听完了介绍。

然后，她随意地问："最近，买冰箱有什么优惠活动？"

小李介绍了几个活动。顾客认真地听完，然后拿走商品的广告页，表示会考虑一下，就翩然离去。

在这个案例中，有心的读者可以从对这位顾客的语言和行动的描述中判断出，这位中年女性最在乎的也许就是冰箱的价格。

无论是因为好面子，还是出于个人习惯，她都没有把内心的真实想法说出来。小李开始问的是对方想要什么价位的，这个问题问得太过直白，顾客不想说："我就想买便宜的。"所以，她使用了"性价比"这个词。可是，小李居然没有发觉，只是一味地给顾客介绍高中档冰箱。而这个过程中，对方的敷衍、眼神的游离意味着对方已经对高价位的东西不感兴趣了。直到对方不得不说出"小巧"这个词的时候，小李才大致找到方向。

整体来看，在这个销售过程中，不是小李在引导他人，而是顾客在想尽办法引导小李。

小李没有抓住"价位"这一核心，正确的做法是"看透不说透"。知道对方可能购买能力没有那么强，就没必要带对方看高档价位的冰箱了，应该说："家用的冰箱，不用买太大，给你介绍一个性价比非常高的冰箱。"在后期，对方问到优惠活动的时候，小李应该使用时间压迫的方法，帮助对方加速做决定。例如，可以说明在多长时间内是可以优惠的，或者说如果今天买冰箱，小李正好有一套公司送的多功能厨房用具，可以附赠给顾客。

　　为什么小李在开始的时候没有领会顾客的意图呢？因为当局者迷，旁观者清。他接触到这位顾客，发现对方穿着时髦，可能感性上就以为对方有很强的购买能力。而如果采用一种串联对方行为的方法，通过分析对方的言行来判断对方真正的意图，就会客观地把握整件事情。

真诚不能解决所有问题

真诚在人与人的接触中，绝对是非常重要的。

很多人不是缺乏真诚，而是不会表达真诚。比如，当你很重视一个人的时候，只是口头表达真诚，不如驱车千里，与你的助理团队，一群人一起来到他的面前，对他说："此事一定与你合作，我能为你提供的资源有……"

这就为你的真诚增加了感人的力量。

当然，不可否认的是，靠真诚不能解决所有的问题，所以我们才强调高情商的作用。

我的一个朋友在大学期间去独自旅行。

他是一个爱交朋友的人，旅行过程中，他认识了一位成熟的社会人士。他以为遇到了同行者和知音，于是约对方同行。

经过一座山的时候，对方似乎临时起意，想抢夺我朋友的背包。这件事如果处理不当，就很有可能发生不可想象的后果。

对方是一个从力量上看绝对占有优势的人。当时，身单力薄的他根本不是对手。当对方说出了很多威胁的话，并流露出一些抢劫的意图时，他到底该怎么办？

他貌似真诚和憨厚地做了以下回答，用最关键的三个步骤保护了自己。

首先，他明确地告诉对方，自己是穷游。他主动打开自己的包（他知道，自己贵重的物品都放在夹层，对方看到的只有几件旧衣服）。

其次，他说明自己是家里唯一的男孩，考上大学本来就不容易，出来旅游，更不忍心向家里要钱，所以他身上并没有太多钱。

最后，当对方问"你的背包里到底有什么"的时候，他迅速打断对方，说："大哥，你是个很好的人，你是不是看我背包太破，怕我钱不够，想借给我？我这次出行，已经做了详细的规划。我给自己留了一张回学校的票，而且，我的路线图是固定的。如果我不能准时回去，大家会担心。今天已经是我最后一站了，也许明天，我就能见到我的同学了。我会给他们讲我一路上都得到了好心人的帮助。"

这个危险的人没有说什么，离开的时候，这个朋友分明感觉到自己整个人的力量都在一瞬间被掏空。这个案例让我们看到一个高情商的人，即便在危机时刻，也能迅速用自己的方式脱险。

我们在人生的际遇中，真的不能决定自己将遇到什么样的人，更不能妄图用一种方式——也就是真诚解决所有问题。我们唯一要保持的并不是"以不变应万变"，高情商的人采用的是"以万变应千变"。

商业合作中也是如此。当你遇到不真诚的人时，你的真诚很难得到同等的回应，那么是不是只能"我本将心向明月，奈何明月照沟渠"？如果我们能采取一些措施，对方可能就会被我们带入一个有规矩的、好的氛围里。

小吴诚心诚意地谈了一次合作，已经交了全款。可是，对方迟迟不肯发货，甚至过了合同期。小吴催促对方，但是对方以各种借口为由不肯发货。

因为促成合作的时候，对方与小吴有所接触。小吴的忠厚、善良被对方看在眼里，所以对方对小吴的催促没有在意。

几次沟通没有效果，小吴被逼急了，来了一句负气的话："这批货如果本周发不到，我们就没有库房存放了。我办事不力，接受公司调岗。至于你们，违约了，按合同处理的事情将由其他人接洽。"

没想到，一个星期之内，货物准时送到。

有的事情就是这么奇怪，不是对方不公正，而是你不该给对方不公正的借口。

在这个案例中，可能会有人觉得小吴这一招的成功是个偶然，小吴的做法不够冷静、理性、职业化。

不可否认有以上原因，然而事情成功，最主要的原因在于，小吴歪打正着，切中了对方的要害。

之前的小吴好言好语、真心诚意地请求对方履行合同，但是在对方看来，小吴的好态度是因为小吴有求于自己。而后期小吴成功的原因在于，小吴看到了对方的压力。毕竟在一个合作的关系中，双方都有压力，只是我们总是惦记着自己的压力，忽视了对方的弱点。

当你把自己"安置"好时，对方的压力就随之而来，反而容易协助你把事情做成功。

我们在寻求他人帮助的时候，也不是只靠真诚就能感动对方，还要有一定的策略。

我们知道，在一件事情中，关键人物是非常重要的，他能左右事情的动向。我们如何来引导这个人为自己所用呢？

例如，你与老王有一面之缘，你想通过他认识老李。

此时，老王就是一个关键人物。他是否愿意做你的桥梁，是否愿意替你铺路呢？

聪明的人都会投其所好，例如，请老王吃饭，给老王送礼，来谋求老王的帮助。

这样的行为未必有错，设计这条渠道也不可以说不用心。只是，在我看来，你最需要关注的问题是：你是否了解老王的心理？你是否了解他的压力在哪里？

你重视人脉，老王也重视人脉；你不吝惜一顿饭的钱，老王也未必把一次请客吃饭放在心上。

有的事情就是这样——"钱好花，事难办。"通俗来说就是：大部分人都会赚钱，但他们未必都有能力"办成一件棘手的事"；有的钱，你舍得花，对方却未必在乎。

人们不愿轻易做他人的桥梁，除非你能给他们一个强有力的理由！

这里就有一个技巧。你打算如何与老王沟通这件事呢？如果你说："老王，请你帮忙，让我认识一下老李，他所在的软件公司很不错。"那么，老王和你被捆绑在一起了，他的位置变低了，他和你一起变成了去求老李帮忙的人。

如果你说："老王，我想和老李认识一下。我的公司正需要他的软件公司那样的合作者，我公司在这方面有强大的优势，我本人也很重视……"

这么说，老王就成了一个能人，一个能够"促成好事"的人，也有可能是让双方都感谢的人。

这个案例很简单，只是在一些关键点上，帮助你把握一些和真诚一样重要的朴素的道理。

打断连接，自己控制节奏

美国神经语言创始人之一理查·班德勒有一个经典案例：治疗一位自称是"救世主"的病人。

这位病人说自己是耶稣，他把床单撕破，挂在自己身上，还往身上放了很多奇奇怪怪的东西。

理查的方法是，拿出木匠用的皮带去量这个病人的身长、胳膊，还做上"×"的记号。然后拿起木棍，开始用钉子敲敲打打。

他让对方知道，他的目的是钉十字架！

这个病人瞬间就好了，再也不敢说自己是"救世主"了。

在这个案例中，班德勒用了出人意料的方式，完全打断了对方的思路。

日常生活中也同样如此。面对别人糟糕的情绪，或者在身处逆境时，你要使用你的语言打断连接。

马云创办阿里巴巴网站、开拓电子商务应用的时候，困难重重。

后来，阿里巴巴成为全球最大的 B2B 网站。阿里巴巴网站的成功，使马云被很多人崇拜，他也被很多人采访过。无论听马云在哪里的谈话，都有一个特点：你会被他的情绪所感染，而你并不会觉得他是一个张狂的人。即使他说一些听起来很"空"的话，你也会觉得"空话"后面，有一颗热的心。不得不说，马云的讲话就是有这样的魅力。

他总是很低调，总是如履薄冰地走在时代的前沿。

关于他，有这样一段视频资料：

1996 年，中央台拍摄的纪录片中，马云在北京推销自己的网络产品，也就是中国黄页。当时，人们并不大了解网络，所以刚开始创业的时候，他就像我们遇到的那些普普通通的业务员一样，也遭到了很多拒绝。

关于这段经历，樊馨蔓女士有过这样一段讲述：我还记得，那一天大家都很累，好像是坐在一辆公交车里，他（马云）那样看着北京街道的灯光，灯光在他的脸上晃过。他说："再过几年，北京就不会这样对我。再过几年，他们都得知道我是干什么的，我在北京也不会这么落魄。"

看视频的时候，我被打动了。不仅是因为他现在的成功，还因为他当初那种面对挫折的态度。要知道，他的这种态度不仅感染了自己，也会感染周围的人。他总在他人迷茫的时候，给大家注入一管强心剂，他说："没有什么是最好的，我们来创造什么是最好的！"

我们试想一下，如果当初他面对别人的拒绝，是一种愤怒、哀怨的态度，那么会让别人感觉他太过消极，这种态度或多或少会影响周围人对他的信任。

只有他自信，相信自己是金子，相信自己某一天一定会发光，并且在尴尬的时刻，用有力量的话为自己打气，别人才会相信他也许在某一天会大放异彩。

很多人不相信自己是金子，所以才对自己的外表、谈吐、情绪不做丝毫控制。这种瞧不起自己的态度，才是对自己最大的伤害。当然，也是对周围那些原本看好你的人最大的伤害。

在我们与他人关系对抗的时候，也许正是我们与自己对抗的时候，而一个人的斗志和决心，是不容打折的。

我们在与他人相处的时候，也要注意减少别人对你的负面影响。比如，有的人和你产生了连接，但是如果他干扰了你的斗志，那么就要懂得止损。

甚至，从一开始就要警惕与这样的人产生连接。人都是渴望保持一致性的，打个不太恰当的比方，逛超市时，你没有认真看价签就买了一样东西。到结账的时候，你发现这件商品的价格远远超出了你预期的消费计划，你是马上说不要了，还是想一想，说服自己买下来？很多人一定是在价格还能承受的范围内，宁愿说服自己买下来，也不轻易说"我不要了"。

就这样，你的购物车上多了一样计划外的东西。

可见人们对自己的行为是渴望保持一致性的，也正如上文所举的例子那样，人们惧怕对自己的否定。

日常生活中，在选择交往的人时，要有自己的判断力。朋友是要与你分享生命的人，你不能因为可以忍受，而把这个人留在自己身边。

如果你说，今天看的电影真棒，他说，有什么好看的；你说你看了本好书，写得很有道理，他说一切都是假的；你说这家餐厅很不错，他说可是价格太不划算……对年轻人来说，这样的人，会给自己在无形中添加很多心理上的压力和负担。有时候，本来是一件很顺利的事情，你突然就感觉有些心烦不想做了，那很有可能是因为你上午的时候本来像一簇小火苗一样有生命力，但是中午被人浇灭了，而产生了不好的情绪。

如果我们身边存在这样的人，那么应该如何打断连接？

最重要的是，我们要知道自己与环境、与他人之间，是有选择的权利的。任何环境中，我们都可以去选择自己的状态。

美国神经与精神病学教授维克多·弗兰克尔出生于奥地利，第二次世界大战时被投入纳粹集中营，他的双亲、哥哥、妻子，不是死在牢营里，就是被送入煤气间。一家人仅剩下他和妹妹存活了下来。

纵然如此，他还是凭着坚强的毅力选择好好活下去，他对痛苦与挫折感有特别深刻的体会。他认为无论处境如何，人都有自由选择的权利。

自由选择可以让一个人最大限度地发挥自己的作用。当面对的人不够积极时，我们要知道那是对方的行为，我们可以选择更好的方式来应对。

没有最好的环境，只有恰当的处理方式。

我在看《弗兰克尔自传》的时候，由衷地感受到作者是个能够跳出个人情绪，从更加具有高度和冷静的方向上迅速切断不良联结的人。

有一个案例是，作者写到在演讲时，幽默的话语不仅能使整个氛围更轻松，还能在接下来的自由讨论中削弱对手的气势，达到四两拨千斤的效果。

有一次，他做完演讲之后，有观众开始提问。有一个年轻人颇具挑衅地提了一个问题，大体的意思是：像您这么忙碌的教授，每天不是上课就是开讨论会，应该是一个很不解风情的人吧？

面对这么不友好的提问，弗兰克尔镇定地回答："你的话让我想起维也纳一个古老的笑话，有个人碰到一个面包师，在聊天中得知面包师有 10 个孩子。这个人特别惊奇地问道：'哎，那你到底什么时候烤面包呢？'"

听到这儿，观众都笑了起来。弗兰克尔说："你的问题也是这样。难道你觉得，如果一个人白天忙着学术工作，那他晚上就无法过正常的生活了吗？"这时，观众转而开始笑那个年轻人了。

我们不能决定自己遇到什么样的人、遇到什么样的事，但是我们可以决定以什么样的方式来连接对方。如果找到了好的连接方式，我们锻炼自己成熟和理性思考的能力，就会像锻炼肌肉一样不断加强。久而久之，形成肌肉记忆，很多负面的情绪不但不会感染到我们，我们还会给别人带来力量。

每个人的身边都可能有三类人：第一类是对你心存善意的人，第二类是根本不关心你的人，第三类是对你有恶意的人。

如果处理得当，第二类人和第三类人就有可能变成第一类人。

对你有恶意的人常常会在语言上挑衅你，例如说："你知道 ××

原理吗？真怀疑你大学是怎么毕业的。""×× 是如此有名的企业家，你居然没有听过他的名字，你真该学习了。"

这些问题以及它们那些数不胜数的变种，根本就不是真的有什么疑问，也并不是真的给出什么建议，或许它们只是为了使你失去平稳的心态而已。

当遇到别人问你这样的问题的时候，如果你愤怒，或者费尽心力去找对方的漏洞进行还击，都有点儿浪费自己宝贵的生命。不如装作没听见，你只管回到你的主题：

对方说："你知道 ×× 原理吗？真怀疑你大学是怎么毕业的。"

你说："我们刚才商量的方案你准备做什么？"

"×× 是如此有名的企业家，你居然没有听过他的名字，你真该学习了。"

你说："你觉得他与其他企业家相比，特别之处在哪里？"

当你不给他人向你撕破脸皮的机会，并把这些问题引导到一个好的方向的时候，你会发现你成功地把自己变成了一个有力量、有格局的人。

我们如果细心观察，就会发现有很多这样的人：他们没有出众的容貌，也没有高人一等的背景，但是别人就是不敢轻易冒犯他们。

这恰恰是因为他们具备了一种静时如山的气场。这种气场不会随意被任何人破坏，也不会因为某个人一句挑衅的话而被击破，他们把自己的情绪牢牢地控制在自己手中。

正是因为他们的安静，才让他人的攻击显得小气而可笑。

学会套牢：服务之后再服务

在我们接触他人时，往往期待对方是有忠诚度的人。

忠诚，是人们一直渴望得到的。在工作中，你是一位领导，你渴望你的下属能够有忠诚度。这样，你就可以放心地把后背交给对方，从而做出更好的业绩。生活中，你希望你的朋友有忠诚度，这意味着在你最困难的时候，能够找到可以依靠的力量。在事业上，你渴望你的客户有忠诚度，也就是无论你降价还是涨价，客户都能够毫不犹豫地选择你的产品。

当我们需要对方有忠诚度的时候，关键点在于：要让对方感受到自己是高价值的。

对待客户也是这样。考验忠诚度不看你手头有多少客户、你有多强的占有资源的能力，而是要看你的客户支持你的时间是否足够长。客户支持同一个人的时间越长，他们就越不舍得退出。更重要的是，客户在社会上给你的正面宣传是很难得的免费资源。他们不但自己认可你，还会把你推荐给身边的人。

想"套牢"客户的忠诚度，就要服务之后再服务。

给大家讲个小故事：有一个非常勤劳的小男孩，他得到了一份工作——为一户住在别墅的人家修剪草坪。

小男孩做得非常起劲儿，这户人家非常喜欢他。

有一天，女主人接到一个电话。电话里的人说："你好，请问你们需要修剪草坪的人吗？"

女主人回答："不需要。"

电话里的人接着问："你们这里已经有人修剪了，是吗？我向你们推荐的人很专业。"

女主人再次回答："他做得挺好，我们不需要。"

电话里的人最后又问："如果我保证价格一定低很多呢？"

女主人平静地说："不，我们觉得目前一点儿都不需要，给我们修剪草坪的男孩做得非常好，我们愿意支付现在给他的酬金。"

女主人挂断电话后，打电话的人才对自己说："看来，他们对我很满意，我属于能够把事情做得很好的人。"

原来，这只是小男孩对工作的自我检测。既考核了服务对象的满意度，又建立了其对自己的忠诚度。

对待客户就该如此。

是不是合同一签，你就立即忘记了客户的名字？这样做是非常不理性的。

无论你是在向客户推销大物品、小物品、一个理念，还是一本书，你都需要关注客户后期使用的环节。即使出现问题也不需要你解决，但是只要你愿意关注，客户就对你产生安全感和好感。他们会感觉你还在他们身边，还会履行你的承诺，并且值得信赖！

有一个销售员，工作很勤奋，销售的业绩却不好。我问过他具体的细节。原来，当他拜访客户的时候，总是和客户谈得很好，他的细致、耐心很打动客户。可是过不了多久，需要签合同的时候，总是不顺利，客户会提出很多问题让他来解决。

他渴望签约，于是就不停地给客户解决层出不穷的问题。他非常疲惫，业绩在公司却只能算一般水平。

听了他描述的具体细节，我发现了问题：为什么与客户谈得很好的时候不签约呢？为什么明明没有签约，却要继续满足客户其他的需求呢？为什么客户提需求的时候，他不会合理地拒绝呢？

让我来逐一剖析这些问题。

第一，与客户谈得很好的时候，就应该很自然地让客户签合同。既然带着合同去，客户也是成年人，就应该在销售后期临门一脚的时候顺势而为，让客户立即签约。

第二，客户没有签约，就应该解决客户为什么没有签约的问题，客户其他的问题不属于自己解决的范畴。作为一名销售人员，不必对自己的目的感到不好意思，目标要清晰，手腕要稳、准、狠，让自己拿单。拿提成吃饱饭，才能更好地为客户服务。这不是为自己开脱，而是尊重规律。

第三，这是我尤其要强调的一点。不排除有的客户会在快签合同的时候横生枝节，他们总想再多索取一些服务。毕竟，大部分销售人员在与客户签合同之前是非常热情的，签合同之后态度立即就变了。客户缺少安全感，导致不能顺利签约。

出现这种情况，一般是销售人员依托的公司还没有足够强大的信誉基础导致的。既然公司不够强大，你就是公司诚信的代言人。展现你不是"一锤子买卖"，而是会持续关注客户的体验，为他服务。如果你能说："虽然我不属于售后服务部，但是我希望您购买后，我们还能保持联系。"这样说了之后，客户的内心安定了，就有望尽早成交。当然，大部分情况下，大家都很忙，购买后，客户也没心情总惦记着给你打电话。只要你销售的不是假冒伪劣产品，就不必担心这一点。

消除对抗关系里的功利心

当一个人有目的性的时候，容易犯什么错误？

急躁！

我花了很多年的时间才懂得这个道理。很多年前，去见一个非常重要的人物时，我表达了对他的尊敬，并邀请他一起吃饭。我选的是当时一家非常有名的餐厅，价格不菲，足以显示我对他的诚意。

当他答应与我一起用餐时，我内心的喜悦无法抑制。

于是，我精心策划了吃饭时应该如何将话题递进，逐步让他进入我的话题，并对我产生好感，能答应帮我。事实上，那时的我对社会上大部分的应酬和交际都很有把握，自以为自己的经验已经很丰富了。

可是，我发现事情有点儿不对劲儿：我约的人兴致勃勃来赴约，可是过了没多长之间，他的状态好像有点儿懒散了，甚至吃饭的时候对我的话题有点儿充耳不闻。这让我心里很是着急，不得不总重复我想请求帮忙的那件事。

一步错，步步错。后来，我约的人拂袖离去，令我非常懊恼。

那一次，莫名其妙地丧失了机会。

我很多年都没有想通这件事，直到有一天我也面对了这种情况。

有个不常联系的朋友要见我。因为以前关系很不错，我就答应见面。

约的地方是茶楼，相当不错的环境令我的心情非常不错。

我们坐下来寒暄一番后，服务员问我们喝什么茶，老朋友的举动让我非常不舒服。

每当要选茶或者是茶点的时候，他就把单子推给我，让我来选择。

每当我选一样，问他是否可以时，他的回答只有两个字："随便。"

不知道当时我怎么了，感觉非常糟糕。其实来之前，我就知道他无事不登三宝殿。我之所以愿意来，就是念在我们有多年的交情。我不怕麻烦，只要我有能力帮忙又不为难的情况下，我愿意帮他。

可是，他当时的态度对我是一种信号：他没有丝毫享受多年老友见面的这个过程。他是带着任务来的，他只有自己心里的事，根本不关注我的感受！

猛然间，我就理解了多年前我的那一次失误。

当对方感觉到你把对方当猎物的时候，强对抗的关系便产生了。那时候，你再说什么、做什么都于事无补了。

回顾当初，我选择了那么高档的餐厅，我也自认为自己诚意满满、态度谦卑、恭敬，可那种对菜单毫无兴趣的眼神，无意间还是出卖了自己的急躁和功利。

职场中同样如此。你会和领导一起吃饭吗？领导对你说话的时候，你的眼神游移吗？

小心！如果你不能从内心端正自己的态度，告诉自己一切不要急躁，那么，当你暴露自己的那一刻就是失利之时。

不犯错误是前提，此外，还要学会表达善意。表达善意没有那么难，也并不需要多大的勇气，应该把这种表达看成一件很自然的事情。

例如，你的同事做了一个项目，为公司创造了巨大的效益。除了领导以外，如果其他同事纷纷私下里表达了对他的赞赏，而只有你不表达出你的善意，对方就会对你有不同的看法。

当然，这也不是教大家去讨好别人。只是，你要知道，你的想法不表达出来，别人真的不知道，因为人们只关心自己，谁也不会猜你的心思。

我常常举这样一个例子：大家坐在办公室里，某个客户走了进来，可以看出客户的心情非常好，你只是坐在工位上，用眼神和客户对接了一下，表达了善意；而你的一个同事与客户交情虽然一般，但是他站了起来，微笑着和客户打了个招呼。

你说自己心里比你的同事更在乎这个客户，客户却并不知道，根据你的反应他也不会这么认为。

试想，如果你是客户，看到两个人对你不同的反应，你会觉得谁更在乎你？

与其他人的交往也同样如此。当你想对一个人表达善意或者想让对方回应你的时候，无论是沟通还是写邮件，在介绍自己的过程中，都不要忘记给对方量身定做一些话题。

这当然需要做些功课，而不仅仅是恭喜对方最近获得了某个大家都知道的殊荣就可以了。

在表达的过程中，你可以加一些这样的话，例如："您曾经说过……""在您处于低谷期的时候，您当时……"

提这些的作用就是要让对方知道你不仅仅是为了表达善意，更重要的是，你真的是在关注他。

此外，你的表达中还要凸显自己的价值。别计较对方能为你做什么，而是要说，你觉得自己可以为对方做一些什么。

为对手塑造对手

要请一个人帮忙的时候，我们暂时把对方看作自己的对手。我们如何能打动这个对手，有三种不同的思路。

第一种思路是正面迎合对手。

在《杨澜访谈录》中，杨澜访谈著名主持人蔡康永时，有如下这样一段对话：

杨澜：你最多的时候主持过多少节目？好像我的同事帮你算了，有的时候五个。

蔡康永：我最多的时候很吓人，可能有五个。

杨澜：那个时候是因为想多点儿收入吗？

蔡康永：那时候大概觉得，有的节目来求你的时候，比方说读书节目，他们会说"除了你就没有人能做"。

杨澜：这句话很受用，对不对？

蔡康永：对，你就会立刻被奉承到。觉得，哎呀，那真的不是老子亲自出马不行啊。这是第一个。第二个，你也会觉得，那已经在主持娱乐节目了，你趁机读点儿书不好吗？你就靠做节目逼自己看点儿书吧。虽然纪录片是我的痛处，可是我曾经有一段时间做一个专门介绍好看的纪录片的节目。那时候，我就抱着我起码可以逼自己每个星期看两三部好看的纪录片的心理去做，要不然我根本没机会。

从这段话中，我们能得到很多信息。在这里，我们要提到的一点是：这个睿智的主持人蔡康永，经历过太多"糖衣炮弹"的"洗礼"，但是这种有可能唤起他"个人英雄主义情结"的求助，也就是对方给了他一种感觉，一种"这件事非老子出马不可"的感觉，还是会打动他。当然，还有一点也很关键：接这个节目对他来说，也是有利于个人发展的一件好事情。

所以，不同的人，打动他的地方不同。

例如，有的人非常自我，你找他帮忙，要等到他有一个好的状态时。与他说话的时候，你可以找个位置稍微比他低的地方，一定要让他的视线是往下走的。这种情况下，物理的变化会带来心理的改变。

当你请求别人帮忙的时候，如果没有客观上的某些障碍，想让对方愿意帮你，你就该考虑，说什么、做什么能够在请求一个人帮助的时候，触碰到对方心底的某一根微妙的弦。

第二种思路是给对手提供价值。

在你要求别人帮助你时，还要让对方感觉到，能帮你会让他变得更好。

例如，当你想推广一个活动的时候，需要一些名人的"吆喝"和帮助，那么最主要的那个名人，你就要采取上文提到的那一招。要让对方感觉到这个活动最需要由他这样有"形象健康，关注环保"等条件的明星来推荐。

后来，你发现这个活动支持的人越多越好，仅仅一个人的帮助是不够的，你还想找别的人帮忙时，你要学会盘活你的资源。你不能给对方最重要的位置后，再说"最需要您的帮助"，这就显得非常虚伪了。

一味地说你的活动有多好是无意义的，因为对方不关心你的活动有多好，他关心的一定是："这和我有什么关系？"

开发这类人脉的关键在于，你可以创造出一种潮流——把你的这个活动变成一种很多人都在关注的潮流。

这样一来，你再去找其他人参与的时候，就可以介绍这次活动是一种潮流，由谁主导、有哪些名人参加、大家都会如何推广这次活动……切记：对方不关心你的活动看起来有多好，他关心的是，这个活动和他有什么关系。

第三种思路比较特别——为对手提供对手。

有一个历史小故事：东周为了发展农业，提高农作物的产量，准备改种水稻。西周在高处掌握着水资源，知道东周改种水稻的消息，坚持不给东周放水。

东周非常着急，于是在国内放出话来，谁能去说服西周放水，国家将给予重奖。

有人自告奋勇去说服西周。他到了之后，就对西周人说："我听说你们不给东周放水，这个决定可不高明啊。"西周人问："怎么不高明呢？"

他说："你们不给东周放水，他们就没有办法种水稻了，只能改种小麦。这样，他们就再也不用求你们了，你们和东周打交道也就没有主动权了。"

西周人问："先生，以你的意见怎么办好呢？"

他说："要听我的意见，你们就给东周放水，让他们顺利地种植水稻。种植水稻常年都需要水，这样，东周的经济命脉就掌握在你们手里了。你们一断水他们就完蛋，他们时刻都得仰仗你们、巴结你们。"

西周人听了觉得很有道理，不仅同意给东周放水，还重重奖赏了说客。

这个例子很有意思，凭空把"小麦"塑造成"水稻"的"对手"，给说客创造了改变整个事情发展方向的机会。

我们现代的商业活动也是如此。当一个人知道他在你心中是最优选择的时候，容易产生两种截然不同的态度：有的人会格外珍惜，但不排除有的人会看轻你。

比如，我在做一个项目时，邀请一位重要的企业家参加，希望得到他的大力支持。本来，我的同事们都采取了以上介绍的两种方式：正面迎合和提供价值。

但是，这位企业家的积极性并不高。所以，在这样的关系里，必须引入另外一种力量。于是，我以介绍过往项目的流程方案的方式，向他介绍了一位与他同量级的企业家是如何支持和操作项目的。

就这样，为他树立了一个对手之后，他的态度变得谦虚了，还当场给了我很多资源上实实在在的支持。

多线并进才是高情商

很多人都在问我同样一个问题：到底怎么做，才能运用高情商，搞定我想搞定的人？

每个提出这个问题的人，背后都有非常强烈的焦虑和紧张感。我可以从自己的角度给一些方法，但是我认为他们之所以会提出这个问题，是因为他们不能与巨大的不确定共处。要让自己不要怕！《反脆弱》这本书给了我们很深的思考：任何有生命的物体在一定程度上都具有反脆弱性，定期给骨骼施以一定的压力则有助于骨密度值上升；汽车长期磨损必将坏掉，因为机械设备不具有进化和自我修复的能力。

以上，给我们一个很好的启发：人是具备调整能力的。反脆弱的态度也是人际交往中必要的心理准备，人与洗衣机的巨大不同在于：我们有调整自己、自我修复的能力。

即便搞不定某个人，你的生活依然会继续，你的生活并不会发生不可逆转的局面。拥有反脆弱的能力，即便有所"失去"，也能让你更好地调整自己，便于下一次做出正确的判断，以增加成功的概率。

以上是重要的心理准备，这本身就是一种高情商。

从战略上不把对方看得那么重，并不意味着战术上小看对方。

在实际工作中，二八法则的确发挥着不容小觑的威力。人生中，创造 80% 价值的东西，来自你 20% 的关键努力。所以，我们搞定一个重要的人是需要策略和步骤的。

第一，高情商的人，会让自己生活中拥有更多的选择权。

我们求别人帮忙，要准备可能会帮到我们的人物名单。

陈先生创业之初，亲自做市场开拓。对一家新公司来说，要做好渠道并不容易，但是那时候的他，没有卑微和示弱。

我在接触他的时候，发现他有一种可贵的不卑不亢的姿态。我明明知道他所处的时期应该急于开拓市场，但是和他接触的时候，我感受不到他的刻意讨好，也感受不到他的急迫。

他自如的气质，来源于他的思考和准备：他思考什么是创业，在创业的过程中，他自己可以做什么、可以忍受什么；他的准备是他知道他要去"求人"。所以，他准备了很长的可求助名单。

他很真实地提到了自己的想法，他去求别人的时候，总是告诉自己："挺直腰，不必慌，因为我是来寻求帮助的，去求取认同和机会，但是，我可以求的人很多！"这就是底气。

所以，真正情商高的人知道，过于紧张必然引发自乱阵脚，准备足够多的客户名单，会让你在有了足够的底气后从容地应对所有人，真正把事情做对。

第二，高情商的人，会用两条线，三条线……多线维护联系。

很多人提到：到底要不要和工作对象做朋友？大部分人不建议这样做，因为有可能丢了朋友，也丢了生意。

但是在我看来，首先，没必要刻意和工作对象成为朋友，但是要注意营造一种朋友式的感觉，让对方对你有一些必要的了解和信任的感觉。

其次，随着在工作中共同克服难题，有的人不知不觉间成了朋友。没必要太刻意地排斥这种朋友式的关系，尤其是超过 10 年以上的合作伙伴。有了不错的朋友关系之后，彼此会有一些朋友间的关照，更没有必要将此庸俗化了。

最后，我想说的比较关键的一点是，和一个人最好的沟通方式就是多线维护。

我会和一些朋友合作。和朋友合作，我从来没有丢了生意、丢了朋友。我坚持的最重要的原则是：在经济利益上，我给对方很多；在情感交互上，我坚持自己情感上的真实。

也就是说，我用了情感和经济两条线索"捆绑"了对方：对方既能够感受到一个真实的人，又能得到不错的利益。这样的关系的稳固性，就比很多人总是要求对方降价、总是要求对方让步、总是要求对方牺牲，最后总结一句"因为我们是朋友"，要可靠得多。

高情商的人知道在与人沟通和交际的过程中，只用一种方式打动别人是危险的。只有当你有足够多的思路和方式的时候，才能够达到想要的效果。

第三，高情商的人知道，你能影响到对方的也许仅仅是十分之一。

我很喜欢一个成语叫作"狮子搏兔，亦用全力"，很多人用它来比喻一个人做事的时候展示出来的匠人精神。

我一个从事销售的朋友得到一个消息：有一笔业务，如果他出马，就等于他一个王牌销售，要去拿一个几乎不可能拿下的单子。重要的是，这笔业务对他来说，也并没有到非做不可的程度。但是，他就是那种握紧了拳头，自己都抽不了身的人。

他从跟单、控单、签单，花了一个月的时间，终于成功了。在这个过程中，他稳扎稳打。他知道自己去说服客户给个机会，不管自己说得有多好，客户都有自己的选择习惯，是不会轻易给他机会的。所以，他知道他要说服的不是客户一个人，而是围绕着客户周围，与这次合作有关的所有人。

所以，真正的高情商不但是会说话，而且是一种为人处世的策略，还是一种站在对方角度思考对方需求和行为习惯的职业精神与共情能力。

影响他人的正确姿势

我们在生活中能够观察到：有的人与他人发生很小的矛盾，但是最后会演变成激烈的争执；也有的人在巨大的矛盾面前，能够弥合分歧，把巨大的难题变成小问题，把小问题变成没有问题。

更有意思的是，很多人的争吵本来可以不发生，只是不正确的处理方式把两个人之间的争执激化成了非此即彼的矛盾。

我们在与别人发生矛盾的时候，到底该如何沟通，才能消除矛盾，并能产生良好的影响？

在《高情商聊天术》这本书里，我提供了大量语言策略。比如，将劣势说成优势，请一位知名人士来参加大学生组织的活动。既没有物质利益，也没有名人资源可以提供，你怎么去描述和打动对方？你可以重新定义暂时没有钱和权利的大学生群体，你可以说"您参加这样的活动，影响的是在未来有影响力的人"。

除了重新定义的策略之外，高情商的沟通，还意味着一种对人心理的把控：

第一，你要将自己抽离出说服者的角色，并把对方的负面信息涵盖住。

当你与对方有矛盾的时候，你很难站在对方的角度来思考问题，因为对方的行为可能会伤及你的利益、你的面子。换位思考虽然难，但是做到这一点并不是没有办法。

第一步要从敌对的场景中抽离出来，把"我"放下。你要知道，对方对你态度不好，并不是对方对你人格的攻击，有可能只是你的社会职位、你的社会角色给对方造成了障碍。也就是说，别把对方的行为看成针对你！

当一个人对你没有恶意，却真冲着你发脾气的时候，你要做的第一个动作是将挨骂的这个行为与自己的人格相脱离。要知道，他只是在对产品表示不满，或者这个可怜的人已经在哪里受了一肚子气无处释放，只能在你这里释放他的委屈与愤怒……

你需要保持平静，然后脑袋里想着你该想的事。听他说完这件事情，与他相安无事后该干吗干吗。

比如，当你发现客户有情绪、想吵架或者指责你的时候，不要总是去说这样的话："你先冷静，听我说……"因为他在愤怒的时候，是不可能听你说什么的，他可能会粗暴地打断你："如果是你，你能冷静吗？"

所以，先迎合情绪，再治理情绪。

在商业上，个人情感的输赢没有实质意义。你和客户所追求的是在双方利益均实现的基础上取得双赢的局面。你可以尝试用一句话来减弱对方的负面情绪，阻止他层出不穷的抱怨，因为对方无休止的抱怨也有可能导致他自己的怨气越来越重，直到不可收场。

你只需要表示："我能理解您的感受，换作我，我也生气。您具体和我说一下情况吧……"

客户的情绪得到了安抚，自然就能冷静下来。而且，你让对方去描述具体情况的时候，对方就由感性转为理性。当一个人开始采取理性表述的时候，他的情绪也会随之平复。

第二，改变短期行为，可以靠当下利益来诱导对方。

《蜥蜴脑法则》这本书讲了一个案例，邻居家养了一条狗拴在你的卧室旁边，吵得你睡不着觉。你不想去争论，也不想委曲求全，你可以这样对邻居说："我一回家呢，狗就会叫，这样您也分不清是不是真有强盗来了。为了您的安全，您还是把狗牵到另一边去，这样才能真正防贼。"

你看你的出发点是为了邻居的安全着想，正是满足了邻居对安全感的需求，所以即使明白你的用意，他也会照做吧。

我们从这个案例中可以学到的是，改变一个短期的行为，靠的是当下立即就能满足的利益。

比如，一个餐厅里出现了一群跑来跑去的孩子。

一个新手服务生可能会上前制止，对孩子的父母说："请您管好自己的孩子，不要影响别人就餐。"

想想看，这样的说法会让孩子的父母多么没面子，多引发多少矛盾，而且对方真的会按照你说的做吗？

如果真正领会了《蜥蜴脑法则》的上述说服技巧，我们就可以采取这样的行为，告诉对方："请您让孩子回到座位上，因为我们上菜的过程中有热汤，别不小心撞到了孩子们。"

想想看，这样说，孩子的家长会愤而和你理论、争执吗？

第三，当你需要长期影响对方的时候，必须用行为影响行为。

行为的力量如果能够使用得当，会让很多事情有意想不到的效果。

从短期的改变来看，行为是有很强作用的。比如，当你和一个人为了一些不明所以的小矛盾争执后，如果矛盾解除，情感冲突缓解，有些象征的体态和语言往往会起到意想不到的、使局面发生逆转的作用，如与对方握手等。

从长期的改变来看，更需要行为的力量。

你想改变对方的观念，再去引导对方的行为，有时候不如直接改变对方的行为，再去改变对方的观念。

比如，一位妈妈每天都带着孩子去一家有冰激凌的店，然后再苦口婆心地告诉孩子，总吃甜食对牙齿不好。

她这样做不如改变路线，让孩子少去冰激凌店，再通过说服、教育，让孩子明白吃过量甜食的危害。

又如，你所开的餐厅，室内装潢很高雅，你所服务的是写字楼的职场人。如果你的竞争对手在用餐环境上不具备竞争力，但是他把餐厅开到了离写字楼最近的位置。那么，想想看，谁更能够满足对就餐时间有要求的白领群体？

所以，当我们想办法去长期影响对方的时候，高情商的沟通力还意味着一种行为上的策略和改变。

心境和顺，事态和顺

生活中，我们常常看到人们争执对错，如果双方都认为"是对方的错"，那么结果会如何呢？结果是要自己去承担对方的错。

所以，很多时候，问题不是来自外面，而是来自自己内心对事物的看法。

你看事情像什么，事情就会是什么。

我有一个朋友，开了一家公司，事业蒸蒸日上。做生意，什么类型的人和事都会遇到，所以不免要辨认虚假。朋友总是能以和顺、冷静的态度，让所有的客户信服。

当朋友想要订购一批产品的时候，供货商信誓旦旦地告诉朋友，已经有好几家的报价很高了。当接收到这样的信息时，朋友的员工情绪都比较复杂，他们都认为供货商在撒谎，而且虚抬报价，没有合作的诚意。

朋友是那种大智若愚的人，他对于价格的虚实当然有自己的判断，他对接这项业务的几个下属是这样说的："根据我的私人关系，有人向我报密，的确有公司出了这样的报价。但是别人疯狂，我们不一定要跟着疯狂。你们还是展示我们的诚意和优势，去进行谈判。我给你们一条我的底线，你们去布局，尽力促成这次合作。"

几个年轻人听了之后，斗志昂扬，他们感觉自己的责任重了。几个人就开始组织方案，准备和供货商进行谈判了。

最后，他们很顺利地以超低的价格拿到了产品，而且低于朋友心理底线一大截。

我问朋友："你告诉员工有人出这么高的竞价，如果他们一开始就亮出底线，来和对方抗衡，成本不就高了许多？"

朋友的回答饱含智慧，他说："做生意这么多年，我越来越明白，谎言到处都有，重要的是面对谎言的态度。像我的这几个下属，当他们一听到报价的时候，就开始恼火，这种态度是个很大的问题。这群年轻人是不擅长掩饰的，万一他们觉得对方欺骗自己，以后合作的过程中，带着这样的情绪，会影响合作。所以，我告诉他们这是真的，对方没有恶意去欺骗。当然，我给出了一条报价的底线，底线以上是他们的利润空间。他们如果直接亮底牌，忽视了利润空间，自己的利益就会受到损害，所以他们一定会争取。这也告诉他们，老板的信息未必是准确的，要有智慧独立面对变化。"

这件事情对我的触动很大。朋友的事业做得这么好，窍门在于在真假中坚持一种简单的原则：用变化应对变化，以理性处理问题，以感性理解他人。

当我们多使用冷静、和顺的语言时，很多矛盾就没有了。

单位新来了一个实习生小宇。小宇第一次参加工作，很紧张。在工作流程方面，小宇不得其法，在大错小错不断的日子里，小宇最怕的事就是领导找他谈话。

一天早上上班的时候，一个老同事李哥说："小宇胆子太小了，等他来了，我吓唬吓唬他，让他接受一下锻炼。"

刚说完，小宇就走进来了。李哥故意板着脸说："小宇，陈主管找你呢。"

这时，正巧电话铃响了，李哥就去接电话。

刚才还一脸笑意的小宇立刻神色慌张起来，放下包，急匆匆地跑向陈主管的办公室。

等接完电话，李哥有点儿后悔恶作剧搞大了。

陈主管看到小宇急匆匆地冲进来，也很奇怪。

小宇说："李哥说您找我有事。"

陈主管一顿，随即明白了这只是一个恶作剧，便笑着说："小宇，你进入公司以来工作很努力。虽然有些小错误，但是工作中出现错误不可怕，这证明你一直在做事、一直在学习。你可以做一份工作笔记，多记录、多总结、多思考，就会有所改善了。"

小宇听后，很高兴地回来了。

看着小宇若无其事的样子，李哥尴尬的脸色缓和了下来。

此后，小宇开始动手做工作笔记，成长的速度真的快了很多。

这件事情，让我们看到了陈主管高人一等的做法。想想看，如果陈主管看到冲进来的小宇，说："我没有找你。"或者批评一下李哥恶作剧的行为。这样的做法，会有什么样的后果呢？可能会造成小宇更紧张、更胆小，也会让李哥显得很恶劣，大家都非常尴尬。

陈主管明白了怎么回事之后，没有否认，而是顺应了事态，还正好借这个时机激励了小宇，帮助维护了同事间关系的和谐。这也证明了陈主管做事的水准，能够在每个细节上带领大家营造办公室的和顺之境。

这就是不同的方法带来的不同结果，也体现了不同的人在思维上的差距。

越是有能量的人，为人处世的时候越和顺。

一个朋友的公司在招聘软件工程师。来了一个应聘者，技术方面令大家很满意，可是就在面试的时候，让朋友感到非常不舒服，坚决对这个求职者投了反对票。

朋友问面试者："你大学学的是计算机吗？"

他说："不是，我不靠大学里学的知识做项目。"

朋友接着说："那你就是自学这门技术的，是吗？"

他说："不是，我学的东西是经过有关部门考核的。"

朋友有点儿错愕，想结束这个话题，就说："你大部分知识靠自己摸索，后来通过了软件工程师认证，是这样的吗？"

他说："不是，不能说全是靠自己摸索，我也向很多计算机人才学习过。知识的构成是多元的，我认为自己既有计算机专业学生的知识量，同时又具备很好的实战经验。"

朋友说："那交给你一份开发的任务，你应该可以独当一面吧？"

他说："也不能这样说，开发过程中会遇到很多问题，不能单靠我一个人……"

当朋友的判断一再被否定的时候，他已经对眼前的求职者无话可说了。为了公司的名誉，朋友压抑了要把眼前这个人教训一番的冲动，平静地告诉他："面试结束，感谢您来应聘，请回去等消息。"然后，果断地放弃了这名求职者。

在朋友看来，不论别人说什么，他都说"不"，这样的人是在怕别人给他定义。但他又不能很好地概括自己的能力。否定太多，只能证明此人内心虚弱、不堪一击。

我给大家推荐两种语言模式，大家一起进入和顺之境。

少用"但是"，多用"当然"。

一个简单的词背后蕴含着一种和谐的说话态度。

总说"但是"，试图转变别人思路的人，不是说话高手。一个懂得接纳他人的人，才能说出如沐春风而又令人振聋发聩的话。有时候，说服一个人并不难，就看你的态度是"转折式"还是"承接式"。如果你否定一个人的全盘思想，即使你再正确，他也会排斥。但是，如果你能够认可其中的合理性，再诱导一件事情往正确的方向走，一切就会顺理成章。

陈经理开了一家小公司，发展得很不错，新增的生意和项目很多。可是运营了不久，陈经理就发现了问题——公司现金流断了。

这让陈经理很紧张，他打算精简成本，初步的计划是降低50%的费用。对于一个正在运转的公司来说，这是很难的。怎么做才能在不影响自己威信的基础上实施计划呢？陈经理在犹豫。

在陈经理还没有做好计划的时候，就有人开始在公司里传言，说由于公司的运营成本过高，老总考虑要裁员50%以渡过难关，裁员的名单正在草拟中。

这个消息不胫而走，于是大家发现，本来一个很积极向上的创业公司的氛围变了。很多人开始悄悄地做准备，比如刻意表现自己，或者找领导谈心。还有人开始谋划着找新的工作……公司的氛围非常不妙。

一看这种氛围，陈经理果断制定了新的制度。并且，他立即紧急召开集体会议，澄清这件事。开会的时候，他说："最近，公司有人说我要裁员50%，这完全是无稽之谈。我们是一家正规的公司，各位都是陪着公司发展壮大的人。一般情况下，我不会轻易裁员。"

大家听了，还是有些不相信，还有人心想：一会儿，陈经理就该说"但是"了。

陈经理接着说："当然，我们的发展确实遇到了一些问题。如果我们不控制自己的费用，发展就会异常艰难。一个月后将会出台新的制度，大家要严格执行。"

听完这些话，所有人都感觉非常放心，公司的发展重新回到了正常的轨道上。

也许大家觉得这个话术的案例太简单，实际上这非常耐人寻味。

我们说话的时候，总使用"但是"这个转折词会让人感觉很捉摸不定、不靠谱，而如果用"当然"这个词，起到的衔接作用就很自然。它的妙处在于过渡自然，让你和听话的人的利益点仿佛被拉到了同一个圈子里。

先说"好"，再说"另外"。

沟通不同于演讲，它更像是打乒乓球。

人们的期待还是你先说一两句，我再说一两句，然后你再说……谁也不会独自占用整个对话时间。这就是一个愉快的打乒乓球的过程，问一句，回答一句，然后再问、再答。整个说话的节奏非常好。

很多人提倡，我们在和人沟通时，遇到自己不能接受的时候，直接说"不"。

这从理念上来说，当然有合理性，但从实际操作上来说，很多人做不到。因为直接用"不"来拒绝别人，就等于你任由对方的球落到地上。

如果你直接对领导说"不"，我想这也不是一个高情商的下属会采用的做法。

所以，我建议，先说"好"，再说"另外"。

你的领导对你说："组建一个新的团队，把公司这块新的业务做起来。"

你内心判断，这件事情不太靠谱。那么，你可以说："好的。另外，因为我对这块业务不熟悉，可否请您调派某个部门的同事进行支援？在技术层面上，我们也需要一个引导……"

当你的需求提出来时，你的领导也许会觉得你在推辞，也许会觉得你只是想实干，但重要的是——你没有拒绝，你只是提了需求而已。

高情商聊天术

张超 著

中国友谊出版公司

图书在版编目（CIP）数据

情商高手，只要三步：全三册 / 张超著 . —北京：
中国友谊出版公司，2019.5

ISBN 978-7-5057-4763-0

Ⅰ . ①情… Ⅱ . ①张… Ⅲ . ①情商—通俗读物 Ⅳ .
① B842.6-49

中国版本图书馆 CIP 数据核字（2019）第 102631 号

书名	情商高手，只要三步：全三册
作者	张　超
出版	中国友谊出版公司
发行	中国友谊出版公司
经销	新华书店
印刷	河北鹏润印刷有限公司
规格	880×1230 毫米　32 开
	20.75 印张　470 千字
版次	2019 年 6 月第 1 版
印次	2019 年 6 月第 1 次印刷
书号	ISBN 978-7-5057-4763-0
定价	96.00 元（全三册）
地址	北京市朝阳区西坝河南里 17 号楼
邮编	100028
电话	（010）64678009

如发现图书质量问题，可联系调换。质量投诉电话：010-82069336

目　录

1

第二章

让熟悉变信任：
以意想不到的角度"聊"出关系

第三章 说服谈判谈笑间：
在共情、对抗中拓展社交图景

高情商聊天术让你在未来有机会

　　我们处于一个前所未有的信息大爆炸时代，互联网带来的科技变革已经在改变着每个人的生活，也必将改变每个人的工作方式和工作性质。当机器越来越先进，而且越来越便宜的时候，人，靠什么与机器竞争呢？

　　看到这里，可能会有读者产生疑问：这与我们会不会聊天有什么关系？

　　当然有关系！写作这本书的时候，我更希望，那些认为自己的生活和工作与聊天没关系的朋友能看到这本书，因为没有什么能够保证你的工作是安全的，甚至不管你有多么努力，你都不能保证你的公司或者你的行业不会在短短的三到五年间发生巨变。不是你足够努力就能保得住你的工作，因为很有可能，行业遇到新技术的冲击，一夕之间，你所在的行业都没有了。

如果我们目前所从事的工作和行业都不是安全的，也就没有什么能够保证它们永久存在了。我们每个人就更应该具备灵活的处世方式和技能。作为在人类社会中参与竞争和合作的每一个个人，我们还可以依靠什么？

有句话叫"聪明的脑袋再也不是刚需，但是有趣的灵魂依然万里挑一"。人依然是丰富和宝贵的资源，不过对人的情商的要求提高了。你得有料、有趣，还得有"聊天力"。语言会带来意想不到的力量。

从对未来的战略决策来说，高情商的聊天术会在你所在的行业都没有了的时候，依然成为你的帮手。

比如，一个人现在努力地学习本行业的知识，但是他所在的整个行业都没有了，被迫进入新的行业，他怎么和机器、和那些比自己年轻或者资历深的人竞争呢？所以，除了学习本行业的专业知识外，还需要学一学如何聊天、如何更好地与人交往。这样，你就会比同种处境的人多一分机会。李嘉诚早已说过这样的话："读书并不直接帮助你的财富增加，但你机会更加多了，你创造机会才是最好的途径。"聊天也是如此。

从目前的工作来说，你当下的工作也需要让影响你前途的人知道你做得有多好。对大多数人来说，会聊就等于会干。有太多人抱怨："我的老板就是喜欢能说的人，根本就看不到我做了多少工作。"

老板有错是他的事，我们的错误是自己的表达能力不好，白白把机会拱手让给了别人。当老板和你聊天的时候，或者你知道怎么说能让他觉得你是一个可靠、扛得住压力的人的时候，他会倾向于相信你在工作中也能拿得下任务，未来也将是中流砥柱。你就比不会聊的、谦虚的人多了竞争优势。

即使面对当下每一天的生活，你也需要提高口头战斗力：你的新客户需要在短时间内感到你可信，你的老客户需要你的情感维护，你的家庭需要经营，你的伴侣需要在你看似轻松的几句闲聊中就能帮他做出决定，你的孩子需要在你轻松的话语中感受到爱，而不是你知道自己心中有爱，口头却无力表达。

当然，语言表达能力有不同的形式和层次。

在本书里，我们更多地选择了聊天的语言案例，让大家感受日常话语的力量，因为在我看来，聊天的能力比辩论的能力更为重要。很多辩论高手都让人心生畏惧，他赢了对方，却输了朋友。这不是我们想要的结果，真正会聊的人，他们是高情商的人。

我们可以一星期不辩论、一个月不谈判、一辈子不主持，但很难做到一天不聊天。聊天可以让人发现别人的更多面，发现自己最深的一面。高情商的聊天让自己更加具有主动性，却没有攻击性，能够从容地把讨论、分享、探究的方式加入自然的聊天状态里，真正懂得共情和对抗的艺术。

　　尤其要强调的是，在互联网时代，大家大多靠网络沟通。此时，人与人之间面对面对话的能力都在退化。此刻，不是不需要高情商聊天的能力，而是物以稀为贵，令会聊天变得更重要了。

　　让本书陪你一起提升势能——当别人和你聊几句，或者你和别人聊几句，你就能让复杂的问题变成没有问题，能说服别人而不让别人感觉自己是在被说服。对方始终爱和你在一起聊天的时候，你就是有魅力的人。这样的人，人们愿意去支持、信赖和依靠。这和他懂不懂人工智能、会不会做财务报表、能不能纵横捭阖，都没关系。

第一章

开口就能不一样：
让你在对方的认知系统里升级

给对方留下深刻印象

在当今这个时代，人与人的见面和认识变得容易起来，但能给人留下深刻印象的人并不多。

我们期待别人能记住自己，甚至有人说，"宁可给人留下'怪印象'，也不要没印象"。例如，故意把领带折起来，或者在初次见面聊天的时候就力求一语惊人，又或者在行动上更加积极和刻意制造热闹气氛。可是，这三种方式的效果并不够好，要知道"这个人很怪"的刻板印象一旦形成，再想树立正常、可靠的形象就困难了。

那么，我们怎么做才能给别人留下深刻的印象呢？

第一，让自己说有趣的话，变成有趣的人。

我们遇到的人越来越多，可是，有趣的人却越来越少。与其徒劳奔走，不如让对方被你的有趣吸引。这样，对方自然对你感兴趣。

你可以通过学习一些有趣的笑话，令对方"闻所未闻"、印象深刻。当然，这么做的危险是对于初次见面的人，"玩笑而不伤人"是困难的，因为一句玩笑说出口，你根本不知道你的笑点是不是对方的痛点。

在这里，我们提到一种高级的有趣，也就是并不是普通的讲笑话，而是说出令对方感兴趣的话。

具体怎么操作呢？

人的复杂性决定着人有很多面：一个外表极为热情和开放的人，内心一定有某一个角落也是不能对人言的，或者有着不为人知的痛苦；一个极其安静、从容的人，也许某一刻正在拼命地压抑自己内心涌起的暗流。

我们在和陌生人接触的过程中，如果能够指出人的这种矛盾性，对方将感觉"你真是懂我"。

比如对一个内向、不善言谈的人说："你今天虽然没有说太多话，但我感受到了你的支持。"

对一个外向、开朗的人说："你今天的每一个沉默都是一种态度，我知道你内心是有自己的坚持的。"

这就是"说出内向的人的外向性，说出外向的人的内向性"，让人感受到你的细致、温暖与关注。

第二，投机的人越来越多，肯耐心准备的人却越来越少。

当我们去见一个人的时候，如果能够提前将对方的资料和信息进行搜集和整理，你说话的时候注意把相应的话"嵌"进去，对方自然会对你有好感。

1. 你说话的时候，引用了对方说过的一些很有战略思想或者和别人不一样的观点，那就是对方的得意之处。只要你提出来，对方就会自动接话和延伸话题。你说："我留意到您在充满了变化的当下，提出了一个职业人士还是要做至少三年的职业规划……"对方接下来和你绝对有的聊。

2. 提问的时候，结合对方的个人经历来提问题。你说："您以前是名技术人员，后来成功地自我创业。请问在您看来，从技术岗位转移到领导岗位，需要克服哪些问题呢？"

3. 在自我介绍的时候，先介绍你们两人共同的特点。聊天时，哪怕你说"您是安徽人，我也是……"也比没有共同点要好得多。

第三，急功近利的人越来越多，第二次留下印象也是种策略。

有时候，我们在面对一些很有社会地位和成就的人时，被他们对外宣传的形象和气质所蒙蔽，尤其对年轻人而言，在自己崇拜的人面前，甚至会有点"害怕"和他们说话。事实上，这只能证明自己见过的人还不够多。

多年前，我想找一位知名的企业家谈项目合作。他在报纸上的形象是那么严肃、一丝不苟，我也看到过电视上的他：说话很慢，也很少，有时候观点很尖锐，不给人留情面。

第一次见面，是在一个公开场合，他来去匆匆，我的确没有找到机会上前进行自我介绍。

第二次见面的时候，我去他的企业拜访，发现他私下和外界的形象并不一样。他很随和，还很客气，当场送了我一支刚在国外买的钢笔，表示初次见面，要互相支持。

我接过钢笔，表示了谢意。同时，顺着他的话开始聊，我说这并不是我们第一次见面，只是他对我没印象了，但是他却给我留下了一个思考。我说起上一次见面的场景："当初参加那个企业家谈创新的活动就是为了听您的观点。当时，您提到了自己的企业也在寻找新的模式。我在想，您把企业做得这么好，还一直在努力和寻找新的突破，令我很感动，也对您更加尊敬了。"

听完我的话，他因为对我的毫无印象而有点不好意思地笑了笑，同时因为听到我对他的印象之深而对我也有了印象。后期，我们谈得很愉快，也有了成果。

当时，我就懂得了一个道理，有的人和电视上是不一样的，不要被电视上对方的犀利吓到，那可能只是一种传播自己和对外塑造自己必要的手段。

有很多人缺乏安全感，只愿意和脾气不好的人合作，因为在对方的强势和自负的包装下，他们才觉得项目可靠。

在那一次的拜访中，我还深深地领悟了一句话："人们不在意你说了什么，除非你说的让他知道你对他有多在意。"

说话是为了表达，不论你对人有多真诚，如果你无法恰当地表达出来，对方就不会感动。除非你们第一次见面的时候你就牢记住对方说了什么、做了什么，哪怕你只记得对方的帽子或者眼镜的颜色，你在第二次见面的时候，只要把你的观察说出来，你也能和别人不一样。

花样赞美人人爱

很多人都说自己并不喜欢听到别人对自己的赞美，那只是他们不喜欢听到重复、老套、空洞的赞美。如果说话的时候，你能让你的赞美真诚和巧妙一些，那么对方一定会听得"上瘾"。

好的赞美有哪些特点呢？

第一，好的赞美要真诚，并且发自内心。我听到很多人赞美别人的时候，都扭扭捏捏、声如蚊蚋。这种态度不可取，如果你用这样的态度和语气来赞美别人，那么宁可不要去说。我们观察那些成功的销售人员，会发现他们夸赞别人的时候，都大大方方、不做作。有时候，明知道对方是为了你口袋里的钱，你还是会不由自主地高兴。要知道，当一个人心情好的时候，大脑就会活跃，思考事情的时候就会倾向于积极的一面，这种积极会推动和加速两个人的互动关系。所以下次，哪怕你只是要夸对方的形象很儒雅，你也要大大方方，大声地说出来。

第二，好的赞美要令人放松，让人觉得不夸张。大家有没有发现这样一个现象：我们夸赞了某个人之后，他和我们的关系非但没有变得亲近，反而还疏远了，对方想见我们的积极性反而越来越低了。

人们在自己的行为中追求一致性，如果你的赞美表现出一种只是给对方"戴高帽"的感觉，对方就会因为难以达到你的赞美，而与你保持距离。

例如，你对一个人说："您真是个好人，每次当我需要您的时候，您都会义无反顾地支持我。"不是这个赞美不真诚，而是你的赞美中暗含着一种要求：对方"每次"都要"义无反顾"地支持你，这样才能符合你说的"真是个好人"的标准，这真是极高的期待和要求！

正确的赞美应该是就事论事地提到，这次对方的帮忙有多么及时。只要你把自己当时面临的艰难处境说得令人感同身受，对方就能知道这是你对他热心帮忙的赞美。

第三，好的赞美要灵活、有花样。

1. 可以配合一个小礼物进行赞美。我有一个朋友收到了下属的一个礼物，是一条领带。这个礼物选得有品位，又不夸张。更有意思的是，这个朋友还听到下属对他说了这样一句话："谢谢您一直以来的信任，希望您继续领着我、带着我，一起成长和进步。"您看，哪个领导会拒绝这样送来的"领带"呢？

2. 满足对方的多个需求。美国心理学家马斯洛提出了人的五大需求，分别是生理需求、安全需求、社交需求、尊重需求和自我实现。

其中，社交需求是人对友谊、爱情和社会关系的需求。一个人感受到了别人对自己的需要，从而感受到自己的社会价值。一般情况下，只要你向对方表达了感谢和赞美，就能够满足对方的这种心理需求。

尊重需求属于较高层次的需求，如成就、名声、地位和晋升机会等。尊重需求既包括对成就或自我价值的个人感觉，又包括他人对自己的尊重。

社交需求和尊重需求看似有重合的地方，但在实际运用上却有大大的不同。你对一个人说"老王是个很有能力的人"，和你对着一群人说"老王是个很有能力的人"，对老王的刺激当然不同。所以，你可以使用"在公开场合表达对对方的赞美"这一招。这样，你让对方的两个心理需求都满足了！

好的赞美需要以各种形式扩散，你当着老王的面赞美老王，和你背着老王去赞美老王，在当事人心中，感受又不一样。一个人在别人背后赞美他，会显得没有功利心，这会让一句平平常常的话变得更加真诚、令人感动。相信我，不要以为背后表扬人不会传到当事人的耳朵里，它会比你想象中的传达速度更快！

3. 赞美越含蓄，才会显得越高级。

赞美可以很具体。对方完成了一项工作，你与其大声吆喝说他太厉害了，不如将他的工作难点进行拆分。当你努力说这个工作原本有多么难，而对方能够克服困难完成的时候，你就已经是在赞美对方了。

明贬暗褒有转折。你可以这样说："我刚认识你的时候，对你有距离感，因为通常一个能力像你这么强的人，都会看不惯别人，对其他人没有太多包容性。后来，我和你一接触，发现你真的太难得了，你对自己要求很高，但是待人却那么宽厚！"

赞美可以"曲径通幽"。你对一个人说"您是一个有社会地位的人"，对方一定会听过就忘，甚至有的人还会反感，觉得他是否有地位不必由你来评价和论断。但是，如果你了解他的家庭结构，你说："这次的事情多亏您帮忙。对于您而言，真的是没有克服不了的困难。除了工作伙伴，就是在家庭生活中，您的家人也一定会因为有您在身边而感觉特别踏实和安心吧？"这样的赞美，不但是赞美，还延续了话题。接下来，你们从工作就聊到了家人，从而迅速拉近彼此的心理距离。

找出令对方兴奋的话题

我们和自己不太了解的人说话，想开启一个话题是有些冒险的，甚至是那些我们好久不见的朋友，因为我们对对方的信息掌握得不全面，一开口都有可能造成尴尬。

再会说话的人也会遇到尴尬的场面，也会有自己当下解决不了的问题。说话是一辈子的功课，在面对一些陌生人的时候，永远都要有谨慎的心态，尽量多掌握对方的信息。

当我们掌握了对方的一些基本信息的时候，该怎么聊天能让对方产生兴奋的感觉，愿意继续和我们聊下去呢？可以从以下三个方面入手。

第一，聊对方最看重的事情。

总有一些话题，能涉及人们的共性，也是比较容易把握的话题。只是如果我们不学习，我们就会忽视这些话题。生活中，我常常遇到这样的提问："为什么我和一个人聊天，开始的时候聊得还挺好的，后来慢慢地，不知道为什么，对方就没热情了，事情就不了了之了？"

我们看如下一段对话：

小李："关于这次合作的细节，杨先生让我和您联系。"

某客户的市场部负责人苏女士："好的，欢迎谈合作。你们公司在业内很知名，早就听说过。"

小李："那太好了，我们约个时间，我去拜访您吧。"

苏女士："我们尽量安排在工作日吧，周末我想在家里照顾孩子。"

小李："您有孩子啦？"

苏女士："是的，呵呵，一儿一女。"

小李："那您下周一方便吗？"

苏女士："下周我要出差。"

小李："那您什么时候回来？"

苏女士："说不准，我有时间了再联系你。"

这是我看到过的一段真实的聊天记录。在这段对话里，我们看到了两个人的形象：一个是有些焦急，又有些冷漠的小李，一个是苏女士。两个人的对话在苏女士回答"一儿一女"之后，发生了急速的变化，苏女士的态度迅速冷了下来，因为小李在对话中，让苏女士产生了很不好的感觉。

也许有读者要问，小李的话看上去很斯文，没有什么错误。可是，对苏女士而言，完全不是如此。小李开始的时候做得不错，调动了苏女士的热情，让她愿意分享自己的私人信息。可是，当一个女人聊到自己的孩子的时候，你不回应几乎就是在"打对方的脸"，尤其是当苏女士主动说自己有"一儿一女"的时候。小李如果能够简单地回应："您太幸福了，儿女双全。"或者说："您太厉害了，抚养两个宝贝，还能做这么多工作，真让人羡慕。"甚至可以说："那我见面的时候，可不可以给两个宝贝带上一套睡前故事书呢？"如果有这样的一种互动，两个人的关系只能随着对话升温，绝不可能出现瞬间冰冷的局面。

我们聊天的时候，要在乎对方看重的事情：对于老人来说，他们在乎健康；对于男人来说，他们在乎事业的发展机遇；对于女人来说，聊到孩子几乎就根本停不下来。

第二，聊对方骄傲的事情。

当我们接触的人越来越多的时候，我们就会发现，人都有一种不太好的习惯，就是看轻别人的得失，而看重自己的输赢。如果我们能够克服内心的狭隘，多看重别人，让别人多聊点儿他们骄傲的事情，少聊点儿自己有多完美，你就可以靠这一点点和别人的不一样，让对方感受到你的好。

有的人会说，可是我的聊天对象真的就是个平凡的人，估计他也没有什么骄傲的过往可以聊，怎么办？其实，没有一个人会真心觉得自己平凡到和任何人都一样，因为每个人都要在生活中克服诸多困难。至于我们具体从哪里开始展开话题，能让对方感觉自己很骄傲，我建议从对方的工作开聊。

例如，当你知道对方的工作是"报关"，你就可以以请教的姿态问对方，这个工作的难点是什么，听说报关的相关证书非常不好考……

当你聊到这样一个话题时，你就进入了对方熟悉的领域。他自然就会兴奋起来，哪怕他的工作实际上做得很一般，他在你这个外行人面前，也是标准的内行。他做得再一般，懂的也一定比你多得多。

你会发现对方聊着聊着，脸上就露出了一些得意的表情，也不自觉会出现专家般的状态。当一个人自我感觉非常好的时候，他看你也就越看越顺眼、越看越贴心。

第三，在对方兴奋的话题里找机会。

一次痛快、热络的聊天显示了一个人说话的能力，可是，你有没有发现，有的人很擅长制造这样的氛围，也很会聊天，但是交际能力却真的很一般，为什么呢？这是因为他和别人聊了一次，别人觉得他很好，但是聊完就聊完了，然后就没有然后了。这样的聊天是被浪费掉的，我们聊天的目的是为了更好地表达和交际。说话只是一种手段，交际才是目的。

在对方聊得很兴奋的话题里，你要寻找下一次见面的机会。例如，有一次，我想约一个老领导吃饭。可是，不能一上来就对他说想约他吃饭，他一定会拒绝。于是，我就和他聊起了他的业余爱好，他说他平时就喜欢钓鱼。

我一听就蒙了，坦白讲，我是完全不懂钓鱼的，我也不可能陪着他去钓鱼，钓鱼太浪费时间了。可是，我当时问了一下他习惯去哪里钓鱼。他告诉了我一个位置，我知道那儿附近有一家很好的素食餐厅，正好也很适合他。于是，我就主动问他下次是否约到那里吃饭，他很痛快地答应了。

在一些看似平平常常的话语中，给自己寻找机会，让自己真的会聊天。比如，当对方聊到自己的日常保健时，你可以多问一些细节，下次见面的时候送对方一件他正缺的保健器材。又如，如果对方聊到自己的孩子正在高考，你可以约对方一起去拜访你认识的某一位高中老师。

诸如这样的对话和聊天都很有意思，虽然没有什么惊人之语，但是在不知不觉中会让你的目的达成。

不会说话不是好理由

　　有的人这样评价自己："我心地很好，就是不会说话，总是惹别人生气。"或者说："我这个人就是心里藏不住事儿，看到别人的缺点总想指出来。"还有人说："我脾气不好，一生气的时候就爱骂人，但是我的坏脾气只要一过去，我就忘了之前说过什么了。"

　　在我看来，这些都是不留口德的人给自己找的种种借口。一个人对自己没有要求的时候，其实是给对方提出了很高的要求。他们总是以一种不成熟的态度要求别人能体谅自己的缺点，而自己不改进，这绝对不是对自己负责任的态度。这样的态度只会带来他人与我们的疏离，因为人们不会真正在乎那些在语言上不尊重自己的人。

　　反之，在人际交往的过程中，恰到好处的说话技巧能够让对方对我们更加信任。我们可以从三种情况来理解会说话的重要性，并能从中体会到会说话有时候不仅仅是一种技能，也是一种懂得为他人着想的"厚道"。

第一种情况，会说话意味着不会把压力转移给对方。

恋爱中的男女在一起聊天，女人问："你现在处于创业期，我不知道未来会怎么样，不过我发现你现在根本不能给我提供我想要的生活。"

男人应该如何回应？

初级说法："我现在就是没钱，你再怎么不满意也没用。"

升级说法："我现在的状况就是需要往项目里不断地投钱，我知道自己挺对不起你的。"

高级说法："我将来会给你想要的生活，但现在需要我们一起熬过去。"

在三种话语中，我们感受到的并不只是会说话和不会说话的差距，我们看到的是三种面孔和三种品性。

使用初级说法回应的人，他心中只有自己，对对方的感受选择性地忽视，他们妄图把自己创业的压力转移给对方。使用升级说法的人，他看到了对方的不满意，但是并不想改变现状。使用高级说法的人，一定是个情商高手。他并没有巧舌如簧地给对方勾勒未来的蓝图，但是在他的回应中，他把自己和对方视为一个整体。而且，他的回应中还暗含着对彼此的一种承诺，在平实的语言中体现了自己的雄心和厚道。

第二种情况，会说话才能让对方真正测量到你的实力。

我曾经遇到过这样一件事，在我的团队中需要培养一个副手，有两个同事的表现很突出，我需要决定给其中的一位升职。

平时，我很留心两个人的表现。我观察了一段时间后，给其中的一个人升职了。

另一个人很委屈，对我说："张总，我们一起共事三年了，我不明白为什么你这么一个公道、聪明的人，也会喜欢那种就会耍嘴皮子的人。"

因为这名老员工是踏实肯干的人，也的确是团队中的核心员工，听他这么说，我很愿意和他开诚布公地聊一次。

我说："你对余副总有看法？"

他说："我觉得我和他相比，自己具备几个优势：第一，我的业绩并不比他差；第二，我和同事的合作比他要顺利，他和同事起过冲突，我一次也没有；第三，他总是夸夸其谈，想法很多，但实现得很少。"

我听他这么说，才发现这位一向沉默寡言的老部下一定是思虑很久，才有备而来。

我说："你的这些想法一定把自己折磨了很久吧？"

他本来很有气势，但一听我这么说，他默默地点了点头，说他只是想和我推心置腹地谈一谈，就是想知道我对他的看法究竟是怎么样的。

我说："我认可你的工作能力，我觉得余副总也需要你的协助，才能一起把团队带好。但是，我并非是因为余副总只会耍嘴皮子才让他升职的。如果是这样，你对我也是没有信心的。针对你对他的看法，我们可以换个角度来看。第一，你们业绩相当，也就意味着余副总的业务能力也很强。第二，他和同事起冲突固然不对，但是你这么多年是怎么工作的，我比你更懂得你的委屈。很多时候，你为了回避和同事的矛盾而委曲求全，让自己承担了太多的任务和压力。从这个角度来看，如果让你升职，你这么在乎人情味的一个人，可能会在新的工作中更受委屈和更被动，这对你未必是好事。第三，在你看来，余副总提出了很多建议，平时也很能夸夸其谈。可是，表达能力也是一种领导力。此前，我没有给他更多机会让他把想法投入项目，是因为他还不是这个部门的决策人，但当一个人成为一个领导之后，他就可以带着团队实现更多的创新了。因为一个好的领导不是听他的领导告诉他接下来要做什么，而是他要告诉所有人，接下来他要做什么。显然，他平时已经对自己有了这样的要求和训练，而他只是欠缺这样一个机会而已。"

这位同事听到这些话后，是很平静的，表示出了一个团队老大哥惯有的忠厚和虚心。他是个厚道的人，但是脑子转得并不慢，他随即就表示一定会继续好好支持我和余副总的工作，也会在团队中积极地起好带头作用。

第三种情况，会说话有时候意味着他能对自己的一切负责任。

我有一个朋友，有一段时间，大家听说他遭受了家庭的打击。据说，他的伴侣携带了他所有的资金去了国外，和他分道扬镳了。

我们几个朋友约他喝酒，大家谁都不提他的痛处，倒是他自己轻描淡写地说了几句："最近心情不太好，不过好在金钱上没有什么损失，大家都不用担心。"并表示"家庭生活出现的烦恼我有能力解决"。

一番话说完，大家都松了口气。

可就在当晚，他独自一人到了我家，烂醉如泥，痛哭流涕。当晚，我知道他的全部资金都被转移，他遭受的巨大打击和欺骗是只有时间才能疗治的创痛。

第二天早上，我借了一笔解燃眉之急的钱给他，然后什么都没有再提，就送他离开了。

经历了这一次的事情，我知道我的这位朋友一定能再站起来，因为他在人生最低谷的时候，依然保持了冷静和理性。

他在极为失意的时候依然是一个很会说话的人，他的会说话体现在有的事情是不能全部说出来的：他的朋友中就有他的客户，客户如果知道他出事了，对他的信任难免会动摇；大家不但帮不了他，还有可能给他造成压力。但是，他又没有对朋友们撒谎和掩饰，这让大家也都觉得他是一个表里如一的人。他没有否认自己的状态，还是把所有人都当作朋友的。最后，他找了能够帮助自己的人，也就是对当时手头资金还相对宽裕的我，将实情相告。我会因为他"独有一份"的信任，而愿意帮助他渡过难关。

这样看来，会说话的人就是会生活和懂生活的人。他们既能用话语为自己争取到更好的利益和更好的处境，又能在失意和低谷之时，用话语保护自己的权利，给自己和他人带来力量。

让小动作配合你的请求

当你和一个人聊天时，对方接触到的其实是你一整套的反应系统。你的小动作也许你自己不注意，但对方却尽收眼底。

我们在面对一个人的时候，"说了什么"和"做了什么"都非常重要。那么，如何让自己做的和说的匹配起来，向对方传达统一而友好的信息呢？尤其是在我们请求对方帮忙的时候，更需要一些小办法。

第一，模仿对方的小动作，引起对方的好感。

这里并不是拙劣的模仿，例如当对方摸鼻子的时候，你也摸鼻子。这样的模仿非但不会引起对方的好感，还会令对方产生误会，以为你在取笑他的动作不雅。

这里提倡的是，当我们和对方谈话的时候，能够把握住对方的心理，毕竟每个人都希望和自己交谈的对象能够与自己处于同一频道上。具体的操作方式是，当对方出现放松的状态时，如果他解开了西装上的一粒扣子，你不妨也可以往沙发的后背上靠，表示和对方有同样的状态和感受。当对方支起胳膊，托着头思考的时候，你不妨向对方靠近一些，微微皱起眉头，也处于一种思考的状态。

这样，除了你们之间说的话，你们的状态也都是一致的。这样会让对方觉得和你聊天能够"聊到一起去"。

第二，求对方帮助的时候，让环境替你加分。

当你想请对方帮忙时，不管你说得有多诚恳，但是你能想象你坐在一个高高在上的椅子上，向对方说"请您一定要帮忙"，对方会觉得你特别需要他吗？

你可以这样操作。首先，找个舒服的环境为自己争取表达的时间，例如你让对方坐在一个软软的沙发里。沙发足够软，他就不太容易起身，无形中就会多给你一点时间听你说。

不要小看多出来的一点时间，如果让你看一部长篇小说，你会发现，当你看到反面人物的描写越来越多的时候，你就会把他的行为合理化，对这个人物有更多的体谅和理解。

然后，你可以先坐在对方的位置，提前观察一下他所能看到的风景。如果在一个包间里，对方的视野非常开阔，他的心情就会舒畅；如果你约在一个熙熙攘攘的餐厅，他看到你的背后有来来往往的人，他的视线会乱，心情也会受到干扰，就无法专心听你说话了。

最后，当你对别人说出请求的时候，要让自己的位置比对方低一些，要让对方看你的时候视线往下走。对方无形中就会感受到自己是掌握主动权的一方，这样会满足他内心的优越感。如果他的感受好，自然就容易答应你。

第三，在你具体说事情的时候，可以适当地制造停顿，用小幅度的动作表达内心丰富的感受。

很多动作都暗含着一些情绪，我们看电影的时候，如果留心就会发现，演员会使用各种小动作来表达情绪。例如，一个男孩要抚摸心爱女孩的头发，为了显示他内心的紧张、羞涩，他的手会有一些表演。刻意地让自己的手哆嗦一下，就能完成这样的表演。

说话的时候也是如此，人们常常说，说话利索的人适合做销售，事实却未必如此。在我的朋友中，有一位金牌销售老李，他说话非但不快，有时候你认真听，还会听出来他有一些口吃。可在他的客户看来，老李在说话上的这个缺点却是和他的整体形象配套的：老李给人一种老实敦厚，永远不会花言巧语的感觉。

还有一些电视节目主持人，你初看他们的时候，不觉得他们的外形有什么特别大的优势，听他们说话也听不出有太多的内涵，甚至感觉不到他们的反应有多快。可是，有的节目需要的就是他们的这种感觉：毫无攻击性，令观众感觉此人很有眼缘；没有倾向性，把更多的表达和阐述观点的机会留给嘉宾。

我们在请求别人帮忙的时候，更需要这一点。你当然不必模仿口吃，但是却可以在言谈中制造一些停顿，让自己的话说得没有那么快。这样做至少可以起到两个作用：第一，让对方感受到你内心是不愿意给他添麻烦的，你也是鼓足了勇气才提出请求的；第二，让对方的神经由紧绷到放松，当他放松的时候就更愿意接受你的请求了。

例如，你说："我有一个提议，只是不知道可不可以。"

对方说："你说吧。"

你不要立即提，而是停顿一下，说："嗯……"

对方此时进入到一个紧张的等待状态，他会说："没关系，你先说说看。"

此时，你说："我希望这个周末，你能陪我去看一场电影。"

如果你是一位女士，这样的对话会显得你是含蓄、不轻浮的；如果你是一位男士，这样的对话则显得你是一位略显紧张、害怕被拒绝的优雅绅士。

当对方这样看待你的时候，就会对你产生一种不忍伤害之心。这样，不管他是否答应你的请求，你在对方心目中的良好形象都没有因为这个请求而遭到破坏，反而更加深了对方对你的好感。

拒绝一览无余的直白呈现

在很多场合，我们都会被一些有趣的人所吸引。经过长时间的观察，我发现，有趣的人之所以有趣，往往是从说第一句话时就很有趣、很特别。当他们说第一句话"抓住"别人时，就能牢牢地吸引住别人的注意力，接下来会让人发现他们内在的更多吸引人的方面。

有一次，我参加一个朋友的生日会，有一位女士非常引人注目，围绕着她的男男女女时不时爆发出爽朗的笑声。

有一个人问她现在是不是单身，她说："像我这样充满了各种各样缺点的人，我得找个没有缺点的老公，来中和我的生活。"

围绕着她的人，尤其是女士们都笑着说她在做"白日梦"。（这不是典型的"想得美"的案例吗？）

她接着说："我希望他年轻、富有，对人宽厚又足够潇洒，非常体贴又具有魄力。"（男士们觉得这种要求简直是要求对方是外星人。）

于是，她周围的男士有人摇了摇头。

她停顿了一会儿，说了一句："所以，朋友们，我现在单身！"

大家开始善意地笑了起来。（这才符合大家对这个社会所持有的看法。而且，看到她爽快的表情，大家猛然又觉得她刚才的话是那么直率，谁又不是在期待自己能碰到一个完美伴侣呢？）

大家释放了刚才所有对她"自视甚高"的误会，有人接着和她聊天，问她平常生活中都做些什么，她接着说："所以，我现在可以把全部精力都投入到我公司的产品上。毕竟，一个完美的产品可以乖乖听我的话，还不会要求我做饭、洗衣、生孩子。"

说到这里，在场的很多人都会心大笑，开始要求和她互相认识、了解，进一步合作。

聚会结束后，这位女士果然成了大赢家，几乎所有人都想认识她，都想和她聊聊天。

从聊天的技术来看，她是一个情商高的人，她让看似稀松平常的事情多了一些余味和情趣。她很坦率地介绍自己，又不会让自己的信息呈现得一览无余。她在戏谑和玩笑中，去调动和利用别人的情绪，让大家从日常的话题开始了解她。等到别人对她足够有兴趣后，她再介绍自己的职业，并在介绍自己的职业时，还能在这个生硬的话题上，毫不生硬地呼应上面讲过的话题，令人觉得信息连贯、印象深刻。她如此自如，让别人觉得她始终在聊天，但是实际上，她已经成功地推出了自己的个人品牌。

我们在生活中想要多和一些有趣的朋友聊天，可以先尝试着把一些自己和别人之间的平常问答加进一些生活的趣味，让自己的情绪和回答，甚至是自己整个人都能更有趣地呈现出来。

生活中如此，工作中更是如此。

会聊天的人，擅长在平常中制造不平常，于是一名普通员工也能把自己领导的情绪快速调动起来。哪怕在电梯里遇到领导，也许只有一分钟的时间，他也会说上一句："昨天晚上看新闻，发现有个经济学家的观点和您说的一模一样。"这句话足以调动对方的好奇，领导多半会接着追问："是哪一句？"员工就可以争取更多和领导聊天的机会了。

还有的销售人士在和别人聊天的时候，会说上一句："我只耽误您一分钟的时间。"一般情况下，大家不会拒绝他的请求。于是，他抓住一分钟的时间，埋伏下足够多引起顾客注意的事件，下次再争取上门拜访，便于更好地给顾客解释其中的细节。

甚至在做工作汇报的时候，如果领导没有充足的时间，你只能做个简短的展示，要记住你展示的重点一定不要面面俱到，如同我们生活中的聊天，它也没有办法在短短的几句话里涵盖所有的信息。

它所呈现和介绍的重点一定是有趣的、丰富的、能引起对方好奇心的事情。

常常会看到一些年轻的孩子特别"老实",完全按照别人提出来的规定办事情,不知道变通。例如,有个年轻的同事曾让我给他3分钟时间,他要做一个简短的项目策划的汇报。我后悔自己没有告诉他,其实30分钟也可以!

因为接下来的过程中,我惊讶地发现,我自己像在3分钟内听对方说了一个绕口令。他说的要点,我基本上没什么印象,但他说话的语速快到令我随时想要提醒他别忘了呼吸。更令人遗憾的是,还不到2分钟,他就把自己想说的全说完了。

可见,表达能力多么需要学习和有效的训练。

我相信,任何一个高情商、会说话的人都不敢说自己在聊天和表达方面已经没有问题了。拿我自己来说,聊天和说话这个技能我从上大学开始就有意识地学习了,至今是我重要的工作内容,但我还是常常担心自己说得不好。

说得无趣、说得别人不懂、说得太快了都不是问题,真正的问题往往在于我们还误以为自己说得非常好。所以,在我和别人聊事情的时候,无论我觉得自己聊得有多好,我都习惯于自己聊完了之后,把话题抛给现场的另外一个人来进行补充,以避免让自己成为话题终结者,令大家都尴尬。

人们需要高水平的安慰

当看到别人伤心的时候，你会默默走开还是上前安慰几句？如果你安慰别人的时候说错了话，还不如默默走开。

那么，我们针对别人出现的不同状况，应该怎么说呢？

当别人不希望被问太多原因的时候，就一定不要追问原因，因为信息也是一种资源。你的步步紧逼会给他一种压力，他甚至会认为你利用他脆弱的时刻趁火打劫。

当别人对你倾诉自己有多么惨的时候，很多人都有一种偏见，以为此时只有开启"比惨模式"才会让对方舒缓情绪。这其实是一种很初级的做法，大家可以体会一下下面三段对话的不同。

初级说法：

"我今天很不开心。"

"怎么了？"

"因为我觉得自己在这个公司没有价值感。"

"其实我也是，我在这个公司也没价值感。其他人都太厉害了，业绩也特别强，我一想到别人比我厉害，也常常不知道该怎么办，我甚至还去给其他公司投了简历……"

"啊？！"

升级说法：

"我今天很不开心。"

"怎么了？"

"因为我觉得自己在这个公司没有价值感。"

"其实，我以前也有过这样的感觉。感觉别人比自己厉害，有时候也觉得自己的业绩做得不太顺。过了一段很纠结的时光，才走出来。"

"噢，那你是怎么走出来的？"

"我给自己做工作日志，记录自己每天一点点的进步。通过这种记录，我不和别人比，只和自己比。看到自己在一步步踏实地前进，我心里就不慌乱了。我知道别人今天做到的，我可以通过自己的努力明天来实现。"

"噢，你太厉害了，那我也试试吧。"

高级说法：

"我今天很不开心。"

"怎么了？"

"因为我觉得自己在这个公司没有价值感。"

"你怎么能有这样的感觉？"

"我比较了一下自己部门的同事，发现别人做的业务量是我的三倍，可是我的工作时间比他们任何一个人的都长。我周末还加班，甚至自己还花了好多钱去外面参加相关业务的培训，可是都没有什么效果，我觉得我快坚持不下去了。"

"噢，我觉得你很了不起呀，这么忙碌的生活节奏，还能坚持给自己充电的人不多了！你学习的东西将来一定能派上用场。另外，我也不认为你和自己部门的同事比较，你比任何一个人差。我们每个人刚来这个公司的时候，都是手忙脚乱的，而你居然很好地适应了，还能在业务上量化自己和别人的差距。你这么有心，一定会越来越好。不信的话，你可以每天做一做工作日志，也许你就能发现你和别人的差距在逐渐变小，你正在一条通往强大的路上一路狂奔呢！"

初级说法的危害在于，因为比惨，过度地透露了自己的信息。而且，这种负面的想法对需要安慰的人根本不起积极作用。也许对方当时觉得有个人和自己一起站在沼泽里，心理上产生了一点儿亲近的感觉，但是事后，只要对方过了这个阶段，就会看轻你，觉得你不过如此。

中级说法的特点是，比初级的做法有所升级，能够成功地转移对方的情绪和话题，并且给对方提供了合理的建议，但是这样的说法会让对方当时只能说你真棒，说你比他厉害，说他要跟你学习学习。要知道，需要安慰的人本来情绪就处于一个自己价值感很弱的阶段，而你几乎是站在岸边，对着一个沼泽地里的人喊："过来吧，可容易了，我当年就是轻而易举地过来的！"表面上看这样的安慰没什么问题，但是这对促进两个人的关系并不会起到更积极的作用。

高级说法的优势在于，提醒对方，你的脚下本来就没有沼泽，你"本来就很美"，从根本上帮对方建立自信！要知道，无论一个人遇到多么棘手的事件、有着多糟糕的境遇，最终都要靠他自己去克服，先有自信，后有方法。当对方的自信提高的时候，无论你推荐的方法是否管用，对方都会积极尝试，并且在方法无用的时候依然对你心怀感激，然后寻找其他的方法实现自己的目标。

当别人说自己的感情出现问题的时候，大家也可以比较一下这三种说法的不同：

初级说法：

"我今天不开心，和老公吵架了。"

"为什么呢？"

"因为老公的妹妹想来我家住一段时间，我没答应。"

"噢，你老公真是太不尊重人了。他凭什么替你做决定，他根本就是想欺负你。"

升级说法：

"我今天不开心，和老公吵架了。"

"为什么呢？"

"因为老公的妹妹想来我家住一段时间，我没答应。"

"噢，那你就直接告诉他你不同意，但是不要和他吵了。"

高级说法：

"我今天不开心，和老公吵架了。"

"为什么呢？"

"因为老公的妹妹想来我家住一段时间，我没答应。"

"噢，你老公肯定也知道不方便，但是他可能觉得你是个大度的人就答应了。当然，再大度的人也有自己不能接受的事情。所以，他提他的需求，你也可以提你的需求：他妹妹是不是一定要住你家，她想住多久，如果一定要来家里住，那么三个人的生活怎样可以互相都不打扰……也许你们聊着聊着，他自己就觉得太麻烦、不太合适了。"

在这个案例演示中，初级说法的危害是没有从本质上把握人与人之间的关系，尤其对于夫妻矛盾来说，任何第三个评判的人都是"外人"。对方向你倾诉自己不能解决的烦心事，正是来源于她和最亲密的人之间的分歧。初级说法有可能加深了分歧、离间了关系，让对方置于危险的境地，就是把自己置于危险地位。

升级说法的特点是，维护了眼前人，表面上对对方的伴侣并没有指责，而是直接给出了建议的方法。当然，这对于对方解决真正的问题来说，是没有什么作用的。需要安慰的人并非不知道吵架不好，而是由于和最亲密的人意见不同，当时可能就有点儿心情不好。她也并非没有先和对方表明态度，只是由于内心太强烈的排斥，有可能乱了阵脚，于是演变成了与丈夫的吵架。总之，升级说法的建议是对的，但是并没有什么作用。

高级说法的优势在于面面俱到，案例中的老公、老婆、妹妹都是好人，万事都有解决的办法。这样的回答能够在这么不利的情况下，不仅能让对方心情得到平复，同时在劝慰对方的时候，还提供了帮对方分步骤进行谈判的方法。

当你的同事骂你们共同的领导时，大家也可以比较一下这三种说法的不同：

初级说法：

"我今天不开心，领导批评我了。"

"为什么呢？"

"他说我工作不积极。"

"咱们领导就是个工作狂，总是用他的工作态度来要求别人，他就是做梦！"

升级说法：

"我今天不开心，领导批评我了。"

"为什么呢？"

"他说我工作不积极。"

"咱们领导哇……唉！"

高级说法：

"我今天不开心，领导批评我了。"

"为什么呢？"

"他说我工作不积极。"

"看来他对你期望挺高哇。"

初级说法的危害是，让自己完全站在了领导的对立面，而且胁迫诉苦的人也站在了领导的对立面，这是非常不妙的。在任何公司和单位中，领导的作用基本等同于资源，一个想要快速发展的人，一定不可以得罪自己的领导。

升级说法的特点是，和自己的同事站在了一起。同时，对领导的一声叹息，并没有明确指责自己的领导，但是又暗含批评。

高级说法的优势在于能够把负面情绪转化为正面的、积极的力量，既赞美了对方，又没有批评领导，让所有人都能够进入一个良性的环境中。

说"对不起"的艺术

生活中，我们常常需要对别人说"对不起"。

我们分三种情况介绍对不起应该怎么说：第一种是真正对别人造成困扰和不开心的时候；第二种是在工作中的某些重要时刻，我们要判断是否需要说"对不起"；第三种是别人指责我们并没有达到他们期待我们达到的目标的时候。

第一种情况，无论事大事小，都没有不能接受的道歉，只有不能接受的敷衍。

说对不起是一种对你内心的考验，你是真心承认自己对别人已经造成了伤害，还是给自己找各种各样的借口，或者是从根本上觉得说句对不起只是为了可以摆平眼前的事。

内心的想法不同会让你的语言呈现不同的气势。

"对不起，但我不知道，我不就是晚来了 20 分钟吗，你为什么这么生气？"

"你不必这么生气，我对你说对不起还不行吗？"

"你别再揪着这个问题不放了，这个事儿算我错了。"

很难想象以上三种说法是出自一颗真诚、想道歉的心，仅仅是几个词就暗示着道歉的人有多么勉强和不情愿。尤其是第一句道歉，不但没有平复对方的情绪，反而会因为语言中暗含着的那种指责而激怒对方。

正确的道歉是一句恰到好处的对不起，在亲密关系中尤其适用。当你的伴侣生气的时候，你不该先说"对不起"，而是说："让我们一起来看看问题出在哪里。"

你的伴侣多半情况下都不会拒绝这样的请求，因为对一个人来说，听到对方说一句对不起不如听到对方说"以后不会再因为此类事件惹你生气"这样的话。

接下来，你们就可以一起梳理过程。通过这样的方式，不但疏导了情绪，而且还避免了激化矛盾，因为当对方开始倾诉和表达的时候，两人都进入了理性状态。

你也不必一定停留在道歉的区域，而是可以主动出击，询问对方更细节的感受和态度，借此更了解对方究竟是一个怎么样的人，摸清与他交往和交流的雷区究竟在哪里。

假如对方出现以下说法：

"你迟到了，我等了足足 20 分钟，这让我很生气。"

"你居然为了工作上的事耽误了我们的约会。"

"你明知道自己迟到了，还坐公交车过来。你就不能打个车吗？"

对方在乎的重点是不同的：第一种说法是对方对于时间的态度很认真，第二种说法可以从对方看待迟到的原因上分析出对方并不要求你是一个事业型的人，第三种说法可以看出对方的消费观和你之间的差异。

第二种情况，在我们的工作中需要说对不起的时候，要注意其中的利害关系。

有的情况下，我们坚决不能说对不起。

有时，你一定不能有个人感情色彩的流露。万一你流露出"对不起"，事情就会朝着更恶化的方向发展。

很多年前，当我刚开始升职的时候，发生了一件事情。

我的团队中有一个男孩，上班的时候他总是玩手机。有时候，我走到他身边发现他正在玩游戏，会用手敲一敲他的桌子示意一下。开始的时候，他还是比较注意，会有所收敛。

过了一段时间，他的心思明显就已经不在工作上了，经常玩游戏，团队的任务他常常不能完成，给其他的同事添了不少麻烦。后来，我找他谈话，他表示有一些私人的事情无法解决，心情无法调整。随后在一项重要的考核中，他没有达标，公司对他予以辞退，我也并没有对此挽留。

当公司辞退他的当晚，我接到了他母亲的电话，是从一个很偏远的地方打来的电话。原来，这个男孩的家里的确出现了一些变故：父母离异，双方为家中并不多的财产大打出手……这位母亲当时就在电话里哭出声来，说自己唯一的希望就是儿子。儿子在大城市找到了一份好工作令她很欣慰，都是自己的婚姻不幸，让儿子多年来在精神状态上很不好。她还表示自己的儿子是一个好孩子，就是有时候太内向、不爱说话，有时候会得罪别人，希望我作为他的领导，再给他一次机会。

面对一个老母亲的哭泣，我的确心软了。于是，我花了很长的时间接听这个电话，并从我的角度来宽慰老人。

我告诉她：第一，是公司的考核他没有通过，所有人都按照统一的标准进行录用，并不存在针对他个人的行为。这个孩子平时与人为善，与大家之间没有矛盾。

第二，他近期的状态是不好，不太适合工作。以往他上班玩游戏，我示意一下，他会改正。后来，即使我明确表示他不可以在上班的时候玩手机，他还是继续低头玩手机。这表示他已经进入一个自己都不能调整的状态里去了。

第三，也许在她生活的地方，一个男孩找一个不用风吹日晒、坐在办公室的工作的确很难，因为越是小城市，得到这样的工作机会就越少，可是在大城市，工作岗位和机会都很多。她的孩子从我们公司离开，只要锻炼好自己的能力、调整好自己的心态，让自己保持积极的态度，找到类似的工作并不困难。

这位母亲并没有放弃，依然对我说起她给儿子造成的伤害，而且哭着求我一定要帮她让儿子重回公司上班。我最后只能说："公司有公司的决定，公司也有公司的规矩。如果您一定希望自己的孩子重回我们公司上班，那就只能在我们再次招聘的时候，我把这个信息告诉给您的孩子，请他再来面试。但是，我并不知道什么时候会有这样的机会。"

就这样，这个长途电话打了很长的时间，还是在对方并不太愿意挂电话的状态下结束的。

后来，公司很长时间都没有招聘，我也渐渐淡忘了这个电话。突然有一天，在一次业内的聚会上，我听到了一个消息。

这个男孩去了另一家公司，与那家公司也发生了一些矛盾，出现了要把他辞退的情况。这个坏消息是人事部门的一个小姑娘负责通知他的。可是后来，男孩的家里来了几个人，对公司人事部门的这个姑娘不依不饶，说这个小姑娘答应好的事情并没有做到，说她理亏，说她当初就表示不应该辞退这个男孩，还答应帮助他重回工作岗位，事情没办成。这个小姑娘也道歉了，但是道歉没有用，他们要求公司必须再次录用这个男孩。最后，小姑娘由于种种原因被迫离开了公司，这个男孩也并没有再回到公司。

听到这个消息，我感喟不已。在工作上，我们常常会遇到很多人，有的人的成长环境和生活都是和我们不同的。可是，人人都有自己的困难需要克服，我们有时候面对一些存在各种困难的人时，要克服自己过多的"热心"，或者说有的热心在本质上是一种"软弱"。

在面对一位母亲的电话时，你会遭受很大的情感压力，但是如果你顶不住这样的压力，你不自控地表达同情，并做出一些承诺……在对方的理解上，她认为她已经彻底解决了一件事情。她不会认为你只是出于同情说了几句安慰的话，或者认为这只是你的个人行为，她会坚决地认为你代表一个公司做出了承诺。继而，你要为你本来不能承担的责任负责。这样会给双方都带来伤害，尤其是对你自己！

在类似的事件上，不论你被哪一种方式逼迫到墙角，你都不应该说"对不起"。

还有一种情况，是你应该以"对不起"或者是"不好意思给您添麻烦了"来开始。比如，当你销售的东西出现问题的时候，你明知道对方应该找你们公司售后部门来解决，但是因为客户是从你手上买的东西出问题了，所以你先表示抱歉，显示一种诚恳态度是正确的。这时，如果你说"对不起"，就不会有人对你不依不饶。

　　第三种情况的发生，通常发生在比较亲近的人之间。当我们没有达到别人的期待时，说对不起是对自己的残忍。比如，当别人干涉你的生活时，不要轻易说对不起，这样会赋予别人介入你生活的权利。这样的情况很多：当父母怪你为什么还不结婚的时候，当亲友说起你在国企工作得好好的却要转行的时候……这都属于别人对你的一种期待。

　　从根本上来说，这些是别人的事情，也是别人的焦虑，你完全不必为别人的焦虑而动摇对自己的信心，或是转移自己原来的目标。

把你的情绪说出来

人们难免有生气、郁闷、伤心和不被人理解的时候，这时候，说什么、做什么更能展示出你整个人的态度：有的人对令自己不舒服的人直接进行人身攻击；有的人表面什么都不说，回家生气气出了内伤；还有的人，只求当时痛快，大发脾气，令对方无力还击，然后丢掉了自己的朋友和客户。

以上都不可取，我们应该提前训练自己面对一些不愉快的场合的说话能力。这样遇到各种情况的时候，我们就能开口说，不让自己气出内伤，说对了，也不伤害别人。我们可以遵循以下三条原则：

去陈述事实，不编造故事。

去表达自己，不评价别人。

去讨论感受，不争论道理。

以上三条，看起来并不难，但是想要在盛怒之时做到却很难，我们需要更深刻地理解为什么要这么做。

举个例子来说，当我们迟到的时候，我们期待别人有什么样的反应？

对方有四种反应。

第一种："你真是一个不守时的人。"

第二种："你到底是怎么一回事？"

第三种："你迟到了半个小时。"

第四种："我有点担心你，没出什么状况吧？"

第一种说法最糟糕，对方表达负面情绪的时候，给你贴上了负面的标签。这意味着对你这个人的否定，也将导致双方关系的全面恶化。

第二种说法是直接宣泄情绪。这样的指责让你倍感压力，却并没有对你这个人做出坏的评价。

第三种说法基本上已经调整了情绪，只陈述了一个事实。在陈述中暗含着对方对你的期待，也就是他等待你的解释。

第四种说法是最会说话的人才能做出的表达。这样的一句关心，足以让你如沐春风，感受到善意和对方给予的关心。

也许会有人说，我们为什么要委屈自己？既然要把自己的情绪表达出来，当然就是为了让对方知道他的错误在哪里，让他知道自己不是好惹的。

其实，对错并非绝对，这要看我们的大脑是如何加工自己所见到的事实的。

以上述场景为例，事实只有一个，那就是你迟到了半小时。

可是，人们在大脑中加工事实的情况并不一样。

不自信的人感受到的是一种轻视，自负的人感到的是一种冒犯，冷静的人认为是一个常态，一个包容性强的人能够感受到对方的紧张和无奈。

我们要尽量拓宽自己的心胸，是因为我们对待自己和对待别人的标准有时候存在着天壤之别：

当我们自己迟到时，我们告诉自己，这只是一个偶然，当别人迟到时，我们有可能认为对方是个懒惰的人；当我们自己的工作出现失误时，我们告诉自己，都是因为最近任务太多，才忙中出错，当别人出现同样的错误时，我们有可能认定是对方能力不足；当我们去大把挥霍时间时，我们告诉自己，人生难免有一些放松的时刻，当别人享受这样的"放松"时，我们有可能觉得对方就是不求上进。

由此，我们可以看出，要改变语言，先要改变原则。要改变原则，先要改变思路。

以下三个场景可以帮助我们更好地理解和使用前面所说的三个原则。

当你好心邀请你的同事参加一个行业聚会的时候，他本来答应要来，最后却并没有来，你会以什么样的方式来询问他？

　　除了指责对方"出尔反尔"，你可以这样说："我邀请你一起来，本以为你会来，但是我没有看到你。是因为这个时间点，令你有些为难吗？"这样的一个疑问，你同时做到了：陈述事实，不编故事；表达自己，不评价对方；关注对方的感受，没有争论道理。

　　当你的父母干涉你的生活、婚姻、工作的时候，你真想说："这是我自己的事，用不着你们操心。"可是，你知道他们对你的干扰来源于他们的关心。所以，你可以这样直接表达自己的需求："我希望自己能够更加独立，所以，期待您能对我的婚姻赞助不包办，对我的工作建议不决策。"

　　当你的伴侣指责你太胖的时候，你本想还击："你也很胖。"可是，也许对方并不胖，也许对方真的是在为你的健康担心。那么，你可以这样说："我听到你说我胖，这让我更加焦虑。我希望下一次在我忍不住要吃更多的时候，你给我一个善意的提醒，或者在你出去锻炼身体的时候，能花一点儿耐心等待我和你一起去锻炼。"

　　值得注意的是，我们使用这样的表达方式时，要尽量把"我"放在句首，因为把"你"放在句首，在对方看来有可能是指责。当对方认为你在指责他的时候，他也不会顾全你的感受，反而会展开全面的自我防卫。那样谈话就真的进入了僵局，很难再靠三言两语挽救回来。

和内向的人如何聊天

和外向的人一起聊天，你可以放松；和内向的人一起聊天，你更要尊重他们的感受，并且给他们发言的机会。

曾经有一次，我和部门的同事开会，开会的时候多了一名实习生。那是一个很老实、木讷的男生，我们开会谈到了很多计划，他都低头不语。

后来，我们聊到了一个赞助方，希望他们能够为一次活动提供充足而有品位的礼品。分配工作的时候，我安排了这个男孩加入这次活动，并随口问他"没问题吧"。小男孩立即表示没问题，同时很认真地当场去确认和记录此次活动所需要的礼品数量和时间，并针对不同的情况将礼品做了分类。

更令人没想到的是，他说完这些，居然用低低的声音说了一句："那这样我就和我姐夫说去……"马上有同事留意到了他的这句话。这时，我们才知道，这个男孩的姐夫就是合作方的重要决策人。

在那次活动中，这个男孩的确发挥了很大的链接作用。后来，有人问他为什么这么低调，他的回答是："大家没有问的事情，我自己不愿意说。"

到后来，更让我们惊喜的是，这个男孩是团队中一个看似不活跃却很重要的人：开会时，大家一起天马行空地跑题的时候，他会羞涩而及时地劝大伙收回话题；当部门举办一些活动的时候，他甚至成了幕后的主角，提醒大家掌握节奏和流程；当我们通知客户来参加活动时，如果让他去联络和通知对方，他一定会把活动地址的具体位置描述得很清楚，将乘车路线、私家车如何停车等细节全部通知对方。

内向的人就是这样，也许他们思虑事情的想法很周全，也许他们对很多事情也有自己的独特优势，但是你不关注他们的感受，他们就不会主动去提。尤其在公开场合，我们会发现，总有几个积极发言的人，但这几个人的能量和观点有时候不足以涵盖你要知道的事情，所以开会的时候，在场只要有沉默的人，一定要适时地把话题引过去。

只要你有目标感地对他问一句"你觉得呢""你还有什么意见吗"，就比你对所有人说"还有不同意见的人可以提"更能激发他们参与和说话的欲望。

在日常生活中，我们和内向的人聊天，也有特别要注意的地方。

虽然我们有时候抱怨对方的话题太少，但是在对方看来，他们已经表达了很大的沟通意愿。

例如，一个内向的人突然问你："你周末干什么？"

如果你仅仅回答："我周末约了朋友去看望一个老首长。"

话题就到此结束，基本两个人的关系就不会再推进。

内向的人和外向的人有本质上的不同，外向的人提出一个问题，他会自动推进这个话题。还是以上面这个话题为例，外向的人可能就会自动接上话题，表达自己的计划："噢，你的活动还挺丰富的，我这个周末想去找个度假村放松一下，你有没有什么好的地方可以推荐？"

但是对于内向的人而言，他的一个简单的提问中可能暗含着某种需求和提问。他期待你回答完自己的问题后，问出那一句重要的话："你呢？"当你问出一句他们期待的话时，他们才能进入自我表达的阶段。

例如以下的对话：

初级说法：

"你周末干什么？"

"我去找朋友，你呢？"

"我一个人待着。"

以上对话的缺憾是因为对方封闭了自己，话题本可以再进一步，却到此结束了。在这里给大家透露一个简单的回应方法，那就是当对方说了你很难接话的一句话，或者是一时难以回应的话题时，你可以通过回复对方的关键词，给自己找时间，或者是启发对方再次进入互动中。例如：

"你周末干什么？"

"我去找朋友，你呢？"

"我一个人待着。"

"噢，一个人待着呀？"

"是的，周末也不知道去哪里。"

"我推荐你去一下附近新开的一个健身房，挺好的。"

"噢？"

"我最近和朋友去过，健身教练很专业……"

升级说法：

"你周末干什么？"

"我去找朋友，你呢？"

"我一个人待着。"

"噢，一个人待着不错呀，不被人打扰。那你一个人的时候愿意做些什么呢？"

"我爱看美剧。"

"噢，我看不懂，我爱看韩剧，最新出了一个韩剧，男主角是……"

以上对话的问题对很多人来说都很常见，那就是开始的时候话题成功地引导了对方，但是后期，自己就成了"麦霸"，围绕着自己开始表达和倾诉，完全忽略了对方的感受。

高级说法：

"你周末干什么？"

"我去找朋友，你呢？"

"我一个人待着。"

"噢，一个人待着不错呀，不被人打扰。那你一个人的时候愿意做些什么呢？"

"我爱看美剧。"

"美剧是不是更贴近生活呀？"

"我觉得美剧里的人物有很多缺点，但是却很有趣。"

以上对话的优点在于用提问引导对方有更多的表达。只要你开启了对方心灵的钥匙，你会发现内向的人心中别有丘壑。

扫一扫对方的困意

和善于倾听的人聊天是一种享受，和没有时间听我们说话的人聊天，有时候却是我们不得不面对的常态。

我们和这样的人聊天的时候，要迅速吸引对方的注意力。不然，即使你有再多的真知灼见或者新鲜、有趣的笑谈，如果不能在开始聊的三分钟让对方的精神为之一振，那么后面你会发现，无论你怎么努力，对方都是意兴阑珊。

那么，我们怎么能一扫对方的困意呢？尤其对于那些经常听恭维话的人来说，他需要听到一些让自己精神一振的话。所以，你得大胆地"刺激"他一下，让他的思维活起来。此时，他才能真正听到你说的话，也才能对你留下深刻的印象。

由于工作需要，我常常需要面对一些创业者和企业家。这两类人相对来说都不是好的倾听者，因为创业者和企业家的时间和注意力都是成本。

可是，在和他们谈合作之前，我不得不说些什么，让他们好好听我说话。

有时候，我会引用他们曾经说过的话，从中加工出一个疑问，例如："您曾经在很多场合讲过您做企业的初衷和您对该企业的发展愿景，其中您讲到过您一定不会让自己的企业涉足一些您不了解的行业。可是，我发现近年来，您的企业在传统的行业里也在布局和谋发展，您是怎样看待自己的这种变化呢？"

或者从企业发展的规律，问一个常规的问题，例如："任何企业的发展都要经历初创期、发展期、成熟期和衰退期，您有没有对自己的企业在未来可能要面临的衰退期做一些计划和准备？"

这些问题听起来也许并没有什么特别，但是如果在合适的时机下问出，就会绵里藏针，令人一扫困意。

有时候，哪怕是对别人的恭维，你也可以让你的思路不走寻常路，让对方"醒一下"。

对于初次见面聊天的人而言，恭维别人没有的东西是一种讽刺，恭维别人拥有的东西是一种常态，恭维别人已有的东西可能带来的烦恼是一种深入的洞察，容易引起共鸣，并能推进聊天。

通常来说，女人为美而生，男人在困难中展示力量。当我们遇到一个人的时候，去恭维女性的漂亮、恭维男性的坚强是常规动作。

那么，如何在常规动作中玩出花样，让对方有精神和你继续聊下去也是一种艺术。

拿女性来说。

初级说法：

"你不仅漂亮，还有才华。"

对方感受：对方会对你产生怀疑，你怎么能用眼睛看出这么"笼统"的"才华"？

升级说法：

"你是我见过的女创业家里面最漂亮的女士。"

对方感受：虽然流于俗套，但是对方的内心一定不会产生不悦的感觉。

高级说法：

"因为你是个企业家，要和形形色色的人打交道，你怕不怕别人不在乎你的内涵，只根据你的外表，就判断你只是一个漂亮、单纯的小姑娘而已？"

对方感受：提出这样的问题，显然你对对方的外表是高度赞美的，同时让对方既能够感受到你的赞美，又能够愿意继续和你往下深聊。

对于一些男性的恭维，我们可以用提问的方式入手，因为你毕竟不可能一见面就说："你真是个坚强的男子汉。"

所以，你的恭维可以转换成一种请教的方式，像询问对方一些问题，让对方感受到你对他的关注和崇拜。

比如："外界传言，这次为了企业更大的发展，您在股权上做了很大的让步，是什么让您具备这样的公心和洒脱？"

再如："我们都知道您总是提倡'办法总比困难多'，我曾听您的客户这样对我说起您，他说，只要您在现场，他们感觉一切问题都会有办法解决。那么，在您的职业生涯中，有哪一次的事件让您感觉最棘手？"

以上的提问中暗含着一种对对方品性的恭维，在无形中拉近了彼此的关系，打开了聊天的新局面。

自暴其短才是真诚之道

我们在生活中能看到很多真诚却不会说话的人。思想上，我们知道这样的人值得结交，但是行为上我们却偏偏选择了远离。可见，一个人真诚很重要，但是说话显得真诚又能恰到好处，也非常重要。

偏偏就是有很多人，在聊天这方面对自己没有严格的要求，动辄就说"我心地很好，只是不会说话""我心直口快，所以别人不能接受""我这么严厉地说话都是为了对方好，为了让对方意识到他的错误"。

以上这些说话方式都是自以为是的真诚。我常常用这样一个例子，让大家来感受"自以为是"有多么不可靠。

有个男人发牢骚说："我对我的女神那么好，可她为什么从来不给我打电话？！"

朋友为了维护对方的感受，立即回应："就是，她居然不给你打电话，真是太过分了。不过，你是怎么对她好的？"

这个男人说："我经常想着她——天气好的时候，我会想象她今天会做什么，她完全可以去游泳、打球、远足。天气不好的时候，我也会为她担心，想她出门会不会被太阳晒到。我享受美餐的时候会惦记着她是否好好吃早餐了，我还会担心她会不会因为总想着减肥而失去享受美食的乐趣……"

朋友接着说："就是说，你对她付出的一切，全部是在脑海里完成的，是吗？"

男人说："是啊，我们甚至都没有留对方的电话号码。"

很多朋友听完后，都会说，这完全是杜撰的，生活中怎么可能有这样的故事？我的回答是，故事是我杜撰的，但是道理却是真实的，并且在我们的生活中处处可见。

太多的人在和别人的交往中，只是为了完成自我感动，完全不在乎别人接收了多少好处。如同上述的笑话，对方一点好处都没有享受到，但是说话的人自己却被自己感动得热泪盈眶。

更可怕的是，在人们的聊天中，有的人说话只是为了让自己痛快，令对方可能收获的只有伤害。同时，说话的人还美化自己的语言，说自己真的是为了点出真相，帮助对方成长。

所以，我在此一定要强调的是，真诚，不只是你自己以为的口无遮拦，还需要是一种让对方感觉到的舒服。如何能够让对方舒服，我们可以从自暴其短来入手，而不是只盯着别人的短处。

第一，你可以点出自己存在着同样的问题。

在指出别人的缺点时，要告诉对方，你之所以对这个问题敏感，是因为你自己曾经也有这样的问题，再告诉对方你是如何克服的。

我们感受一下两种策略的不同：

初级说法："我开诚布公地告诉你，在这个事情上，你太想讨好所有人了，所以你模糊重点、远离目标，你的失败是必然的。而且，现在没有一个人说你的好话，大家都会觉得你开始的时候给所有人画大饼，最后跟着你的人什么都没有得到。"

升级说法："我能理解你在这个事情上的感受，你一开始时只是希望所有人都满意，但是这种好的想法在实际操作的时候却很难实现。我刚开始创业时也是这样的，后来我做事情的时候变乖了，会在一开始就把风险情况先提醒给所有人知道。"

第二，要站在对方的位置来看自己，表明你在乎对方的感受。

当我们遇到一个令我们特别放松的人时，我们一定要记得提醒自己，那是对方做得很好，对方是个情商高手。在这个过程中，我们享受到了对方带给我们的愉悦，我们投桃报李，要看到自己不足的地方，并真诚地表达出来。

初级说法："今天是我们第一次见面，我觉得你这个人挺好的。和你在一起，我想说什么就说什么，真是太放松了。你下次什么时候有空？我还想找你聊天。"

升级说法："我今天和你第一次见面，但我说了很多心里话。也许对你来说，我显得太唐突了，但是我的确对你产生了一种老朋友一样的感觉。希望下一次，也让我多倾听你的心声。"

第三，把自己暴露出来的短处进行反转的、合理化的分析和解释。

当你对一个人充满好感的时候，你会面临两种情况：第一种情况是对方真的知道你是很认可他的；第二种情况也完全有可能存在，就是真的产生了误会，对方并不知道你对他产生了好感。所以，你需要真诚地把自己的想法全面地表达出来。

初级说法："我平时很愿意和人沟通，今天不知道怎么了，特别不爱说话。"

升级说法："我平时话很多，今天话很少，因为你是少数能让我觉得，两个人坐在一起，不说什么话也感觉很自如的人。"

储备多样化的聊天经验

我和年轻人聊天的次数多了，发现年轻人分为三种类型：第一类是愿意听我说的人。他们有很多的迷茫，像探险似的接触这个世界，非常期待遇到有社会经验的人给予一定的指导。第二类是只在乎自己表达的人。他们不太在乎经验，也不太在乎别人怎么看自己，特立独行，有自己独特的观点。哪怕是错的，他们也有坚持的勇气。第三类是心有定见，却也不固化思维的年轻人。和他们聊天，你会发现他们的套路很深。他们会一层层地提问，来验证他们已有的观点，并利用你的经验来弥补他们思考中不周的地方。

这三类年轻人的特点都不是一朝一夕培养出来的，他们聊天的风格都和成长的经历相关联。我也曾是个年轻人，我推断这三种类型的年轻人可能有以下这样的人生阅历。

第一类年轻人所遇到的年长的人，可能是他的亲友，或者是他的师长，都是很有能力的人。只是由于他们比较内向，或者自信不足，而常常不敢和比他们年长的人交流和沟通。于是，他们一开口说话就容易变成"等待指导型"。

第二类年轻人，有可能是身边所遇到的年长的人，在他们看来活得并不精彩，也不值得他们崇拜和学习，所以他们有着很强的叛逆精神。他们不相信经验，而是更相信自己，他们一聊天就变成了"自我抒发型"。

第三类年轻人属于"心态开放型"，这种类型的人最大的优势在于不卑不亢。无论面对强势的人，还是弱势的人，他们都能够用自己的智慧和想法驾驭和把握聊天的形势，而不会被对方的年龄、身份、地位所影响。

年轻人如何养成这种开放的聊天心态呢？我建议年轻人在踏入社会之前去储备多样化的聊天经验，这个方法对于想要改变的第一类年轻人和第二类年轻人来说都是有效的。比如，和不同层次、不同社会地位、不同年龄段的人聊天。在这里，我要强调的是，要多和比你年龄大的人聊天，因为一个人和比自己年龄小的人沟通的时候，障碍还是比较少的，所以找比自己年龄大的人聊天，更具挑战性。

我们怎么找年龄大的人来储备聊天经验呢？不妨从身边的人入手，这是一个人最宝贵的资源。我们试想一下，一个年轻人只和自己的同龄人或者比自己年龄小的人交往，那么他遇到一些年龄大的人的时候，别人知道他在想什么，而他不知道对方在想什么；别人知道他的语言特点是什么，而他不知道怎么和年长的人打开话匣子。况且，一些重要的客户和领导，一般都是年长的人，毕竟资历和财富都是要靠时间去积累的。

具体如何操作呢？我们从三个维度入手：

第一，和你的父亲聊天。你可以通过和他聊他的生活经验，了解他所处的时代背景如何形成了他的价值观。而且，先从父亲开始着手聊天的好处是不怕犯错。聊好了，两个人开心；聊得不好了，至亲没有隔夜仇。你可以在这样的聊天过程中，体会年长的人说话的节奏和特点。

第二，和你的长辈聊天。这是帮你拓展范围和层次的方法，有的年轻人很不喜欢走亲戚，把看望长辈当成一种负担，这其实是错过了一种锻炼自己的机会。不要因为怕麻烦和懒，就忽视了这个重要的机会。和除了父亲以外的其他长辈聊天，好处是能通过慢慢锻炼，使你和不同圈层的年长的人都能够聊得来。最重要的是，在这个过程中体会一种人际关系中的微妙距离——对方和你之间有着一种微妙的距离。这个距离会提醒你如何说一些很实在的话，同时又能面面俱到，不引起对方的反感。

第三，和你的老师聊天。和老师聊得来，将来你就能和你的领导聊得来。我上学的时候就很爱和我的老师们聊天，这让我受益匪浅。比如，当时我看到老师们讲课时的风采，我误以为他们能够解决生活中所有的困惑，甚至听他们讲课的时候，容易神化对方，认为对方没有七情六欲。

后来，我和我的一位老师走得近了，还经常去老师家吃饭。我就发现，我所尊敬的老师学富五车，他不仅在本专业有所造诣，还对经济学、社会学、哲学、心理学都有很深的造诣。但是，他依然会被现实中的问题所困惑：他头疼和家人的关系，他头疼复杂的社会关系，他恨自己没有一张安静的书桌，他反感总是有人来找他办一些他办不到的事情……

真正和老师的关系走得近了，他便不再隐藏自己，在把他的经验和见解分享给我的同时，也把他的烦恼偶尔向我说说。我当时瞬间就懂得了什么才是人获得了财务自由之后，所面对的精神困惑。

后来，我在工作中和我的领导多有接触，我好像下意识地知道了他们这个年龄段的人的压力和苦恼是什么。所以，我小心地避开领导的禁区，知道有些话题坚决不能提；在汇报工作的时候，最好准备两个思路汇报，便于领导在繁忙的工作中可以快速做出选择；从来不辜负领导的信任，而是踏踏实实做好本职工作，不评价、不纠结、不陷入人事上的纠纷。

再后来，我第一次采访的就是一个重要人物，他是一个年长我很多的人。还好他的风格正好有点像我的那位大学老师，所以他的面部表情并没有吓到我。

我知道采访并不是从镜头对着我的第一个提问开始的，而是从我一接触就已经开始了。所以，我做到了轻松、自然。

我的老师告诉我，他们并不喜欢别人来神化自己。于是，我知道问一个长者一些什么样的问题就等于是在瘸子面前跛着走一样令人生厌，或者是表达那种夸张的崇拜基本上也就等于把对方架起来，让对方无法正常地说话，只能装出哲学家的样子来满足这种期待。

我很顺利地完成采访工作后，对方表扬我很老练，是个工作老手。其实，那是我第一次采访。可是，老练却不是一天练成的。

当我们懂得把身边一切可以聊天的资源用起来的时候，就会发现，谁都会给你带来不同的经验和惊喜。

浓墨重彩与轻描淡写打配合

聊天能够解决的事情超出我们的想象，很多从事视觉表达的设计师看似在拼作品，其实也是在拼他们是否具有高情商的聊天能力。在该说话的时候浓墨重彩，在该少说的时候轻描淡写，这会让一个人和他的作品都有了独特的风采。

举个例子来说，现在大家比拼赚钱的能力，应该与以往不同。现在，人们在乎的是单位时间内的收入情况，而不是整体收入情况，这是很多人迷恋自由职业的原因。

比如，一份工作你连续一个月加班，收入是一万元，但另外一份工作，一个月只需要工作一天，收入也是一万元，而后者就可以有更多的时间去旅行、读书，去提升自己。那么，后者的优势就变得非常明显。

假设你是一个设计师、摄影师、画家，你就必须走上单位时间创造更多财富这条道路。只有这样，你才能有时间上的余裕来进一步提升自己。

这就要求别人邀请你合作的时候，你必须会聊。如果你的情商足够高，你能让一个月薪一万的人对你的日薪一万毫不反感。

一个情商不高的人，他可能就会把自己的高价位的合理性给"说"砸了，比如："我就是这么高的价格，你有钱就合作，没钱就算了。"

我们来看看高情商的人士是怎么聊这件事的。印度有位导演塔森，他工作的报价非常高，但是他很会聊天，他用这样一段话震撼了众人，让人心悦诚服的同时，还让人更加期待和他的合作。他说："你出了一个价钱，不只是买到了我的导演能力及来替你工作的这段时间，还买到了我过去所有生活精华的结晶：我喝过的每一口酒、品过的每一杯咖啡、吃过的每一餐美食、看过的每一本书、坐过的每一把椅子、谈过的每一次恋爱、眼里看到过的美丽女子和风景、去过的每一个地方……你买的是我全部生命的精华，并将其化成30秒的广告，怎么会不贵？"

他用这么一段含义丰富、浓墨重彩的表述，成功地表达了和"有钱就合作，没钱就算了"一样的意思。

这也让我想到了另外一个故事。有一个汽车公司的一台电机出了问题，大家都束手无策。他们便邀请了一位专家来帮忙解决问题，此人用笔在电机外壳上画了一条线，告诉工作人员应该如何操作。

他索要的维修费是 1 万美元。当时，这家汽车公司的人都震惊了，因为在当时的条件下，这位专家的费用等于一个普通职员几十年的收入总和。这个专家不但是一个技术高手，还是一个自我宣传的高手。他表示：画一条线，1 美元；知道在哪儿画线，9999 美元。

据说，这家汽车公司的老板了解了专家的这个回答之后，不仅立即支付了 1 万美元，还重金聘用了这位专家。

一个人在说话的时候，怎样才能达到与众不同的征服效果，的确需要非常巧妙的策略。

有一位从事家装设计很多年的老朋友，就是因为他不懂得说话的策略，不能将滔滔不绝与惜字如金运用自如，最终无法提高他单位时间的收入！

有一次，我提醒他，该轻描淡写的时候就不要太啰唆，该说的时候就要浓墨重彩地说。

他问："什么时候该浓墨重彩，什么时候该轻描淡写？"

我给他举了个例子。他在给客户介绍他的方案的时候，总是把客户的水平看得很高，以为就靠他的几张图客户就能看明白。这是完全不对的，要把客户当作完全不在状态的"小白"，进行耐心讲解。但是，方案以外，对方和他闲聊家常的时候，要适当少说，保持微笑就好，不要表现得太八卦，冲淡自己的专业气质。

就是这个小小的改变，使他整个人的气质提升了不少。而大家知道，你的实力很重要，别人是否感觉你很有实力也很重要。

我还提醒他，浓墨重彩地强调自己要说的事情，并不一定是时间上的无节制。一个王牌设计师应该有的风范是，自己花一个月的时间苦思冥想，精心设计出方案，然后在一小时之内全部介绍完。当对方发出赞叹之声的时候，更要低调，少聊自己付出的艰辛和努力，多用成果展示自己，这样别人更会觉得你有实力！

后来，这位设计师朋友慢慢感觉到他工作中所面对的有些事情开始发生变化了。

我有一个年轻的同事，他深谙此道。

有一次，我有点好奇年轻人对当下电影产业的看法，以及他们的真正喜好。坐电梯的时候，我遇到了这位同事，我知道他刚研究生毕业就参加了工作，于是顺口问了一句他是如何看待美剧和国产剧的。

他当时不但谈了他的想法，还告诉了我与他的不同，以及他了解的其他年轻人的观影喜好。我一向非常偏爱说话条分缕析的人，他当时说的三点虽然没有突破我的思维边界，但是我觉得这个同事知识面很广，也很会表达。虽然只是短暂的交谈，但他给我留下了不错的印象。

更值得称赞的是，电梯间"轻描淡写"的谈话结束了，这件事情却并没有结束。不到三天的时间，他给我发了一封 3000 字的邮件。邮件中详细地介绍了他了解到的年轻人是如何选择去看一部电影的，还分析了很多有意思的现象，并适当地做了他自己的总结。比如，在他看来，"80 后""90 后"与"00 后"选择的不同之一，是更多地从走心直接跨入到了视觉征服的特点。

他的这份细致和努力思考，让我在工作中愿意给他更多发挥自我的机会。

第二章

让熟悉变信任：
以意想不到的角度"聊"出关系

让你和我之间发生故事

很多人之间的关系总是停留在熟悉这个阶段，似乎总是不能往前推进，成为很好的朋友。有时候是因为这两个人在价值观上存在着巨大的差别，落差太大的水面无法保持平静，但更多情况下，是有太多人的确不太会聊天。

下面大家来感受以下几种回应：

小李把自己的全家福给三位同事看，并介绍了自己家人的情况。

小陈看完照片后，说：

"你弟弟怎么长得比你还老？"

小孙看完照片后，说：

"你长得真年轻，比你弟弟看起来都年轻。"

小王看完照片后，说：

"平常我就觉得你状态特别好，我猜肯定是你的家族基因好。现在看来，果然如此，你家人都很有青春活力呀。不过，你比你弟弟显得还年轻，你是怎么做到的？"

在这三种回应中，小陈的回应很糟糕的原因是，他本来想赞美对方年轻，但是却选择了一个负面的方向，贬低了小李和小李的家人，这样的回应必然导致二人关系的疏远。

小孙的回应是很常用的一种赞美，也就是在一种比较中，突出自己要表达的重点。但是，这个比较并不是特别妥帖，原因是没有拿对方和自己比较，而是在对方的家人中做评判，所以有可能引起不同听话者的不同反应。

小王的回应会拉近两个人之间的关系，他的话听起来既简单又自然，但是其中用到的聊天的原理却很巧妙，也的确是高情商的人才能够自然运用的聊天术，他表达和释放的善意最多又最妥帖。

首先，他表示自己一直在关注小李。虽然小李是普通人，但是没有人不希望自己被关注、被在乎、被人崇拜，所以小王的入手就很高明。其次，他看的是对方的全家福，所以需要从整体表扬对方的家人。况且，对很多人来说，表扬他的家人比表扬他本人更会让他高兴。再次，他以提问的方式对对方进行了最高级的赞美，让自己和小李之间发生了连接。接下来，小李俨然就成了小王的老师，还能促成两个人继续深聊不中断。

如此，一环扣一环，衔接自然又不做作。

生活中，我们常常会欣赏很多人，但是一味地增进自己和对方的关系，有时候会换来对方的抗拒。不过，如果我们能够在恰当的时候把内心的友好展示出来，增加和对方接触的机会，我们的聊天就有了更好的效果。

我们再举个例子。

你给小李打电话，小李说："我今天又要加班。"

初级回应："你真倒霉"或者说"你努力工作，将来会有回报"。

升级回应："那我不打扰你了，你赶快工作吧。"

高级回应："我也不喜欢加班，但是如果我能和你一起加班，累了的时候一起聊聊天，我就觉得加班也是一种享受了。"

在这三种回应里，我们可以总结一下三种聊天的关键点。

初级回应的糟糕之处是冰冷地说道理，"你真倒霉"本意是为了迎合对方的情绪，但达到的效果却太负面，这样的负面语言会给对方带来更糟糕的感觉。"你努力工作，将来会有回报"是一种居高临下、妄下评判的态度，也给对方带来排斥的感觉。

升级回应的优点是能够关注对方当下的状态，表现了说话者是一个"怕给别人添麻烦"的人，但缺点是聊天的态度偏于保守，对两个人的关系没有推动。

高级回应的特点是，利用了对方的话题，制造了两个人之间一个有画面感的故事。故事是假设的，感情却是真的，那就是如果做一件讨厌的事，我身边有一个愿意待在一起的朋友，那么痛苦就会减半。

这种方法我们可以触类旁通。比如你和对方聊天的时候，你想表达自己的喜悦，你会说："今天真是玩得太开心了。"如果后面能再加一句和对方的关系，你的话给对方带来的感受就会很不同，这句话就变成："今天真是玩得太开心了，如果你在就更好了。"

不但在我们日常的聊天中如此，在一些重要的合作中，我们表达对对方公司的关注也可以使用这种方法。你要记住对方的得意之作和对方比较在意的话题，在聊天的时候，适当地利用这些话题。

让我们在下面这则对话里，感受两个人之间的情绪流动。

小王："你在干吗呢？"

小李："我在设计一个产品的促销活动，想一个好点子太难了。"

小王："你可以借鉴一下其他商家是怎么做的。"

小李："我还真发现你们公司有一款产品的活动做得非常好，三个阶段的推广都很给力，这个产品策划的内情你能指点我一下吗？"

小王："我们公司这方面是挺有优势的，要不我约一个同事，你们一起聊聊，看看能不能互相借鉴一下行业经验？"

小李："太好了，再大的困难，只要有你帮我，感觉已经胜利一半了。"

这段聊天在我们看起来也许有些轻松、平常，但是实际上，这段聊天能迅速拉近两个人的关系，并促使两个人成为统一战线的战友，并不是我们可以很随便就能做到的。这段对话完成下来，靠的是两个朋友间的高情商。他们对对方的每一句话都专心倾听，他们的每一个回应，都是对对方语言全情投入之后恰到好处的反馈。

恰到好处的自我加分

人和人之间要想建立起可靠的关系，需要恰到好处的自我加分。有的年轻人会觉得提个人的头衔很俗，但现实中，我们遇到的人基本都是普通的人，当你初次去见一个人的时候，对方无法快速了解你的价值，如果你有一些具备优势的职位，此时你自然地提起，还是会为自己加分的。只是在这个过程中要自然地表达，多考虑对方的感受。

大学生小王和小张都很优秀，学校有个活动，需要邀请社会名人李老师。两个人分别给李老师发去邀请函。

小王是这样写的：李老师，您好！我是××大学的学生会主席，我们想邀请您来参加我们读书节的活动。我们学校是国内重点的985院校，我们这次活动会有不少于100人参加。您如果来我们学校演讲，不但能够扩大您的影响力，还能推广您的新书。这次活动是免费的，但是我们会组织得很好。等待您的消息。

小张是这样写的：李老师，您好！三年前，我看了您的第一本书，被您的观念所影响。这三年来，我的生活变得积极和主动，和老师、同学们的关系也越来越亲密，我现在已经是××大学的学生会副主席。您为我带来的改变，让我一生受益，我一直想有机会当面对您说一声谢谢。这个机会终于来了，我们学校有一个读书文化节，同学们怀着热情邀请您来！我们不但有专业的组织能力，还有诚挚的热情。等待您的消息。

这两封邀请函一对比，我们就会感受到明显的不同。

首先，小王的邀请中流露着一种自恋，而非照顾到李老师的感受。他介绍自己的学校，完全没有必要提到985，因为已经有足够知名度的加分项。你越淡淡地提，你在对方心中的分量反而越重。

其次，对于一个在社会上已经有所建树的人来说，直接地表达"我这么做能扩大你的影响力"，基本上是对对方影响力的否定，李老师内心还有可能会起逆反心理。

最后，当一个邀请发出的时候，最好不要提"费用问题"，因为人和人之间的关系，第一步一定是引起好感，而后才能达成自己的目的。如果好感还没有建立，就只想着达到自己的目的，就是本末倒置。

小张的邀请从三个层面都做得很到位：

首先，小张从李老师熟悉的话题入手。而且，不论一个名人在物质上多么富有，他依然期待自己被认可，尤其对于李老师而言，他的书就是个人思想完整的呈现。

其次，小张的重要信息都毫无遗漏。他的名校背景，他自己的头衔，他现在和老师、同学相处的状态，这些都为他的邀请加分。尤其值得指出的是，他和小王的区别在于，小张虽然只是学生会副主席，但是他给李老师的心理感觉是不同的。他让李老师感觉到他的背后其实是有一大批人，而小王只是交代了自己的头衔，无法让人理解他背后的力量。

最后，小张简短的邀请已经给李老师提供了一个参考案例和故事。读完小张的信，李老师的内心一定会有满满的成就感。当一个人感觉好的时候，是心态最为开放的时候，他一定愿意更多地了解小张，并愿意多花一点时间和耐心去了解自己是怎么帮助到小张的。

在生活中，我们每个人都有自己的优势，只是需要提炼和运用。

当你懂得怎样为自己加分的时候，你就在为自己的公司、领导和朋友巧妙地加分。

陈总是一位很有分量的企业家，第一次见面时，我就觉得他的助理不俗。

因为我们互相介绍的时候，他的助理说："我是陈总的助理，我有幸跟随在陈总身边工作已经 10 年了。"

一个"有幸"就展示了他对陈总的崇拜，一个"10 年"就展示了自己的实力和陈总的用人有道。

果然，在后来的接触中，我发现，这位助理在喝醉了的时候都能让自己的"醉话"发挥大作用。

那是一次放松的聚会，我们都说不提工作，只为品尝陈总收藏的好酒。酒香醇厚，果然，我们几个人都有点醉了。大家都开始聊生活的话题和个人情况。这位助理是这么说的："我最尊敬的两个人，一个是我的父亲，一个就是陈总。陈总在我们企业没有资金、需要救命钱的时候，我看到了在那么难的时刻，他没有一句抱怨，他整个人的豪情令我至今都很震撼。我的父亲是个普通人，他在一个很容易出现工作失误的岗位上工作了半生。一直到退休，他从来没有出过一次差错。大家常说我工作很拼，但是和我的父亲比起来，我觉得自己还应该更加努力。"

这段话拉近了他和我们的关系，又提高了他的领导和他本人在我们心中的"段位"，尤其是在这样的一个氛围中，真是恰到好处！

自我加分的难点在于自然，对于销售人士来说，更是如此。你不能过分夸耀自己，也不能生硬地让对方听自己吹牛。所以，我给销售人士在话术上推荐一种自然加分的方法，那就是从对方过渡到自己，从无意中流露出有用的信息，借助权威人士增加自己的权威感。

比如，你和新来的客户说："您穿的衣服是 ×× 牌子吧？这个牌子的老板，以前在我这里成交了一套别墅。"这么简简单单的一句话，就顺利地给自己找来了强有力的背书。

用讨论代替否定

我们和别人聊天的时候，顺应对方的谈话能够得到对方的认同，而有时候，当我们的确和别人的观点不一致时，其实没有必要完全依从对方的看法。

这其实是一种说话的态度，有的人总是说别人喜欢听的话，没有自己的底线和原则。这样看似赢得了很多朋友，却牺牲了很多自我表达的自由。例如，不敢否定对方，不能说出不同的观点。这种状态其实比"内向型人格"都危险，它能从根本上伤害一个人的社会心理。毕竟，语言的状态代表一个人的内心状态，想要语言自由，就要先内心自由。我们要想办法如实地反映自己，又不开罪对方。

我们要有平和的心态，倾听别人和反馈别人。

例如，有人说："我觉得现在的保健品都是骗钱的！"

对方说："你这么说，证明你根本就不懂保健品。"

两个人"绝对否定"的说话态度，容易引起双方对彼此展开人身攻击。

这种情况下，你如果用一种讨论的态度来打开局面，情况就会好很多。

例如，有人说："我觉得现在的保健品都是骗钱的！"

你说："也不全是，有的人身体状况不是特别好，保健品能起到一定的辅助作用。"这么说话的好处是用一种讨论来代替你直接说"不"，从而进入一种开放的聊天环境。

在生活中，讨论的态度至关重要。首先练习把说话的速度放慢，这样有助于进入情境。

很多人聊天时接话特别快，本质上不是"口无遮拦，说话不过脑子"，而是他们太期待得到别人的认可，从而导致回应过快。例如，别人说："我的领导太差劲了。"他们会迅速回应："的确太差劲了。"

这种怕冷场的性格会带来一时的好人缘，却不能得到别人真正的信任和尊重。

有的人爱吐槽，如果你跟着一起吐槽，你的格调也高不到哪里去。但是，你如果能够提供给对方另一种视角，对方就会对你刮目相看。

你的朋友向你吐槽，他说："我的领导总是给我安排一些我做不了的工作，真是让我太苦恼了。"

如果你跟着说："他做得太不对了！这简直就是在整你。"

或者你说："你要懂得感恩，这证明领导看得起你。"

这两种回应都不是很好的聊天态度，第一种方式会让你的朋友显得特别可怜，第二种方式会引起朋友的愤怒。

但是，如果你慢一点儿说话、慢一点儿回应，把话题延展一下，问："他安排什么工作，你感觉自己的能力驾驭不了呢？"

朋友说："公司来了三个实习生，他让我教他们做业务。"

你说："噢，看来你的领导认为你的能力很强，我们也觉得你有领导能力。当然，一次性带三个实习生是有点多。"

此时，朋友肯定不会说："我根本就没有领导能力。"他可能会重新看待这件事情。

如果你再引导对方："可以让三个人互相搭配一下。例如，你看他们三个人的优势是什么，让他们彼此互相提高一下。"

或者你说："噢，看来你的领导认为你的能力很强，我们也觉得你有领导能力。当然，一次性带三个实习生是有点多。你看怎么做能解决这个问题呢？"

此时，你的朋友可能自己就会积极地想办法，和你共同讨论。

另外，把是非题变成选择题。

有个小故事，说的是两家酒吧，同样的经营模式，一家后来倒闭了，另一家的生意却非常好。大家都很奇怪，想知道原因。倒闭的那家酒吧，任何一个客人进来的时候，营业员都会问："您加不加鸡蛋在啤酒里？"80%的人选择不加，结果这家酒吧失去了80%的生意。

生意好的这一家，营业员会问客人："您是加一个鸡蛋，还是加两个鸡蛋？"结果，它的营业额翻倍增长。

当我们要否定别人的观点时，如果也能够用这样的态度，那么给对方一定的选择权就等于给自己留下了余地。

例如，对方说："这款按摩仪不好用，我一定要退货。"

如果你说："不行，就是不能给你退。"对方一定会坚决要求退货，因为他会更加感觉到自己上当受骗了。

对方说："这款按摩仪不好用，我一定要退货。"

但如果你说："可以给您退货，也可以给您换一款更适合您的。因为我觉得您已经用过这一款了，如果能告诉我是哪里不好用，我就能给您推荐更适合您的，这样就没有浪费掉您试错的成本了。"对方至少会认为你是站在他的角度思考了，因而更容易接受你说的话。

我们在这里提到的用讨论代替否定，从表面上看是一种说话的方式，其实也代表着一种看问题的态度，这需要一个人内心有非常开放的心态。在面对客户、面对领导的时候，你会用这种方式来保持自我良好的形象。在面对家人或者面对比自己弱小的人的时候，我们同样应该保持这样的态度。

给大家举个例子：有个爸爸看见自己的两个孩子在争吵，两个孩子在争着要一个鸡蛋。爸爸的方法可能是迅速把一个鸡蛋分成两部分，一个人一半，求得快速解决问题。

但实际上，爸爸完全可以询问两个孩子为什么争吵，孩子们想要什么。

于是，大家意想不到的答案出现了：两个孩子都想吃鸡蛋，但是其中一个想吃鸡蛋黄，另一个想吃鸡蛋清。

于是，这位爸爸就在问题的讨论过程中出现了新的判断和新的做法，这也是讨论的结果。

再给大家举个例子。一个孩子问他的爸爸："我到底是从哪儿来的？"

这位父亲有点不耐烦，也觉得无法对孩子解释这个问题，于是他说："小孩子别问那么多。"

这样否定的回答是一种粗暴的终止谈话的方式。如果面对客户，客户会跑，可是面对的是孩子，孩子不会跑。但是，孩子会受伤害。

但如果这位父亲持着讨论的态度，随口问一句："你怎么会突然问这个问题？"

孩子的回答可能会令你大吃一惊，孩子说："今天在学校，老师介绍新同学的时候，说这位新同学是从四川来的，我就想知道我是从哪里来的。"

　　由此可以看出，不论对待谁，讨论的态度都有可能给你带来不同的答案。只有当我们从自己身边最不必顾及感受的人开始，顾及他们的感受，诚实、宽厚地与之交流，我们才有可能在面对客户、面对同事、面对这个社会的时候，同样有这样一种开放讨论的、好的语言习惯。

让你的话与人自然连接

人与人之间的距离很奇妙，有的人永远也不能和别人的关系更进一步，有的人却能在偶然中短短几句话就能够和他人发生强烈的关联。

那么，这其中的关键点是什么？我认为最关键的是，你与对方的谈话是否有着很强的目的性。当对方感受到你的目的性时，无论你的话说得多漂亮、多好听，对方都会心生排斥。反之，如果你能够用语言和对方建立起一种自然的、无功利性的连接的时候，哪怕只有短短几句话，对方也会感觉非常温暖。

那么，我们究竟该如何说呢？

第一种情况是，当我们存在着一种"弱功利"时，要考虑对方的感受。

小丁是一名留学生，初到国外的她很依赖自己的同胞。于是，她找到了自己的一位同胞小王，开始聊天。她说："初来乍到，我很不适应，希望你能照应我。"没想到，她说完这句话，小王就和她疏远了。

这样的说话方式有重要的弊端，就是没有考虑对方的感受。

一方面是对对方的索取态度。小丁的本意是示好。也就是说，她还是存在一种心理需求的，这样的表达就要充分考虑：我们面对的对象是谁，我们和对方是什么样的关系，我们说完话之后的效果会怎样。当小丁面对小王的时候，她没有注意的是，小王和自己虽然是同胞，但是两个人一点儿都不熟悉。第一句话应该关心的是对方的需求，或者通过寒暄给对方带来情绪价值，而不是直接用索取的态度要求对方。

另一方面是不积极的人生态度。小丁本意是想靠近对方，却以自己想当然的态度"想象"了对方。她把自己和对方都置于一个"不适应"的可怜境地，间接地也伤害了对方。这种不积极的态度并不能促使彼此的关系更近，反而将对方推远了。

小王作为一名留学生，她和另一名留学生小李是如何连接感情的呢？

小王找小李聊天，说："我今天外出的时候，看到了当地的一个风俗，挺有意思的。后来问了一下同学，他们说很多中国人都不懂，那是当地人表达善意的一种方式。所以，我一回来就想和你分享一下……"

小李非常感谢小王，两个人的关系越来越近了。

在这段对话中，不论小王口中讲的事情是否有趣，她所表达出来的善意和亲近，会迅速给小李提供一种很高的情绪价值。小李是被重视的，而且还是被小王走心重视的。

第二种情况是，我们的确存在着"强烈功利心"的情况，所以我们要给对方一个理由。

老陈需要联系老张帮自己的一个朋友打听一下能否进老张的公司工作。

老张自己开了一家公司，经营得风生水起。所以老陈一打电话，老张就很直接地问道："什么事，你就放心直说吧！"

老陈听完就直说了。说完之后，老张就答应了老陈，说可以安排，但是他的安排是把公司人力资源部负责人的联系方式给了老陈，让老陈自己来联系。后来，老陈的这个朋友是按照正常的公司制度去面试的，结果没有通过面试，此事不了了之。

老陈再打电话给老张的时候，老张就巧妙地把这件事情推开了。

在这个对话中，老张提醒老陈"有事直说"。这种态度，可能是因为老张经常接到别人"求办事"的电话所形成的条件反射。但有一点是毋庸置疑的，老张因为自己的生意做得好，所以他对自己的"能量"是敏感的，他知道别人来找自己可能存在目的性。

老陈的失误是真的"直说"了，他最应该做的，是先打消老张的防备心。如何说才能建立自然连接，消解掉老张心中的敏感呢？

老陈可以说："没什么事儿，就是昨天看到我们前年一起去旅游的老照片了，觉得那会儿的我们真是体力充沛，所以你看下周什么时候有时间，我们一起故地重游。"

对于这样的电话，老张是没有什么抵触心理的，因为老陈把突然打电话的这个行为给合理化了。老张在内心是可以自我解释的：对方不是利用我，而是因为感情的联系来找我的。

当自然连接之后，老陈才有下一步让老张关照自己需求的机会。

第三种情况是，我们应该在日常生活中，使用自然连接来聊天。

当你对你的同事或者朋友表示赞美的时候，你会发现存在三个级别的聊天：

第一种说法是："你的衣服真好看。"

第二种说法是："你真有品位。"

第三种说法是："我昨天参加了一个名流的聚会。当时来了一个时尚界的知名人士，她以挑剔的眼光和超高的品位给很多明星都建议过造型。我见到她的时候，当时就好佩服你。"

对方问："为什么？"

你回答："因为你前天穿的那件衣服，无论颜色还是款式，都和那位知名人士穿的一样！"

在这三种说法中，第一种说法从表面上看赞美的是衣服，而非对方的选择。

第二种说法赞美了对方，但是由于缺乏情绪的酝酿与细节的铺垫，等于直接给了对方一个很大的评判。所以，即使是优点的评价，也容易让对方感觉你"言重"了。

第三种说法的高明之处在于，没有直接表扬对方的品位，却利用了一个真实发生的故事，让自己的情感与对方连接到了一起。

当你要约对方吃饭的时候，情商的高低也会影响最后的结果：

第一种说法是："你这周忙不忙？"

第二种说法是："你这周哪天有空，我们一起吃饭去吧。"

第三种说法是："我发现了一家好的西餐厅，位子不好订，但我知道你爱吃西餐，这个周末我来预订咱俩的位置吧。"

第一种说法是一种很常见的聊天方式，但是在你邀约对方的时候，这种提问方式存在一种弊端。也许提问的人是一个很好、很有礼貌的人，却容易在这个提问中失去机会：现代人有几个敢承认自己不忙的？不忙在很多人眼中就是没有价值。我们姑且不说这种观点是否狭隘，但这就是大部分人脑海中所拥有的认知。对太多人来说，忙是好的，代表有人需要自己，代表自己有价值，代表自己有事业心……所以，你问对方忙不忙，对很多人来说，就等于问对方有没有价值。

第二种说法注意到了人们的每一个选择都需要一个理由。当人们不知道你的目的时，是不愿意承认自己有时间的。比如当你问对方忙不忙的时候，即使对方的确百无聊赖，他也希望知道你的目的是什么，因为对很多人来说，他有没有时间取决于你给他的建议是否值得他花时间。第二种说法的好处是把自己的邀约提了出来。

第三种说法的好处是，深刻地理解了人与人之间关系的本质。当你让对方能够获得利益的时候，对方会愿意给你时间。第三种说法就是既表达了日常中对对方的关注，又恰当地给对方提供了利益，消除了对方的抵抗，提高了自己邀约成功的可能性。

当你和你的同事打招呼的时候，一句简短的"你好"，也会出现不同的聊天：

第一种说法是："你好，你今天来得真早哇。"

第二种说法是："早！今天天气真冷。"

第三种说法是："今天真够冷的，我有楼下热饮店的会员卡，你要不要来杯热饮？"

第一种说法的缺点是主观陈述事实，没有关注对方的感受。第二种说法能够引起对方的互动，让对方可以参与话题。第三种说法的优势是：表达关心，释放善意，让对方感受到你的温暖。

三招攻克"我很忙"

听到别人说"我很忙"的时候，我们会有一种被拒绝的感觉。这种感觉是否会给你带来负面情绪，取决于你怎样假设对方的立场。

10多年前，当我去采访别人的时候，遇到有人说"我很忙"，我一定会认为对方是在敷衍我，并揣测对方认为我是一个刚毕业的大学生，人微言轻，才如此拒绝我。而现在，我不常听到这样的话，我意识到是我的能量提高了，工作水平也提高了，才让别人说"不"的时刻变少了。

当年，别人是不是真的因为我刚大学毕业才不给我机会，那是一个未知的问题。但是，现在我更愿意相信，是因为当初的自己没有给别人聊出足够多的价值，对方只好用"我很忙"作为一个善意的借口，避免和我之间产生矛盾。

不同的境遇，我们会听到不同的人以"我很忙"为借口来拒绝我们。针对如下三种不同的情况，我们应该聊的内容也有所不同。

　　第一种情况是，对方此刻真的很忙，他虽然知道你的建议的重要性，但是由于你所提到的事情并非是当下急迫要完成的任务，所以对方有可能用"我很忙"来拖延。

　　比如，你向对方提到购买净水器的重要性，对方也已经把你的产品列入他备选的品牌之一。但你需要花一些时间，现场给他演示你所销售的净水器的作用，他才能最终决定是否购买。他无法马上给你这个展示的时间，他会说"我很忙"。

　　又如，你向对方提到一个合作方案，这对他的长远目标来说是有好处的，也符合对方做事的理念，并且对他的企业或者他的个人品牌也是有推动的，但是你现在给不了他价值。比如，你邀请他参加一个公益活动，但是他现在手头事情很多，而且他手头的事情是能让他的价值快速变现的。他一时不想拒绝你，但也不想答应你。

　　以上提到的情况，你应该礼貌、客气地"紧追不舍"。

　　要知道每个人都不可能单独为你准备时间，但是你的诚意和态度会为你争取到更多的时间。

　　你可以先说："这一个月内，我曾经帮助 32 个客户购买了这套设备。"这样为对方营造一点儿要急于敲定一件事情的紧迫感，也给对方的购买行为带来一种安全感。

　　然后，你再接着说："我看您现在很忙，就不打扰您了，我下次再来拜访您。您看您是今天下午 5 点方便还是明天上午有时间呢？"

当你给了对方一个诱导性的选择时，对方可能就会顺着你的话，给你一个机会。而且，你表明下次还要再来的决心，也会推动对方给你一次机会。

第二种情况是，对方的忙是一种常态，而且你也没有明确要和对方商讨的事情和目的，你只是想和对方增进感情。

增进感情在我们的生活中其实很有必要。当对方总说"我很忙"的时候，如果你自己认可了对方的忙，并听之任之，那么两个人就会在彼此心中渐行渐远。最后，两个人都不会再给对方时间和机会，甚至连对方的名字都想不起来了。

无论是与客户的感情、家人的感情、伴侣的感情，还是与同事的感情，都是需要维护和经营的，只是我们需要把对方的时间"聊"出来。

当你邀请对方陪陪你的时候，你如果说："我希望你能陪陪我。"或者说："我希望和你一起吃个饭。"或者是那种逼迫性的指责："我难道不值得你花时间来陪伴吗？"这些都是情商不高，也难以令对方配合的话术。

虽然我们要做的事情是邀约对方，但是"我希望你对我好"不如"我希望你好"，或者说"我想干什么"，不如建议"你可以做什么"，令对方的兴趣更大。比如，你可以说："我知道你最近的工作很忙，我以前加班的日子也很辛苦，所以我能理解你。但是，你真的需要把身体照顾好，尤其是在这么大的工作强度下。你看我办了一张卡，改天，我陪你去运动运动吧。"

这样，你制造了见面的机会，把你的需求转化成对方可能存在的需求，让人更容易接受。

第三种情况是，你只是给对方呈现事情，却没有把高价值呈现出来。

尤其在一些重要的合作上，当你邀约对方的时候，对方由于个人的涵养，他不会直接说"你说的话太无趣了，我实在不想听"，或者说"你给我发的商业计划书又空洞又无趣，我一点儿想参与的感觉都没有"，也不太可能直接要求"你一直来邀请我参加活动，你怎么就是不告诉我，出席这次活动有没有资金支持"。毕竟，直接批评和帮助你成长，是你的领导和老板才愿意做的事。

在这种情况下，对方如果说"我很忙"，你就没必要再死缠烂打地天天问对方"那你哪天有空"了。

你最应该做的是，以别的方式来寻找机会。例如，多角度衡量你的要求为对方带来的好处有哪些，思考对方的处境，分析对方现在的迫切需求是什么。

尤其是一开始对方和你聊得还不错，后来突然对你冷淡了，有可能是你发过去的商业计划书完全不能吸引对方。

　　此时，你就应该建立自己的专业性，寻找合适的机会，让对方意识到你的价值。比如，当你约对方参加活动的时候，你总说"我们热切地盼望您来"，不如尝试着转换思路，从以下三个方面进行助攻：第一，以前某位大咖来参加过这个活动，这是很直观地让对方了解此次活动的层次的一个方法；第二，有某些品牌商会进行赞助，进行视频等各种方式的直播，扩大影响力；第三，听众是大学生，大学生虽然现在还没有成为社会的中坚力量，但是他们是有可能在未来影响世界的人。对方来参加这个活动，参与的是改变世界的活动。这样，从各种利益的层面帮对方做出决定。

把不愉快的聊天聊愉快

我们都喜欢和有趣、有料的人聊天，如果遇不到这么有趣的人，那么，就让自己成为一个有趣、有料的人吧。尤其当我们遇到特别无趣的聊天时，我们可以用优雅的方式应对对方不优雅的话语。

有人听到这个观点的时候，内心会有所抵触，因为大部分情况下人们觉得“别人怎么对自己，自己就怎么对别人”才是公平的。可是，我想提醒的是：别人的话语到底是什么意思，要看自己怎么解读；别人的情绪是否隐含敌意，要看我们自己愿意把事情演变到什么程度。比如，一句话、一个动作、一个眼神，你是觉得对方是好奇、是无意识的、是对方的习惯性动作而已，还是解读为是冒犯、是挑衅、是对方只针对你的行为？

有这样一个社会新闻，大意是两个人就是因为“在人群中看了你一眼”，双方就“你瞅啥”和“瞅你咋的”开战，直到最后升级为双方都叫人来帮忙的群体斗殴，造成了很严重的后果。

有的伤害和误会是完全可以在开口说的三句话内就化解掉的。

而且，在聊天这件事上，让对方愉快就是让自己愉快。

有一次，有个销售人员很苦恼地问我，他觉得自己工作很努力，总是很积极主动，但是他的潜在客户就是对他很冷淡。有一次，客户对他说了一句话，让他对自己和自己的行业都产生了深度的怀疑，客户说的原话是："我再也不想看到你了。"

我告诉他，可以从三个角度来理解。第一，对方拒绝的是你的产品，而不是你这个人，所以不必感觉人格受伤。第二，对方撂了狠话，只是为了试探你的反应。如果你再也不去见对方，恰恰证明你对自己的产品缺乏自信。而且，很多人撂了狠话之后，会有一定的内疚和补偿心理。你们下次再见面的时候，也许事情会有转机。第三，再次见面的时候，可以根据对方的性格，选择不同的话语应对。

当对方的态度很放松的时候，提起："我不是和你说了，再也不想见到你了吗？"

你可以笑笑说："我记得您对我说过的一切话，只有这句我忘了。"

这个说法能够缓解气氛的尴尬，而且表明你是个重视客户，又不记仇的人。

如果对方不喜欢开玩笑，还是板着脸说："我不是和你说了，再也不想见到你了吗？"

你可以真诚地盯着对方的眼睛说："您之所以那么说，是因为我之前太频繁地打扰您，让您感觉不舒服了。所以，这次我隔了一个星期才又来拜访您。"

这个说法也是不提对方的错误，以免对方"破罐子破摔"。通过从自己身上找原因，并分析出对方的狠话是两个人互相作用的结果，把对方引导到一个正面的形象上。

如果对方想观察你的反应态度，说："我不是和你说了，再也不想见到你了吗？"

你可以走心地说："我为您这句话，也曾经困惑和反思过，我不希望给您带来这么大的困扰。我也反思我自己，我的产品到底是不是您所需要的。我想了好几天，觉得这个产品真的会为您加分，而不是减分。我认为自己应该做一个对客户负责的人，所以我又来了。"

这个说法的特点是一种很隐蔽的批评，不是指责对方犯错，而是用自己的苦恼引发对方的内疚，并且用一种情怀和正直的工作态度去表明立场，从而感动对方。

这个案例中最关键的是，无论你选择什么样的态度来回应和面对对方，前提都是你不能把对方想象成一个和你自己完全对立的、冷血无情的恶人。否则，你除了和对方吵架，任何话语都不能掩饰你的愤怒。

之所以在这个聊天的环节上有所感悟，和我早年的一次重要的业务合作有关。那一段时间，我想和一个对我很重要的人谈合作。我给他发了很多信息，他都没有回复。

当时，这个合作对我太重要了，但是我面临的这个合作对象总是国内国外地跑。他总是太忙，当时的交通没有现在这么发达，上门拜访也是不现实的。当时也没有微信，我也不能通过朋友圈来发现其他和他相关的人。也就是说，我也找不到其他能帮助我的人。

我当时所能依靠的只有发短信。

那时候拼的不是坚持，而是坚持的心态。

如果我把对方想象成一个高傲的人，我每一天的短信就会成为自我折磨，也会在每一天的问候中感受到自己的勉强，而这种勉强同样会影响我对他的热情。但是，当时我全靠自己的想象，我把对方想象成一个善良的人。他矛盾又纠结：一方面，他想答应我的建议，但是另一方面，他又不了解我的具体情况；一方面，他看到了我的信息很受触动，但是另一方面，他因为长时间没有回应，不知道第一句话该如何回应……

就这样，我首先认定对方是一个好人。然后，我告诉自己：这个合作谈成了，对我是突破；谈不成，我也没有什么损失。

果然，像我以前总结的那句话"没有人可以连续拒绝你七次"，对方既没有让我等上一个月，也没有不了了之，第八次发送信息后，他迅速地回复了一条信息："我们可以当面谈谈这件事情吗？"

以上分析的都是我们能够把不愉快的聊天聊愉快的心理基础，当你正面思考对方的时候，你就会发现，聊天就像跳舞，本来就是有进有退、求同存异的。对对方说的一些令你不舒服的话，你都可以解读成对方是无心之过时，你就会发现自己是一个有趣的人，居然能够想到那么多巧妙的回应，让两个人的聊天变成一种有趣的舞蹈。

具体分三种情况来应对那些令人不舒服的聊天。

第一种情况是，对方就是一时失言。

这种情况下，不一定要说点什么，你可以一笑了之。

有一位很有名的主持人，曾经讲过他的一次尴尬遭遇。他见到一位女性朋友和她男朋友在餐厅吃饭，便问了对方一句："你和你爸爸一起来吃饭？"对方说："这是我的男朋友。"

他当时自知失言，感觉只能夺门而逃。其实，对他这位女性朋友来说，她是能够感受到对方说错话的时候，是有懊悔、自责情绪的。一个高情商的人不会因为对方的这种误会，就让自己陷入苦恼或者就此大吵一架的境地。

此时，她若以一个淡淡的微笑回应，就是面对这种情况下一种高情商的态度。

第二种情况是，对方的确存在一些与你不同的价值观。比如，对方很爱八卦、很爱批评别人、很小心眼、很孩子气，而他希望你和他在同一阵营。这种情况下的聊天，既不必扭曲自己来适应对方，也不必批评和指责对方，因为这种小缺点上升不到人格层次的批判。

遇到这样的人，当对方在你面前指责第三人的时候，你要从对方的逻辑中跳脱出来，不必陷入具体的评论中。

当对方说"××的形象真糟糕"，或者说"××的人品真差""××太笨了""××根本就没有品位"等，你都可以友善地提醒对方，比如："你看你已经具有很好的品位了，所以你还是对缺乏审美能力的人嘴下留情吧，因为你有对方所没有拥有的东西。"

如此一来，进行适时的引导和转移，既不会和现场的人起冲突，又能不违背自己内心的厚道。

第三种情况是，对方的问题带有一些冒犯性，但是你又不能不回应的时候，你可以用一种轻松的话语来化解。

比如对方问："你买房子了吗？"

你说："就差 10 万就凑够了，正等着朋友帮忙呢。"

对方多半会自动转移话题。

对方问："你有男朋友吗？"

你说："你是有合适的人想帮我介绍一下吗？"

对方就会"呵呵呵"了。

再举一个我自己的例子。有一次，在一个公开场合，有人向我提问，他说的第一句话是："张老师，你还记得我吗？"

提问的人是我的一个粉丝，可我当时真的记不清他的情况了。但是因为在公开场合，我如果直接回答"我不记得了"，第一容易让对方没有面子，第二是不知内情的人有可能误以为我是个高冷范儿的大叔。

所以，我笑笑说："你是在考我，看我是不是上岁数了吧？"

话音一落，所有人都在轻松的氛围里笑了。这位粉丝自然也不会再问一遍了，他随即就问了我一个其他的问题，我也正常回答了。如此，大家都很愉快地解决了一个尴尬的问题。

不投其所好也能擦出火花

常常听到一些沟通专家讲亲密关系的沟通。他们说："为了让你和你的伴侣之间有共同语言，你不妨在聊天的时候主动去聊对方感兴趣的话题。例如，你可以关注对方喜欢的事情，去学习对方正在学习的事情，这样就可以聊到一起去了。"

从操作层面，我认为这个建议实现起来难度很大。首先，如果对方喜欢的事情是金融、科技、高端医疗美容，你花很短的时间只能掌握一点儿皮毛，就很难找到一个话题切入。当你带着这种生硬开始聊天的时候，对方也会感受到这种生硬和刻意。

其次，当你去聊对方最懂的事情时，更容易让自己露怯，因为如果你的研究不到位，即使开始的时候对方想和你聊聊，但是聊了几句之后，你就后续乏力，让对方觉得对牛弹琴，索然无味。

最后，我很想表达的一个重点是，生活中我们要懂得讲究平衡之道。人是有自我尊重的需求的，当一个人一味地付出而得不到回报的时候，必然会心生怨念。聊天的道理同样如此，当你只聊对方感兴趣，而自己毫无求知欲的话题时，你的内心是委屈的，内心也会有一种要求补偿的心理。如果对方积极响应、符合你的心理期待尚可相安无事，但如果你硬是聊了很多自己以为对方应该很感兴趣的话题，对方反应却很冷淡，貌似在听你说话，其实完全不走心、不领情、不回应，就一定会招致你们两人之间的冷暴力，或者加剧你们两个人之间的疏离感。

好的聊天是两个人都能够享受聊天的状态，当一个对足球完全不感兴趣的人为了对方去"硬聊"足球的时候，他一定是矮化了自己的。这种委曲求全产生的不快乐会令他更加丧失自信。

那么，放弃投其所好的思路，我们该如何和对方聊天呢？我们要明白，投己所好和满足对方需求之间是可以兼顾的。重点在于，我们要有这样的思路和意识。

比如，一位全职主妇，当她的老公下班回家，她无法和对方聊他事业上的话题时，她该说什么呢？她在心态上需要建立自信，不要因为自己是全职主妇而不是职业女性就妄自菲薄，在聊天的话题上她应该知道自己比职业女性更有优势，因为她可以聊老公想知道，但还没有知道的事情。

当你思考到对方的痛点是什么的时候，你的聊天话题不必刻意投其所好，也能给他提供他最在乎的信息。当一个父亲在职场打拼的时候，即便他对自己的家庭情况非常关心和在乎，他所掌握的信息也不会太多。比如，他想参与孩子的成长，却苦于没有合适的机会来表现自己；他想了解和确定自己的家庭是否在一个很和谐的状态下运转，却无法靠自己来判断；他想知道自己的家庭中是否存在一些需要他才能克服和解决的困难让他来刷存在感，同样需要他的妻子为他提供机会；他想了解自己辛苦打拼赚来的财富是否得到了很好的理财计划的保障，也无从得知……

一切他想知道，而分身乏术无法了解的事情，都是妻子发起的好话题或是增进关系的机会。于是，她聊孩子在学校里的趣事，比硬聊足球给他带来的快乐更多；她聊家庭聚会的安排比硬聊"风投"给他带来的价值更大；她聊家庭成员和朋友们的消息，比硬聊人工智能给他的放松感更多。

那么，一位木讷的男士想要让对方和自己关系再进一步的时候，该怎样聊天呢？

我们在下面的一段对话中感受不同的聊天策略：

自杀级说法：

"你今天做什么了？"

"练瑜伽了。"

"瑜伽挺没意思的。"

这个说法的最大问题是负面思维。负面思维最容易让对方排斥和反感，可以说是一句话就断送了一段关系。

初级说法：

"你今天做什么了？"

"练瑜伽了。"

"挺好的。"

这个说法看似不犯错，问题在于只是为了找话题而找话题。结果就是，说完这句话之后还要再重新找话题。

升级说法：

"你今天做什么了？"

"练瑜伽了。"

"练习瑜伽的乐趣是什么呢？"

"瑜伽和其他运动比，主要是……"

这个说法的好处是能够投入地听对方的意思。在这里，我要补充的一点是，有很多人建议聊天的时候重复对方的话，表示自己在倾听。这种方法在你不知道如何回应的时候，不失为一种必要的手段，但是在真正需要投入的关系里，对方是有一种需要你全情投入聊天的心理需求的。这时，这种重复关键词的做法略显生硬。如果反复、频繁地使用，还会招致对方的反感。

比如：

"你今天做什么了？"

"练瑜伽了。"

"练瑜伽了？"

"是的，我挺喜欢练瑜伽。"

"挺喜欢？"

"是呀。"

"是吗？"

"是！你到底想说什么？！"

这种重复关键词的做法开始往往很有效，但是在进行几轮话题后，就没有然后了……

高级说法：

"你今天做什么了？"

"练瑜伽了。"

"瑜伽多久练一次比较好？我打篮球，一般一周只能组织一次，你呢？"

"瑜伽和篮球不一样，我们没有场地束缚，我一般三天练一次。"

"看来你安排得很规律，你平时生活也挺从容吧？"

"还可以吧，工作不是特别忙。"

"那太好了。要是你明天有时间，我可以邀请你一起吃饭吗？吃饱了有劲儿练瑜伽。"

"呵呵，你真逗，我应该没什么问题吧。"

这种说法的好处在于，认真倾听了对方的每一句话，并且在对方的语言中为自己创造了再次发展关系的机会。

真正的制怒之道

人际关系出现矛盾的时候，好的聊天就是解开心结的钥匙。只不过，我们要先学会处理对方的情绪。很多时候，不是道理不通，而是感觉不对。

比如，我们常常会听到有些人说："你放心，我就是约你吃饭，绝对不聊工作。"

可结果是，他和对方吃了饭之后，对方心情好了，就会主动帮他解决工作上的问题。

这就是情绪的力量。当我们遇到一个发怒的人时，我们要知道，对方的愤怒就是问题本身。只要他的情绪好了，有的问题不用解决，它自然就消失了。

对方情绪的最大问题是他无法从感性的愤怒过渡到理性的思考，而倾听的人要做的第一步就是让自己从理性的思考过渡到感性的理解。

　　有时候，你会发现，当有人冲你咆哮的时候，你向对方说："你能不能好好说话？""我不接受你这样的态度对我。"这样的话是毫无力量的。如同老虎已经冲你跑来了，你非但不躲，还站在原地说："你不可以过来。"

　　所以，我们要在情感上理解对方已经到了无法理智地和你沟通的地步，毕竟如果对方理智，他就会知道无论什么样的事情，都会有解决的方法，其实没必要大吼大叫的。

　　你理解对方的感受后，要做一个缓冲，就是不要和对方直接硬碰硬，先做一些事情来避免两个人直接面对矛盾事件。也就是先做好聊天前的准备，比如你说："这么热的天，您先消消气，我先给您倒杯水。"试试看，一杯水放到他手里的时候，他的身体语言瞬间就失去了力量，气势减半，怒气也会因为你的周到服务而减半。然后，让对方坐下来，给他递纸巾。这些小的细节都会减少对方的怒火。

　　做好聊天准备之后，就不得不面对核心问题了。让我们一起看看核心问题是什么，核心问题永远不是对方嘴里说的各种问题，我们应该牢记：核心问题就是对方的怒气。

　　聊天的第一句话可以说："能让您这么生气，一定不是一件普通的事情。"

　　放心，你这样的一句话绝对不会让他把你刚给他的水杯摔碎。这句话对大部分发火的人都非常有效，事实上，大部分人发火的原因都是很一般的。我听到过各种各样抓狂的理由，有时候理由小到令人匪夷所思。对于看似漫长实则短暂的生命来说，其实没有什么事情大到非得大发雷霆，99% 的情况是当事人的怒气没有被制住，所以火才越烧越大。

当一句"能让您这么生气，一定不是一件普通的事情"说出来的时候，就代表对方是一个好人，对方的潜意识里也会开始向扮演好的角色靠近。

接下来，无论你是否引导，事态都会直指矛盾的核心，对方会饱含怒气地发泄情绪。在此处，我要纠正很多朋友的一种做法，就是把无端地承受和忍耐对方的情绪当作制怒的手段，这完全是初级做法。当你任由对方发泄的时候，你不但是自我矮化，还会前功尽弃。你之前做的所有事情会全部浪费掉，对方再次偏离你此前诱导他往好的角色上扮演的可能性。对于盛怒中的人，你的"低头认罪"只会纵容对方越说越气。越生气，声调越高，声调越高，就越容易进入二次燃烧，形势就再也不可控制。

初级做法的错误在于，忘记了是对方有问题，对方问题的核心是不能进入理性思考。你要做的是引导他进入理性思考，而不是任由他在感性层面漂移。一句话，你要帮他！

你帮他进入理性思考，可以通过两种方式。如果对方是针对你而发怒，你要立即找出纸和笔来，把对方说的话记录下来，并且表示："我一定要把您说的记下来，然后从中体会和分析真正的问题出在哪里，便于我们以后很好地沟通。"

如果对方是针对别人，你要打开手机，开始录音。你当然不会傻傻地说："我要录音，将来听听你都说了些什么。"而是要说："您说得对，我现在就收集证据，帮您出气。不好意思，因为我不是当事人，所以我需要记录事实，这样我才有为您伸张正义的武器。您能允许我把过程录下来吗？"

这两种手段都是高情商的人所采取的制怒方法。表面上看很简单，实际上却可以瞬间让对方不得不理性地面对事实的真相。于是，你会看到，对方说话的时候开始停顿、开始回忆、开始思考了。更神奇的是，说着说着，有的人居然还开始给对方找理由，因为他知道你在记录。他希望能更加全面地进行自我保护，把将来别人有可能反击他所描述的事实，提前做好预防。

比如，一个女顾客投诉一家精品店的店员。她说："我说你们店里的东西卖得贵，这个店员居然让我去别的地方买。她也许只是一句顺嘴的话，但是我听起来，有点像瞧不起人的意思。顾客说贵的时候，难道不应该帮忙反映顾客的意见吗？……"

当对方聊到这里的时候，她无论多么不满和生气，都不会要求和这位店员打一架了。最大的危险一定是解除了。

在这个过程中，千万不要有任何居高临下的指导，也不要分享你的人生感悟。我曾听过一个人在面对另一个人发火的时候，说了一句："一个人发火的本质，是他对自己无能的愤怒。"这一句话差点把房子给烧着！

解决情绪的最大问题，是我们不能有效地处理对方的情绪，那些苍白的语言"你别生气""你好好说""我觉得你现在根本不理性"解决不了任何问题。

反之，当我们允许对方说，并且认真记录和思考对方所说的话时，你随口的几句话就胜似金科玉律。比如，你反问对方："当时，对方直接对您说了一句骂人的话，是吗？"或者，你追问对方细节："您还记得对方当时把烟灰缸抓到了手里，是吗？"

当对方开始和你讨论细节，在你的追问下回忆过程的时候，他不会把你当作情绪的垃圾桶，而是在形式上和你成为统一战线的盟友，似乎你们正在一起为一个棘手的问题想办法。这样的氛围出现的时候，相信我，没有什么问题是难以克服的。

最后，你一定要巩固自己的劳动成果，不要因为危险解除而放松警惕，导致一步不慎，满盘皆输。要知道一个情绪不稳定的人，通过你的有效制怒手段虽然控制住了情绪，但是依然有可能出现倒退的情况。

如果对方在倾诉完说了一句："我刚才大吼大叫发火，你不会生我的气吧？"

如果你说："我刚才被你吓死了，我觉得你真是没必要这么生气。才多大点儿事，你就把自己搞得这么难看！"

那么，这句话把你最初的那一句"能让您这么生气，一定不是一件普通的事情"进行了全盘否定。此时，你只能在再次来临的风暴中体会那句"不作不会死"的格言了。

我在这里推荐给大家一个高情商的聊天方法：

当对方说："我刚才大吼大叫发火，你不会生我的气吧？"

你可以先和对方站到统一战线，然后再根据关系，重新组织一下语言。例如，你可以说：

"我也不是一个好脾气的人，只是我对你没脾气。"

倾听技巧是你的底气

情商高的人不但会说话，还会听话。他们能从别人的话语中听到一些他人心底的声音，这给了他们一种底气，让他们在人际关系里不恐惧、不保守。

很多人都喜欢接触自己熟悉的环境，都不愿意走出自己的舒适圈。可是，如果你的工作给了你机会，让你去和一些自己不熟悉、不了解的人交谈，或者你自己能够有意识地去和陌生领域的人聊天，你就会发现很多思想和价值观上的冲击给自己带来的惊喜。

比如，美国前总统克林顿，大家都知道他是一个非常有名的演说家，但同时，他也是一位倾听高手。据说，有一次他演讲的过程中，有一位女士开始提问。所有人都不喜欢这位女士的提问，甚至开始嘲笑这位女士，因为她不但英语讲得磕磕巴巴，而且说话还断断续续的。大家都没听懂她的意思，只有克林顿依然身体微微前倾，专注而投入地倾听和分析这位女士说的话。

后来，主持人不得不中止这位女士的提问，他们请克林顿接着和大家分享其他内容。可是，克林顿说完一些问题之后，主动提出，他要解答这位女士的提问。他居然在很短的时间内，靠自己的理解，在脑海中重组了这位女士的话语，整理出来了她的问题，而且在他看来这是一个很棒、很重要的问题，克林顿就这个问题给予了解答。

不但美国前总统克林顿如此，美国著名的人际关系学大师卡耐基也有过这样的一段经历。他去参加一个纽约出版商组织的宴会，在宴会上，碰到了一位很著名的自然科学家。此前，卡耐基从未和这位科学家谈过话，但是这一次，他和这位自然科学家聊了很久。确切地说，是卡耐基听这位自然科学家讲了很久的话。在宴会结束的时候，那位科学家语气坚定地对主人说："卡耐基先生真是一位出色的演说家，他是我见过的最有魅力的演说家。"

而卡耐基也在和他的聊天中，听到了一些自己以前从未听过的、令人难以置信的知识。并且，他还分析到：在和别人交流的时候，每个人都很关心自己，这是人的本性。人们都爱讲自己的故事。既然人人都是这样，那么大部分的人就容易独自滔滔不绝，完全不顾对方的感受。如果你想要成为一个受欢迎的人，那么就要学会倾听，要鼓励别人多谈自己。当别人要告诉你一些东西的时候，要认真地倾听。这样，他会认为你是一个很特别的人。

我们可以从三方面来提升自己的倾听技巧。

第一是做好准备工作。

当我们倾听对方说话的时候，要拿出倾听的态度。我们想一想，当自己听到一个重要的人讲话时，我们会怎么做？

我们一定会手机关机，视线集中。在物理距离上会争取离对方更近，试图拉近和对方的心理距离。当对方说话的时候，我们会看对方的脸，必要的时候还会做好笔记。

当自己听不懂对方说的话时，我们也会表示出极大的耐心，争取用自己的想法去理解，大脑高速运转，而不是直接让自己"身还在，心已远"。

甚至在对方说的话并不吸引人的情况下，你也可以保持专注的状态去听。要知道，好的倾听态度能让你听到有价值的信息。

比如在家庭电脑推广之初，人们并不擅长使用电脑，就出现了很多趣事：

咨询人员的初级回应：

顾客："我买的电脑的鼠标，单击和双击都不好用。"

咨询人员："那你把电脑送过来，我们在维修期内可以保修。"

咨询人员的升级回应：

顾客："我买的电脑的鼠标，单击和双击都不好用。"

咨询人员："怎么不好用？"

顾客："我敲了好几下电脑都没反应，用力敲也没用。"

咨询人员："那你把电脑送过来，我们在维修期内可以维修。"

咨询人员的高级回应：

顾客："我买的电脑的鼠标，单击和双击都不好用。"

咨询人员："怎么不好用？"

顾客："我敲了好几下电脑都没反应，用力敲也没用。"

咨询人员："您是怎么用力敲的？"

顾客："单击不就是拿着鼠标在桌子上敲一下，双击是敲两下，我用力地敲了也不行。"

咨询人员："我来告诉您正确的使用方法，鼠标分左右键……"

以上的案例中，高级回应的咨询人员正是因为听到了对方"用力敲"这个关键词，而并没有不以为意，才能够抓住问题的核心。

第二是要听别人听不到的细节，还要听对方的关联词。

要有自信，相信自己能够听出不一样的东西，你才真的能听到不一样的东西。例如，有一次，我听一个人在讲述他和一个大人物认识已经 10 年了。起初，他们是怎么认识、怎么在微信上聊天、怎么开始交流问题的……无论他讲得多么绘声绘色、多么符合情感的逻辑，有一个细节还是存在瑕疵：10 年前，微信还没有出现，而他描述中所使用的沟通工具的功能是当时的短信所不具备的。这就可以判断出对方要么出现了记忆上的错误，要么故意改变了当时的场景。

我们还可以通过关联词来倾听对方的意图。关联词有不同的使用方法，人们聊天和互动的过程中，大部分人会自然地遵循其中的关系去使用。如果出现特殊情况，就值得我们竖起耳朵，去倾听和判断对方的原意。

美国军方情报专家吉米·派欧曾经讲过这样一个案例：安东尼·米切尔发现女友死亡后，给 911 打电话。接线员问了他一些细节："当你女友在小路上行走的时候，你在哪里？"

他说："我们原本想去看看一家市场有没有开门，然而她说想去附近一个朋友家，并说到达那里后会给我电话，或者发短信给我。"

他提到"然而"时显得异常生硬，911 调查员便从"然而"所提供的逻辑关系开始入手。最终，安东尼·米切尔被指控在一个公园旁边杀害了他 16 岁的女友。

生活中同样如此，我们的语言表达习惯是很含蓄的，人们往往会把自己对别人的真实评论和态度涵盖在一种听起来像表扬的语气里。如果你的领导对你说"你的工作非常认真，不过进度能和大家匹配起来就好了"，你就应该注意到自己的工作不是继续发挥认真的工作作风，而应该"完成好过完美"，迅速加快速度，不给团队拖后腿。

第三是要用心听，结合他的状态来分析他的话。

1957 年 4 月 13 日，米高梅公司制作了一部黑白电影《12 怒汉》。影片讲述一个在贫民窟中长大的男孩被指控谋杀生父，案件的旁观者和凶器都在。担任此案陪审团的 12 个人要于案件结案前在陪审团休息室里讨论案情，而讨论结果必须要一致通过才能正式结案。

电影中有一个情节耐人寻味。有一个证人，是一个跛脚老人。他说自己听到少年说"我要杀死你"后隔了一秒，有物体倒下。他花了 15 秒从卧室穿过走廊到大门后，看见少年仓皇逃跑。

8 号陪审员模拟发现，以跛脚老人的走路速度，大约需 41 秒才能从卧室走到大门，这个跛脚老人却谎称 15 秒。

9 号陪审员是 12 个人中年纪最大的一个，他最了解老人。他的见解为：跛脚老人穿着破烂，这辈子一事无成，没人在意他，但他在这个案子中却是主要证人，这辈子终于能够有人好好听他说话了，所以他说了谎。

在这个细节中，我们发现 9 号陪审员是用自己的心感应到了对方的意图。

　　所以，我们在听别人说话时，要听对方说话的细节，并在细节中去体会对方的目的。

成为情绪游戏的制造者

人与人之间的关系，很多时候都在玩一种"情绪游戏"。

你用什么语言，就制造什么样的情绪游戏。你制造了什么样的情绪游戏，就走向什么样的人生。

我们要让自己成为这个游戏的制定者，掌握游戏的规律，提前预测出对方的反应。这样，我们说话时就能游刃有余，也自然能恰到好处，起到好的作用。反之，如果处处被动，不能和别人配合好，就会在这个游戏中处处被动挨打，说什么都是错。

大家可以感受一下如下对话的差别：

初级说法：

"我和父母吵架了。"

"无论怎么样，你都不该和长辈吵架！"

升级说法：

"我和父母吵架了。"

"怎么了？"

高级说法：

"我和父母吵架了。"

"一定是某些事情上出现了巨大的分歧，才会让你这么不开心吧？"

我们明显感受到，使用初级说法的人，聊天的时候带着一种评判别人的优越感。这种回应的方式既不懂得体谅对方，又粗暴地辜负了对方的信任。

升级说法的好处是能够在负面信息来的时候，不卖弄、不幸灾乐祸，在简短的回应中暗含着一种关心。

使用高级说法的人是一个情商高手，他在理解中提出疑问，比问"怎么了"更加懂得体谅对方，并未给对方"找补"，在不动声色中掌控了聊天的局面。

当我们想问对方一些"冒犯"的问题时，也要学会使用这样的方式，在理解和体谅中提出自己的问题。

比如，当我们有机会问一个曾被负面新闻缠身的人当时的情况时，你如果直接提起当时事件中的标志性词语，对方可能会非常愤怒，直接就会回应"我不想谈这个"。

但是，你可以结合他当时的处境，从理解的角度提出疑问："每个人都要面临生活中的痛苦，有没有某个时刻，你倍感孤独，你又是靠什么力量走出人生的这个低谷的呢？"

此外，我们常常发现和有的人在一起聊天，自己整个人都是轻盈放松的、安全的，但是和有的人在一起总是让人感觉沉重、负面、消耗能量。

这其中的情绪游戏是怎样完成的呢？

大家可以在下面的两组话语中感觉其中的区别，第一组是不同的人对他人的赞美方式：

"你的发型好看！"

"你工作单位真好！"

我们在这个话语中感受到了明显的不同，第一个赞美和问候给人带来的是幸福和轻盈的感觉，第二个赞美却带来了有重量的现实的因素。而这种沉重的东西即使是赞美，也有可能令人瞬间情绪低落。

第二组聊天是三个人对于同一个事件在闲聊时产生的不同的回应。

初级说法：

"周末我去看了最新上映的一部电影。"

"那是部烂片子。"

无论这个电影是不是烂片，这个回应都是一个糟糕的回应。这个回应等于否定对方的品位，否认了对方在时间上的一个重要支出，令人无论如何都愉快不起来。

升级说法：

"周末，我去看了最新上映的一部电影。"

"这个电影我知道，拍摄的画面和场面感都还不错。"

在一个糟糕的话题上，给了对方一个正面的肯定，能尽量从事物一个好的角度出发进行聊天。

高级说法：

"周末，我去看了最新上映的一部电影。"

"哦，这才叫周末呀，出去看电影可比我在家做了一天的家务好多了。"

这个回应的好处是回避了对电影的评价，还讨论了周末的安排，也许还安抚了对方内心对于自己看了一个烂片的糟糕心情的补偿。

最后，我想讲一下聊天中的情绪交换。

两个人在聊天的时候会发现，开始的时候，游戏的控制权在被倾听者的手中，因为如果对方不听，你的倾诉还有什么意义呢?

过不了多久，控制权就得到了转移，被倾听的人慢慢交出了这个权利，因为倾听者在听对方抒发了很多情绪后，情不自禁地自己也想要倾诉。这就是两个人之间所追求的公平，尤其是参加一些聚会的时候，更能体现这一点。

两个人开始聊天，一方微醉，说了些人生中难免的遗憾之事，而另一方是真醉了，完全忘记了"交浅言深，君子所戒"，也开始抒发自己的负面情绪。但是，他说的却不是人人都可能经历的泛泛之事，而是把自己对公司、对行业、对同行很多不该说的话全说了出来。此后，他让自己陷入被动的局面。

所以，当我们和别人聊天的时候，应该在开始就给自己定一个基调和原则。这样，你就会在自己制定的规则中确保安全、有度。

制造真正的聊天机会

很多人是不爱和别人聊天的，因为他们所具备的能量让他们很敏感，担心自己和别人一聊天，难免走得太近，走得太近难免有人际关系上的麻烦。

这种情况下，你能不能准备很多有趣的话题不是重点，重点是要制造真正的聊天机会。在这里，我们强调的是真正的聊天机会，因为有的聊天实在不能算聊天。

比如：

"我希望您能帮我们提供一笔赞助。"

"你们想要多少钱？"

"我们期待是 50 万元。"

"你们能给的回报是什么？"

"给你扩大影响力。"

"那你们究竟要怎么做？"

"我们这样操作，首先……"

这种谈事情的气氛会把一种合作的关系变成一种对立的关系，但是如果会聊天，两个聊事情的人有了朋友式的感觉，以上的局面就会改变。

比如：

"我现在有个好的合作机会，对我们都有利。"

"说说看。"

"我给你们扩大影响力，你们给我们提供赞助。"

"具体多少钱？"

"对外我们的要求是希望提供 50 万元，不过我只告诉你，如果你能有 40 万元的支持，我们这个活动也能完成。当然，我有言在先，即使你提供的是 40 万元的赞助，我给你的服务依然是 50 万元的服务，服务不打折。"

"哈哈，你打算怎么做？"

"咱俩分三个步骤来操作，首先……"

这才叫聊天，能够制造一种轻松、愉快合作的氛围，把对方的感受放在了心中，并且在这个过程中也恰到好处地表达了自己。注意，要多使用"我们"，而不是"你"。

我们要想有这样的聊天氛围，就要在聊天之前，先把对方变成一个和自己有着朋友式感觉的人。我们通过三种策略，可以接近对方，并和对方在聊天中聊出朋友式的感觉。

第一，降低对方的风险，提高对方的安全感。

一位男士腿部受伤，想麻烦一位单身女同事帮忙送一个物品到自己家。他如何聊天可以让对方打消顾虑呢？他这样聊："您帮我送完文件后，还要请您帮助我，把我和轮椅一起推上出租车，因为晚上我还要去见个朋友。"

这样的聊天，就会把他晚上的安排暴露出来。这位女同事就不会感觉自己去一个男士家中有什么不妥了，毕竟自己是有两个任务在身的。送文件也许快递可以取代，但是帮助对方完成出门的任务却显得很有善意。

第二，注意时机，不该提要求的时候永远别提。

我和一位企业家认识了很多年，他把我称为他的忘年交。

我们认识第一年的时候，每一次他给我打电话，我都帮助他做一些力所能及的事情。比如说：他的孩子就业需要一个人指导；他要搬家，但是琐事太多；他和他太太要出国很长一段时间……我都会出现在他的生活中。

第二年，在我的事业上，他给了我无私的帮助和支持，我常常感到无以为报。但他说，因为他太太说过这样一句话，他觉得没有什么是他不愿意帮助我的。她说："这么多年，每天有那么多人来找你，他们都在和你说各种各样的话，但除了小张，没有一个人和你真正聊过天，其他人都是来打探、套话的。"

这就是我们和人交往的原则，永远不要在对方和自己交情不到的时候去套话、问话，因为这样非但得不到答案，还会让对方起防备之心。一旦失去信任，就没有第二次机会了。

第三，制造情绪起伏，走与众不同的粉丝路线。

很多人在表达善意和友好的时候，会在第一次见面时就把所有的力量都用上。其实大可不必，要善于制造情绪起伏，走与众不同的粉丝路线，才能让你在乎的人对你有同样的在乎。

我以前和一位作家合作过，我看过他写的文章，其中不乏通透的智慧。在我和他见面沟通事情的时候，我公事公办，从不额外提及他的文章。

后来一个偶然的机会，我们聊起了对经济形势的看法。我利用了他文章中的一些句子，聊了聊自己的看法。他当时非常感动，表示"人生得一知己足矣"。

通过这件事我发现，两个人相遇之初，无论互相表示多么欣赏对方，大家都把这种聊天当作一种客气和恭维。但是，如果两个人

135

彼此有一定的了解之后，你在不经意间表现出早已对对方的欣赏，对方就会认为这是出自于真心，而非功利。

最后要注意的是，我们在和别人聊天的时候，即使在对的时机，也要注意必要的礼貌。比如不轻易恶意攻击别人，哪怕是攻击第三人，也有可能因为你不了解内情而影射到对方，从而影响交情。

聊天的时候，应该多听一听对方的看法和评论，从对方的角度出发聊你关心的事情。比如你想知道对方的价值观，当你看到对方书架上有一套金庸小说的时候，你完全可以问一下对方比较喜欢金庸笔下的哪个人物，原因是什么。

我们可以借助这些信息，简单地了解对方的想法。当然，这里值得注意的是，对方给的答案具备两面性：他表达的喜欢的人的特性有可能与他自己相近，也有可能是相反的。这还需要在以后的生活中多去观察和体会。

会说大话才会谋大局

一提说大话，大部分人就会本能地在内心产生拒绝和排斥，"不说大话"成了人们对自己的一种自我要求。可是，如果说大话的人还办成了大事，大家就不会这么看，大家会把这种说大话当作一种气魄。

所以，说大话并不是问题，问题是说大话的人是不是在为他的大话努力。

有一段珍贵的视频记录了马云先生在创业之初的情形。之所以珍贵和令人唏嘘不已，是我们都看到了，他当年说的所有人不理解的大话在今天全部实现了：他在三个重要的时刻，说了大话。

第一个重要的时刻，是在 1996 年，他拿着电脑去找一位电视台的朋友。当时，那么年轻的他，就敢说大话，他对她讲的词是"因特网""中国的未来""中国的精英"……对方根本听不懂，但是完全被他的热情打动了。于是，她给了他机会，《生活空间》这个栏目拍摄了纪录短片《书生马云》，真实地记录了创业初期的马云面临的窘境。

第二个重要的时刻是马云在推销的现场，他说的是"我可以建立一个中国最大的信息库""把中国的文化、娱乐……介绍给世界"。听众可能完全听不懂，但还是有人坚持继续在听。

第三个重要的时刻，我认为是在他受挫的时候，他一位朋友回忆起一个非常感人的场景。有一天，马云推销很受挫。晚上，大家坐在车里，他看着北京街道的灯光，灯光在他的脸上明明暗暗地晃着。他说了大话："再过几年，北京就不会这么对我了！再过几年，你们都会知道我是干什么的了，我在北京也不会这么落魄了。"

三个时刻，他是靠自己的大话撑起了自己，也撑起了别人对他的信任。

在当下同样如此，我很难相信，一个不说大话的人能够得到投资人的钱。

比如，两个年轻人都去找一笔投资，其中一个人表现出来的气质是大步流星，他说的是："你投我一年，我给你的是一个将来最能给公司带来收入的产业。"另外一个人的状态是拘谨和小心翼翼的，他说的是："你先给我投一笔钱，我先做做看。"

人们常说"说到不如做到"，但我认为某些重要的时刻，我们应该学会"先说到，再做到"。这也是让很多人在生活中常常愤愤不平的原因，因为人们发现，那些特别敢说大话的人，就是有人信、有人支持、有人投资、有人帮助……居然，他们最后还真的做成了！

这和我们现在的时代是有关系的，现在是一个快节奏的时代，人们不会给你太多的时间去默默观察你、了解你。这时候，表达能力就成为你最有利的武器，与其看到别人纵横捭阖，不如自己也学会在适当的时候"用你的大话，给你谋一个大局"。

我给大家提供三种有效的说大话的方式。

第一是在时间上打造一种大气魄。

举个例子来说，我在大学时听一位老师的演讲，因为他讲的东西实在是高深，当时的我们听得一知半解。但是，他最后说了一句话："同学们，行动吧！对祖国的文化发展而言，是时候了！"这一句"是时候了"，制造了一种"时不我待"的感受，抬高了我们作为年轻学生的重要性，令我们当时感觉到自己的肩上扛得起宇宙的命运！我们也瞬间成为他和他所宣传的思想的粉丝。

在生活中这种方法很实用，比如，当我们求一个人帮忙的时候，我们说："除了你，我不知道谁配来做这件事！"就是给对方制造一种他很重要的感觉，令对方在心理上得到巨大的满足，从而帮助我们完成我们想要完成的事情。

第二是在树立自己的企业目标和个人目标时要敢于放大。

无论是创业，还是规划个人的工作前景，都要敢于做一个大的目标。这样不但是让自己在这个过程中保持不满足、永远向前，还是为了让其他人相信自己和支持自己。

也许有的人会有一种顾虑：自己说的大话，别人会信吗？

其实，在人的心理上会接受自己熟悉的东西。这不是一个推断，而是心理学家验证过的一条经验：罗伯特·扎荣克是一位权威的心理学家，他在密歇根大学教学期间，因所引领的引发争议和赞誉的开创性实验而获得了声誉。比如，他发现人们对熟悉的事物有一种正面的情感，由此论证了简单暴露效应，或者叫作多看效应。

在他的一系列研究中，有一项研究是向被试者呈现一些随机图像，包括汉字、表情和几何图形，当被问及最喜欢哪一个图像时，他们会选择他们见过最多次的那个。

所以，你说的什么不重要，重要的是要多次重复，直到大家产生熟悉感，慢慢再过渡到信任。

比如，当你说自己的目标时，你的保守目标是为你的产品寻找到 5 万个用户，但是如果事情发展顺利，你会发现这是一个很好完成的数字。所以，你不妨把自己的目标和愿景定到 50 万个用户，这样你和你团队的人都会因为这样的目标而兴奋和一致向前。

第三是在和对手竞争的时候，展示自己的大格局。

很多人面对竞争对手的时候，难免会产生抵触的情绪。有时候，还会直接批评和打压对手。殊不知口头上的打压并不能给对方带来真正的震慑。反之，如果你懂得"说大话"，也许你的竞争对手就会变成你的合作伙伴。

比如，当有人问起你怎么看待你的竞争对手时，不论你怎么说都很难讨巧：如果你发动攻击，任何人都会感觉你气量狭小；如果你赞美对手，不但违背自己的内心，还容易得到伪君子的名声。但是，你可以这样聊："我们的竞争对手从来不是好的同类产品的开发商，因为我们的初衷都是为顾客服务，我们的竞争对手是那些不负责任的坏产品的研发者。他们误导了我们最珍惜的消费者，给消费者造成的伤害和导致的信任危机是我们不能容忍的。"这么说，既避免了直接攻击同行业竞争者，又重点突出了"顾客是上帝"的原则。不卑不亢中，也拔高了自己。

第三章

说服谈判谈笑间：
在共情、对抗中拓展社交图景

把对抗变成合作

有一些关系看似是完全对立的，但其中依然有着可以转化成合作的机会。

比如，顾客和商家的关系。大家都知道，顾客希望花最少的钱来买东西，而商家希望顾客多付出金钱。那么，这其中的对立看似是不可调和的，但是依然有机会。如果两个人能够发生关联，就有机会。

商家会揣测顾客的需要，顾客的需要又希望被商家满足，所以双方只要爱称对方一声"亲"，就能缓解两个人之间的矛盾，让双方感觉到一种合作的关系。

生活中太多的对抗都可以变成一种合作。比如，你要给两个孩子分蛋糕，看似这两个孩子之间一定是存在矛盾的，是此消彼长的关系，但是你可以通过一种手法让这件事情看起来是一种合作：让其中一个孩子先切，另一个孩子先选！

把对抗变成合作是一个重要的意识，只是，我们很多时候意识不到它的重要性。或者说，当一些事情发生在自己身上的时候，出于自我保护和情绪上的冲动，我们忘记了在一些细节上可以营造出合作的感觉；在遇到一些矛盾的时候，我们忘记了可以用更好的方式来化解僵局。

比如，我去和别人谈合作的时候，在一些私下的场合，尤其是要出示一些文件的时候，我很少和对方面对面坐着，我通常会选择和对方坐在同一个方向。这样，我们聊天的时候看到的是同一份文件。在我给他解释一件事情的时候，就容易让对方产生一种我们共同面对一件事情的感觉。

有很多年轻人创业，会因为创业这件事情和家人起很大的矛盾。事情刚开始的时候只是看法不同，继续演化下去就变成了观点不同，再持续恶化下去就变成了不可调和的矛盾。这是多么可惜的事情！要知道创业的过程中要和无数人产生利益上的关联，要是不能把距离自己最近的父母从对抗变成合作，那接下来，面对其他人的意见和自己不同的时候，更容易感觉到心浮气躁。

小林就是因为创业和他的父亲陷入了激烈的冲突中。令小林生气的是他的父亲明确表示不会有任何资金支持小林，甚至说了很多"你创业就是烧钱""你根本不知道天高地厚""你不好好工作就是蠢"这样的话，来表示他根本不看好小林的创业。

小林愤愤地说："他就是不想给我资金支持，只要听说是和钱相关的事情，他一概不支持。比如，我一说想出国，父亲立即同意，但一听说出国需要有一定的资金支持，他随即就说出国不安全，搞不好人财两空。一听说我想创业，开始他也挺高兴，觉得以后可以扬眉吐气了，但一听到我的积蓄在前期投入上根本就不够，他立即就说创业风险太大……"

在小林看来，这件事"没的聊了"。

其实，这件事还存在一定的转机，我们姑且认为小林的父亲是一个把钱看得很重的人。这样的人的特点是不希望别人把自己看穿：小林的父亲每次不支持小林，都是因为小林要向他索取资金支持。但是，他又想装作不是为了钱才不支持小林的，所以他说了很多侮辱人的话。话说得这么难听，本质上是一种欲盖弥彰，是一种自己都不想面对自己人性中某个部分的恼羞成怒。

如果小林说"你就是为了钱"，那么后果不堪设想，双方再也无法收场。但是，小林可以换一种方式来聊："我知道您是担心我创业失败，将来生活困难，那这次创业，您先别借钱给我。您的钱留着将来我有更重要用途的时候再帮我，我先让朋友帮一下忙，大不了高息还他们就可以了……"

果然，当小林采取这样的态度去和他的父亲聊的时候，这个前一分钟还在破口大骂的父亲，听到小林把他不给钱的行为"合理化""伟大化"之后，立即换了另一副面孔，表示"尊重儿子的决定"，还"亲情赞助"了很多社会经验给小林。

我们的确不能选择自己将遇到什么样的人，包括遇到什么类型的父母、什么类型的领导、什么类型的伴侣、什么类型的同事、什么类型的朋友……但我们可以决定的是，我们可以说什么，以及能让自己坚持做一个什么样的人。

我想到了一个形象知性、温柔的女主持人，她看到一个很有资历的名人的评价，对方公开表示，认为她嫁人嫁得不好，有人问她对此的看法。

这是一个很考验智商和情商的时刻，如果回应得不好，就会对她和她的家人造成困扰。她回应的大意是："长辈的话我听到了，我在他心中如同女儿，所以无论我嫁给谁，他都会因为疼惜而觉得可惜。"

这位前辈听到后，对她的友善和聪明表示很欣赏。

这个案例中，这个女主持人需要征服的人不仅仅是批评她的人，还包括围观的人。当一个人被其他人语言冒犯的时候，保持涵养和风度不仅仅是为了不刺痛对方，还为了让围观的人看到他自己本身是个怎样的人，并让自己在这个过程中获得一种自我的尊重。

无论多么来势汹汹的语言攻势，都可以先试图往好的一方面引导。要知道，当面对那些存在，也可能不存在敌意的人来说，你的谦和是一种智慧，而非一种胆怯。别人对你的方式粗暴，当你用同样粗暴的方式回敬对方，你就与他一起成了缺乏智慧的人，这会让你的形象和心态都减分。

反之，在这个过程中，你要尽量给对方留面子。能有礼有节地回应，那你不但可以引导舆论，还可以改变对方。毕竟，面子是人的第二心脏。

不到必要的时候，不要在聊天中直接上升到核武器级别的反攻。

有人说，只要有人质疑你，你就质疑对方的动机，这样就可以让对方无所遁形。在我看来，这样的确不失为一种有力的回击，但这么做的缺点是，把本可以化解的矛盾集中在当下的人身上。当你不给别人退路的时候，你自己也就没了退路。

比如，有人在采访一个名人时说："有人说你是在作秀……"

如果他回击："你什么意思？你凭什么这么问？你是不是故意激怒我？……"

接下来，两人就要进入掐架状态了。

这个回应最失败的地方在于，对方在质疑的时候，已经虚拟出第三方，这样虽然回避了当下两个人之间的矛盾与冲突，但是不高明的回应又把对方的这份好意给浪费掉了。

其实，可以这样回应："不是作秀。但是，即便是作秀，也是为了宣传环保。不然，我干吗作这个秀呢？为了环保，我不怕质疑，大家慢慢会了解的。"

这样，就把虚拟的第三方的恶意解释为"别人只是暂时不了解内情"。

再比如，有人说："你以前说的一件事是不对的，有错误……"

如果这样回应："你故意揪着我的错误，来让我难堪。"

两人会再次进入掐架状态。

其实可以这样回应："我讨论的事情当然可能有一些错误的地方，因为我们朋友之间聊天就是为了讨论一些我不懂的事情，听听大家都怎么说。万一我只说自己懂的事情，那不就成卖弄了吗？哈哈……"

以上聊天语言的"你来我往"中，大家可以感受到巧妙的聊天可以把对抗变成合作，还可以迅速地把本来对你存在质疑的人往你的粉丝群里推。

谈笑自如才能说动人心

一个情商高的人在说服别人的时候，自然懂得把对方的感受放在第一位，会把自己提前准备好的套路、道理、利益先放在一边。很多人平时看起来人又聪明，智商又高，但是有时会无法说服别人，其原因就是往往不懂得克制，让自己的利益压倒性地战胜了自己的头脑。

美国作家马克·吐温写了一本名为《汤姆·索亚历险记》的书，其中有个很有意思的细节：小男孩汤姆和一个陌生男孩打架，被波利姨妈发现了，于是他被罚粉刷篱笆墙。

这时候，汤姆有了两种思路。第一种思路就是他的情绪压倒了理智，他马上想到过一会儿其他自由自在的男孩子就会出现在街上，搞各种各样的活动。大家一定会笑话他。

他去求他家的奴隶吉姆来帮他。"我说，吉姆，我替你提水，你替我刷墙，好吗？"这个说法让吉姆果断地拒绝了他，因为吉姆害怕被波利姨妈发现。

后来，他打算拿小玩具跟伙伴们交换，让他们替他干活。他把自己积攒的宝贝拿出来仔细检查：小玩具、玻璃球、小破烂儿。这些足够跟伙伴们交换，让他们替他干活。不过，恐怕这些都不够换半小时的自由，于是他放弃了。

第二种思路是，克制自己内心真正的需求，刺激别人的欲望。

他抓起刷子，平静地干起活儿来。

这时，本·罗杰斯来了。在所有男孩中，汤姆最怕受这个男孩的嘲笑了。果然，本·罗杰斯开始嘲笑他了："嘿，老伙计，你不得不干活是吧？你喜欢这活儿吧？"

汤姆很冷静，他故意说："难道一个男孩每天都有机会粉刷篱笆墙吗？我敢打赌，就是从 1000 个男孩中也挑不出一个能干好这工作的，说不定 2000 个里也挑不出一个。"

他装作非常投入地享受刷墙。他挥动着刷子，刷完后，还会退两步审视一下效果，在某些地方再补上两刷子，然后再次用吹毛求疵的眼光瞧瞧。

本的眼睛一眨不眨地望着汤姆做每一个动作，越来越感兴趣，越来越着迷了。

很快，本说："汤姆，让我刷一点儿吧。"

汤姆装出打算让步的样子，可是，他又延缓了自己的节奏，说：

"不行，波利姨妈对这堵篱笆墙要求十分苛刻……"

他彻底把本的胃口吊起来了，本甚至提出用苹果交换粉刷的机会。

汤姆心中十分得意，可是他依然不动声色，还故作不情愿地把刷子递给了本。

最后，这个嘲笑汤姆的本，竟在阳光下替汤姆粉刷起篱笆墙来，累得满身大汗。

后来，其他的男孩子也来到街上，他们开始时对汤姆和本干活表示嘲讽，但是最后却都留下来以小玩意儿来交换这个刷篱笆墙以显示自己才能的机会。

整个粉刷过程中，汤姆享受着闲散和舒适，周围的同伴们帮他把篱笆墙足足粉刷了三遍！要不是白粉浆用完了，他准能让全村的孩子动用全部的"宝贝"来换这个刷墙的机会。

这个小说中的情节很耐人寻味。谈笑自如是说服人的前提，根源就在于，当一个人谈笑自如的时候，别人就会认为他要说服自己的事，对对方来说并不是最重要的，也不是和对方利益最相关的事情。

甚至一个人哪怕明明知道，对方说服自己之后，会有巨大的好处，但对方只要表现得心平气和，他就会弱化内心的这种不舒服的感受。

比如这样的一个对话，大家体会一下对方的感受。

业务员："您看您什么时候有空，来我们健身房体验一下？"

顾客："我暂时不考虑。"

业务员："您这样就是对自己的健康不负责任了，人的健康才是最重要的。不然，您现在就是用身体赚钱，将来会用钱换健康，多不划算，您还是来吧。"

顾客："我不去。"

业务员："您为什么不来呢？道理我都跟您说得很清楚了。"

顾客愤然离开。

在这段对话中，大家感受到了什么？也许有朋友要说，生活中我们会使用这么硬的口吻聊天吗？但实际上，这种案例比比皆是。当一个人脑海中总想着自己的业绩、提成，急于达到目标的时候，再聪明的人也有可能利令智昏。

又如：

业务员："您是给谁选衣服？"

顾客："我来给我的一位长辈看看。"

业务员顺手拿了一件，然后说："您看这件喜欢吗？"

顾客："这件不太好，这件是个圆领子，我阿姨喜欢立领。"

业务员急了："现在流行圆领子，你得和她说，圆领子才流行，立领子早就过时了。"

顾客离开。

我们始终要牢记的一点是，对方不是来花钱买教训的，也不是花钱来听你上课的。当你一味进攻时，你就把对方可能存在的诉求和对你刚刚建立的一点好感全部消费完了。

所以，在说服别人的时候，我们要对自己进行有效的训练，要不动声色，要谈笑自如，要有意识地提醒自己和对方聊天时所要关注的事项和自己所要进行的步骤。

再如：

业务员："您平时工作比较忙吧？您看这样好吗，您这个周末来我们健身房感受一下可以吗？"

顾客："哦，我不想去健身房锻炼。"

业务员："哦，我看您身材保持得特别好，您一定有一套自己的锻炼方法，是吗？"

顾客："是的，我平时挺注意锻炼的，我每天早上都去跑步。"

业务员："方便问一下，您是在哪里跑步吗？"

顾客："我一般都去室外跑。"

业务员："您是一位很有生活智慧的人，健康应该放在我们生活中的首要位置。只不过，太多人都忽视了。当然，室外跑步也有一些局限，当天气不好的时候，可能这么好的习惯也不得不中断了，所以我还是建议您来我们健身房感受一下'随来随跑'的便捷。另外，我们也有专业的健身教练和您交流，有一些细节和注意事项，他也可以为您矫正一下。"

顾客："我这个周六过去看看吧，去了以后联系谁？"

业务员："您直接找我就好，我为您介绍一位高级健身教练。"

顾客："好的，谢谢你。到时见。"

这段对话的心法，是说话者虽然是一个主动进攻者，但是他看起来却毫无攻击性，一直在一种不疾不徐的语气里，保证对话的流动和不间断。并且，靠着他高超的赞美对方的聊天术，让听话的人始终感觉对方在为自己提供价值。

换个角度进入和顺语境

如果我们足够留心，就会发现，越是有能力的人，说话的时候心态越开放、语气越平缓，因为他们的能力已经能够从更多的角度看待一件事情，所以他们的情绪起伏就不会很大。

而且，越是职位和级别高的人，越是有社会经验。他们就更加懂得，无论遇到什么困难和问题，事情都总有解决的方法，所以没必要剑拔弩张，也没有必要非得争个对错。他们日常的语言像日常的为人处世一样，能给人带来一种"和顺"之感。

小张是一个业务员，他和客户李先生的关系不错。他知道在一个放松的环境谈事情和在办公室谈事情给人的感觉是完全不同的，所以平时他为了联络李先生聊事情，就常常邀请李先生到一些很清雅的环境喝茶、聊天。到结账的时候，小张每次都抢先付账，很有眼力见儿。

事实证明，李先生果然是一个大客户。有一次，李先生的公司从小张这里采购了很大数目的一批产品，这让小张所在的整个公司都很兴奋。小张的领导陈总也亲自出马，和李先生谈一些小张决定不了的折扣和细节。

席间，三个人聊得都很愉快。陈总话虽不多，但是每句话都让李先生无比兴奋。陈总问李先生："你当年创业的时候，环境可比现在难多了，当时你是怎么开辟渠道的？"

聊到这个话题，李先生眼前一亮，瞬间开始滔滔不绝地讲起了自己的创业故事。在这个话题要结束的时候，李先生开始标榜自己的人品。他说："我刚创业的时候，对于那些跟随我的人，是当自己的兄弟一样来交往的，当时完全平分所有的好处。直到现在，我的手下还经常叫我李哥，因为他们都知道，和李哥在一起不吃亏，李哥也从不亏待他们。无论在什么场合，只要李哥在，永远都是李哥埋单。"说到此处，李先生说了一句，"这一点，小张也知道。"

小张当时一愣，随即也做了表面功夫，配合地点头称是。

但是，小张的心里却特别不是滋味。后来，小张找陈总说出了自己的疑问："我和李先生在一起，他每次说要结账，我都抢先了，所以所有的账都是我结的。他在您面前这样暗示，好像我从来没有付过账，一直都是他在照顾我一样，这不是扭曲事实吗？"

本以为陈总会说："这个李先生，他做人太不诚实了。"或者说："小张，是不是你在撒谎？"

没想到，陈总根本没有纠结在这个问题里，也没有判断事情的对错，更没有评判别人的是非，他只是淡淡地说："没关系，就让他这么说吧。反而显得你能力强，能够不花分文、不请客吃饭就能搞定这么大的一个订单。"

小张说："如果他在行业的圈子里总标榜说，他和我在一起全是他埋单，会不会对我们公司产生负面影响？"

陈总哈哈一笑说："当然不会有负面影响。别人听到我们公司的业务员这么硬气，只会认为我们产品的质量是过硬的，才做到从不求客户，而是令客户向我们示好。"

本来，小张一肚子的委屈，而且心中也都是悲观的想法，但是当陈总寥寥数语说完，小张不但情绪缓解了，还瞬间由一个一肚子委屈的人变成了一个有着小小骄傲的胜利者。

这就是小张和陈总的区别：小张在乎对错，陈总则完全从对错里跳出来，看的是最关键的利弊。

生活中，我们使用语言更是如此有趣。只要换个角度看待一件事情，或者换个角度描述一件事情，你所表达的意思和给对方带来的感受就会完全不同。

让行为给话语带来攻势

聊天有时候会让我们在和对方聊天的过程中识人识己。

在我的经历中，有一件事情让我想起来就有些惭愧，这个教训给了我很大的一个启发。于是，我常常采用一种故事化的手法把这样的一个聊天案例，在不同场合进行分享。

我在大学时期就一直研究演讲、口才之类的知识，整个大学期间，我协调和组织学校的活动，与老师、同学打交道也很顺利。毕业后，我找工作的过程也很顺利，我知道这是常年研究沟通的艺术给我带来的好处。

后来，我成为领导秘书之后，和领导沟通也得心应手，和其他人沟通也很顺利，逐步成为助理型的秘书，收入和待遇都超出了我的期待。

一直以来的受益，让我更加迷恋语言的力量，而忽视了更深层的本质的情感。直到有一次，领导让我协助业务部门和一位海归人士谈合作，我以为我当然是没有问题的。刚开始接触的时候，我和老先生相谈甚欢。谁知，两个星期过去后，那位老先生便用他那种礼貌而客气的冷淡对待我了。这让我意识到，真正让话语感动人心的不仅仅是礼貌、得体的谈吐，还考验你往其中注入的情感是否真挚。

我刚开始接触这位老先生的时候，我们相谈甚欢，直到一些细节开始暴露出我并不享受和他聊天的过程。比如，他和我吃饭的时候，服务员问我们要什么，我每次都说随便，因为我脑子里还在规划着一会儿从哪里打开话题，让他赶紧和我们签合同。有一次，他打电话给我，问我什么时候能去他公司一趟。我判断签约在即，这属于临门一脚，一定不能犯错误，所以我赶紧回复我任何时候都有时间……不得不说，合作还是谈成了，但是我和这个老先生的私交也结束了，他对我也仅仅是礼貌和客气。遗憾的是，我们的公务关系再也没有机会转化为私人交往。我就这样错过了一个很有能量和心量的、本来有可能是忘年交的人。

开始思虑这件事的时候，我心里并不觉得自己有多大的错，而随着阅历的增加、接触的人增多，我也被别人这么对待的时候，我才感受到对方当时感受到的不自然。

这段关系的不平等在于我一直希望他点头签下一份合同，这就意味着我还是怀着任务之心来和他接触的。对于他来说，他并不排斥我怀着目的前来，但是他认为自己是一位非常有人格魅力的人，所以再有目的性的人都会放下目的，从而和他成为很好的朋友。说得直白一点，貌似别人来征服他，他享受的却是用人格魅力征服别人，毕竟他的学识、见解和视野都是超群的，也会让人真正地想和他做朋友。

而唯独我，还是不肯放松自己的目标。虽然我表面上和对方聊得很好，但是我心里想的都是合同。当时的我，貌似把一切做得都很好，但是真实的自己是眼中只有事情，没有人。

吃饭的时候，我若享受和他一起吃饭的过程，就不会在点菜的时候说"随便"。我若是把对方当朋友，而不是当作客户，那么他约我时间的时候，我就不会说任何时候都可以。我至少该停顿一会儿，看看自己的时间安排。

在我心里，我和他的关系是不平等的。这种不平等并不会让他好受，他也并不需要假意地套近乎。

在这个案例中，我深深地体会到，两个人之间无论聊什么，你所聊的话和你的行为细节都应该是一致的。否则，只会让明眼人一眼就看出你的"不走心"。

我们也能从与他人相处的细节来看清自己究竟是如何判断两个人之间的关系的：我们把对方当作一个人，还是当作一个实现自己目标的工具；我们把对方看得很重要，还是觉得对方是一个很重要的"猎物"。

我曾听说过，一个木讷的人，会因为他内心的看法，让一句朴实的话，有了雷霆之势！

这个案例是我的朋友王先生的经历。他曾经的一个店员小李遭遇了重大的人生变故，做大手术没有钱，王先生出资帮小李渡过了难关。

后来，小李去了大城市发展。他一直邀请王先生去他所在的城市做客，王先生都婉拒了。那一年，王先生的孩子高考结束放暑假，要去小李所在的城市游玩，于是全家人就到了小李所在的城市。小李给王先生安排了五天的行程。在这五天的时间里，小李让自己的家人全程陪同，并且告诉王先生自己在大城市已经站稳脚跟，并且在聊天的时候总说："哥，咱们现在不缺钱了。"

这次旅游，小李的爱人找机会给王先生的太太买了高档的手包，给王先生的孩子购买了高档电子产品，全程安排得都很周到。由于每次付账的时候，小李夫妻二人都非常主动，王先生只好接受。

五天过去了，王先生要回去，小李送别王先生。小李说了一句话，让王先生一家人都很感动，他说："我所有的一切都是您给的。"

这是一句很感恩又显得很夸张的话，有的人说这么重的话反而会给对方一种不真诚、假大空的感觉，但是，为话语真正注入力量的是小李的行为。王先生的太太上了飞机后，和王先生说的第一句话是："我们这次来，衣食住行都是高档的安排，但是你看到小李和他的太太了吗？整整五天，他们穿的是同一套衣服。"后来，她又说："我和小李的爱人去逛商场，她拿着满满的一包现金。但是，我问她卫生间在哪里的时候，她说她也是第一次来。"

一路上，王先生一语不发。后来，他给小李的餐厅入了股，帮助小李再次站稳脚跟。

无论是聊天的细节，还是行动的细节，这其中暴露出来的信息，都是小李在大城市正是起步阶段，并没有那么富有，但是他用了能给的最好的一切来款待自己的"恩人"。

所以，他说的话，匹配了他的行为，成为打动人心的利器。

对比两个案例来看，小李的案例令人感动的原因在于，他和王先生之间，谁都没有把对方当作利益伙伴，而是把对方当成了真正可以信任的朋友。这让所有的聊天、所有的细节都对了！

一个故事消除抵抗

说服、谈判和生活息息相关，大到合同签约，小到家庭琐事。想要艺术化地处理，就不能把这个过程变得剑拔弩张，而应该利用聊天的机会，改变对方的决定。

当你用数据说服别人，别人也许会听你的，但他会感受到你的无趣；当你用故事说服别人，别人改变决定后还会感受到你的温暖。

小闫做种植产业，他的产品采用古法种植，价格非常高。他很注意产品的营销，先是吸引顾客带领孩子来采摘，然后再向顾客推销他的草炭土种植的土豆和其他农产品。

很多人现场感受了农场的天然和环保后，都会高额预订下全年的蔬菜。

有一次，在一群妈妈中有一对母子。这位妈妈一听到蔬菜的价格，当场质疑，并批评农场唯利是图。

当场，小闫的一个下属就和这位妈妈争论得面红耳赤。这位下属把各项报告展示给她看，但是这位妈妈看都不看，还说，这些数据说明不了什么，她看不懂。小闫的下属只能愤愤地说："今天已经有 32 个人订购了蔬菜，难道大家都没有判断力吗？"

小闫的下属说的话让这位妈妈更加生气，她说："我不管别人买不买，但是我看透了这种形式，你们这就是骗钱。我在超市买的蔬菜也是新鲜的，价格才是你们的一半。你们组织家庭采摘活动是个噱头，你们的目的就是为了骗我们这些妈妈花钱买产品。"

就在大家围观的时候，小闫走上前，他镇定地说："这位大姐，我是农场的老板。我比您更懂得钱的珍贵，我从小在一个单亲家庭长大，我的妈妈很要强，把一切好的东西都给了我。我知道天下的妈妈都是这样的，任何能为孩子做的事情，她都会努力。我开这个农场，请这么多的家庭来采摘并且现场感受我们种的蔬菜，也是让大家自愿购买，没有一次强买强卖的事情发生。"

这时，小闫的下属也会意过来，也不再和这位妈妈据理力争了，而是耐心地补充："很多妈妈向我反馈，孩子本来挑食，但是因为我家产品的口感不错，孩子挑食的情况正在改善，我们老板特别高兴。"

看着这位妈妈的表情已经从激动到冷静，从冷静到感动，小闫接着说："您现在对价格不满意，我也能理解，因为现在我的成本太高。如果我的规模做大了，我会考虑多做一些优惠的活动，让更多人享受到我们的蔬菜。"

此时，这位妈妈非常愧疚地说："真是不好意思，上次我参加别人办的一个活动，我带着孩子去玩了一会儿之后发现，不买东西不让我们走，给我留下了心理阴影，所以今天我一看到你们推销蔬菜卡就发火了。你这么一说，我就放心了，今天的蔬菜我看到了，感觉的确不错，我订一份。"

围观的人听到之后，也纷纷开始订购蔬菜。这一场纷扰结束后，小闫发现这一次居然破了当月的销售纪录，当场采摘的人几乎全部订购了蔬菜。

这就是故事的力量，小闫善于讲出自己的故事。每个人都有故事，但是找到能和别人情感共鸣的故事，然后大大方方地讲出来是需要技术和勇气的。

在讲故事的时候，不能添油加醋，也不能画蛇添足，原原本本、实实在在地说出重点即可。如果讲自己的故事，可以添加感情色彩；如果讲别人的故事，可以在议论中对听故事的人加以引导。

小王的爱人听朋友们炫耀他们孩子的学校有多好，她一时心血来潮，打算卖房子、换地址、转学校。

小王一听，心中很慌，刚准备说服爱人，没想到他爱人就一脸委屈地说："我给爸妈打电话商量这件事，他们居然说我是瞎折腾。

我这是瞎折腾吗？谁不是为了自己的孩子好……我不管别人怎么说，他们不是孩子的妈妈，我要为孩子负起责任来。"

小王立即转换了说服的思路，他赶紧说："你这都是为了孩子的未来打算，宁愿牺牲自己的安静，我知道你的心意。"

他爱人立即像得到了支持一样，松了口气。

小王接着说："不过，我们的孩子也不是第一天上学了，转学对他来说影响太大了，好不容易培养的学习氛围和同学关系都变了。这个方面你可能还没有考虑到，我曾经就因为父母做生意转过学。我发现换到陌生的环境后，很长时间的失落感和失去朋友的感受让我无法投入学习。我当时毕竟年纪小，不像现在可以用成年人的思维来理解，当时就是觉得天都塌了，我的朋友们都看不到了，这种不快乐是当时任何东西都弥补不了的。"

听到这里，小王的爱人的表情开始凝重起来。小王在这个故事里所表述的"这种不快乐是当时任何东西都弥补不了的"，让他爱人明白了，如果孩子失去了快乐，就违背了她的初衷，而且这个责任她根本就承担不了。

小王的爱人开始和小王就这个话题展开了思考和讨论。看到形势有所转变，小王立即就找到了重点，开始进攻。他说："孩子最近的学习情况很好，也很稳定，这全靠你平时辛辛苦苦的付出。你的付出比任何人都多，你应该巩固和捍卫自己的劳动果实。如果换别人让孩子转学，你应该立即说'不'！因为这是对你的否定。况且，我还听教育专家讲过课。他强调的是再好的学校都不如一个好的班主任，你和孩子班主任的互动也很不错，她还信任你，让你做家长代表，这就是对你的肯定。如果换一个学校，你又要重新建立自己的信任度了……"

没想到话还没说完，小王的爱人就表态："坚决不让孩子换学校，我真是一时糊涂，孩子好好的，真不应该折腾……"

在这个案例中，小王用故事快速吸引了他的爱人，又在叙述故事的过程中加入了肯定和鼓励对方的积极因素。最后，引用权威对象的观点来佐证自己的判断，便于让对方自己做出正确的选择。

如果我们在实际操作中缺乏自己的故事，对自己有利的相关人的故事同样也可以利用，用那个人的故事对说服对象发动情感攻势。

小丁去买房子，因为第一次和房地产中介打交道，他心里七上八下的，很没有安全感。他的中介人小韩一看到这种情况就理解了小丁的心理，他知道小丁在这样的心理感受下，这单是一定不会成交的。没有任何人会把自己的一大笔钱交到一个自己不信任的人手中，哪怕对方来自口碑很不错的中介机构。

小韩开始找时机给小丁吃定心丸。小丁在聊天的过程中突然问了一句："你们老板是靠什么把产业做这么大的？"

小韩觉得机会来了，于是就开始讲自己所在公司创始人的故事。他说："听说我们老板也是普通出身，当年他来大城市找工作，第一步当然是租房。当时，他什么都不懂，把自己所有的钱都给了业主。后来，发现上当受骗了，自己瞬间分文没有了，当时真是惨！他当时就决定要在这个城市里活下来、闯出来，他从自己上当的这件事情中找到了商机。他觉得自己如果懂房地产交易，能够保证别人不上当、不受骗，住得安心，买得放心，不就是一笔大生意吗？于是，他就创立了我们这家公司，然后一步步靠着信用做大了……"

果然，这个故事一讲完，小丁就自己总结："看来他是自己被骗过，所以他成立了这个公司，帮助交易更加透明，让别人别再上当是吧……"

小韩说："是的。而且，我觉得我们老板最厉害的是在自己痛苦的事情里找到了商业的痛点，把自己的事业给做了起来。"

小丁接着问："那你一直就在这家公司工作吗？"

小韩说："我一开始在这家公司工作，有一段时间，我觉得自己的业务能力已经很强了，就自己出去创业，也做了类似的中介业务。后来发现，靠一个人的力量和小的规模真的很难和大公司竞争，毕竟大公司在各方面给客户提供的保证都是有效的、令人信服的。所以，我后来又回到了公司，在这个公司踏踏实实工作到现在。"

小丁在小韩叙述的故事中，建立了对这家大公司的人性化的认识，也因为对小韩的进一步了解，终于慢慢放下了防备。在放松的沟通中，两人加快了成交的节奏。

所以，我们讲谁的故事不重要，重要的是怎么讲，要让你面对的人感受到故事里主人公当时的情绪。无论是开心还是恐慌，都有助于带对方进入你建立起的世界。还要让你面对的人体会到你故事表达的观点和情怀，无论是高尚还是平凡，也都能够让对方和你的距离更近一步。

时间是征服的密码

聊天可以是一种随性、随心的闲聊，也可以把商业目的包含其中。当聊天成为一种商业手段的时候，只要你最终要实现的商业目的是合情、合理、合法的，你就完全可以把聊天变成一种策略。

有句话说："条件一样时，人们想和朋友做生意；条件不一样时，人们还是想和朋友做生意。"说的就是人们对安全感的追求。两个人之间，聊天聊得越多，朋友式的感觉越容易建立起来。当双方之间的业务关系转化为私人关系时，对方就会对你产生信赖，你在说服对方的过程中也多了很多胜算。

把业务关系转化为私人关系是需要时间的：一种方法是靠长时间的软磨硬泡，这在一定程度上有可能起到作用；另一种方法是在短时间内，靠有策略地说话实现高效率的说服。

宋女士开了一家女子美容店。有一天，她和店员小雅一起去逛商场买衣服。在两个人试衣服时，有一位衣着华丽、装扮时髦的女士也在试衣服。她试来试去，总是不满意。此时，商场的工作人员就上前问她："张姐，您是觉得哪里不满意呢？"

这位女士皱着眉头说："我最近在国外待的时间太长，回国才发现自己晒黑了。这些衣服的颜色都不好，让我看起来肤色更暗了。"

商场的工作人员又给这位张姐推荐了一些别的颜色的衣服，都被她拒绝了。此时，宋女士走到她的面前说："姐姐，这是我刚刚看到的一件衣服。这个尺码就这一件了，我还没试，要不您试试？我感觉这个衣服您穿比我穿要更有味道。"

张姐看到宋女士手中烟灰色的衣服，觉得质感很好，况且又听到宋女士的赞美，心情更加舒畅了，于是就试穿了这件衣服。果然，张姐一照镜子就露出了非常满意和自信的笑容。她想到这是宋女士割爱给自己的，有点不好意思，就说："我现在选件衣服真难，就是这次出国晒伤了，回来怎么补都不行。"

小雅一听，觉得机会来了，马上就要从自己的包里拿出名片夹，被宋女士用一个暗示的手势制止了。宋女士不动声色地和张姐继续聊天："您的皮肤底子还是很好的，所以您通过个人的保养，想再恢复成高圆圆那么白的肤色也是没问题的，我推荐您先……"

张姐很有兴致地听着，因为宋女士给她讲的方法都是日常中可以取材的果蔬美容法，所以令她很感兴趣。张姐听完后，就问："如果坚持采用这样的方法，多久能有效果？"

宋女士自信地说："半年的时间，您的皮肤一定能达到一个令您惊喜的状态。"

听到这个回答，张姐的笑容僵住了，说："对于我这样的急性子来说，半年的时间我可等不了。你还是告诉我一个快的办法吧。"

一听张姐如此询问，小雅想要插话，好在宋女士没等她说话，就开口了："姐姐，看来我这点和您也像的，我也是急性子。所以，我花了很多钱在国外学习过这些方法，却不能学以致用，我皮肤的保养是靠一套美容产品，很规律地每星期做一次脸，才提高到现在的紧致和白亮的……"

说到这里，张姐像找到了法宝一样高兴，她说："你在哪家店做脸？"

宋女士坦然地说："我自己开了一家美容店，位置在……"

张姐立即向宋女士索要了名片。第二天，张姐就到宋女士的美容店买了贵宾卡，预订了为期一年的美容套餐。

在这个案例中，宋女士的聊天有三种策略。第一，先聊和对方利益相关的事，把一个不大不小的好处让给对方，引起对方的好感。这里我们要注意的是，一个不大不小的好处指的是能让对方高兴，又不至于引起对方的戒备心。第二，她展示自己的专业性的过程中，从不伤害对方的自尊，能够顾全对方的面子。她从问题入手，却能够对问题妥善处理。比如，她没有说："你现在的皮肤很糟糕，暗沉、发黑，需要赶紧想办法了……"如果开始就是这样的一种指责，即使宋女士再专业，对方也不会愿意听下去。相反，她提到的全是对方的优点，例如，她通过语言，暗示对方本来就有女明星高圆圆一样美的皮肤。第三，她能够从免费的建议和免费的美容品入手讲解，这样更让对方信服。尤其要强调的是，宋女士的整套言辞是很自然的，靠的就是这种耐心。这与她的店员小雅不同，小雅遇到机会的时候，总是想迅速把握机会、迅速说服对方。换言之，也就是她太想把潜在顾客像猎物一样拿下，所以很容易就把自己的目的暴露出来。

这是很多人都容易犯的聊天错误，当一个说服者没有耐心的时候，他就会被对方一眼看穿，从而失去机会，因为没有人愿意成为别人的"猎物"。

反之，你越有耐心，对方就越对你感兴趣。对方越对你感兴趣，就会越主动。当对方有了主动性的时候，你引导他做出的选择会被他认为是他自己做的选择。没有人不维护自己的选择和自己的判断，到那时，你的顾客不用你去追，他会自己追上你。

最后要强调的一点是，不但我们在策略上要徐徐而来，用足够的时间给自己的聊天做铺垫，在语速上我们也一定不能快。要切记，慢慢慢，因为你一急对方就会认定此事会对你有利。

通过提问发现他所想

好问题有时候胜于千言万语，尤其当我们需要更了解别人的想法时，好的问题会帮对方和我们自己梳理混乱的表象，理出一个人真实的想法。

我大学刚毕业的第一份正式工作是做秘书，后来因为做得不错，就成为助理型秘书，常常协助领导搜集信息。那时候，我发现我身边的同事多了起来，但是我会尽量避免和同事走得太近，怕影响到我对工作的汇报。

果然有一天，一个同事想送我一个和篮球相关的、很贵重的礼物。他说得轻描淡写，说自己是某个球队的忠实支持者，他知道我也是，因为这件礼物是别人送给他的，有两份，所以，他给我一份。

当时，他执意要送，我便问了他一个问题，然后他就心照不宣地把礼物收回了。

我问的问题是：这个球队的某个球员在某一场比赛中的表现

如何？

而那位同事，也许根本就不知道这个球员的名字，他只是找借口送给我一个贵重的礼物。但是我知道，每一个礼物暗中都标了价格，所以给退回了。

没过多久，他就因为一些原因离开了。

我想说的是，好的提问，也许听起来很简单，也许看起来问题提得很一般，但它无疑能帮助我们直接看到人心。

常常遇到年轻人提出一些问题，比如"我应该考研还是去工作""我应该听父母的，还是听从自己的内心""我应该辞职去创业还是继续好好工作"。这些都是人生的重要问题，证明提问的人内心充满了很大的困惑。

当我们面对这些问题时，有时候真的需要简单地提问，一层层让对方看到真实的自己。

有个年轻人已经 30 岁了，他没有找工作，而是在一所大学附近租了房子学习。他家里条件并不好，但是家人都很支持他。他三次考研都失败了，但家人依然支持他考研。他问我："我该怎么办？是坚持理想，还是找工作？"

我问他的第一个问题是，他当年高考的分数是多少。

他告诉了我一个数字，果然是非常不理想的。

在这个数字中，我分析到：首先，他这个年龄应该去找工作，积累一些生活经验了；其次，他坚持考研这么多年，考研成了他躲避进入社会的一个借口；最后，高考分数已经很能说明关键问题了，那就是他并不是擅长考试的人。

我接着问他，为什么高考这道分水岭已经提醒他，他并不是一个擅长考试的人，却非要在自己不擅长的方面努力？

他开始说，高考是他发挥不好，后来又说，他爱学习。

他开始解释的时候，我并不吃惊，我知道对一个人所做的如此重大事件的否定一定会遭到对方的否认，一个人认识自己本来就很困难。

在我追问了他一句"你真的爱学习吗"后，他失声痛哭。他说起自己贫困的家庭，说他的家人在村子里一直就没有地位，父亲老实木讷，母亲经常被人数落。他一心想给自己的家人争口气，无奈自己天资笨拙，学习成绩一直不好。他看到村里一位同龄人成绩好，考入了好大学，后来在美国读博士，这户人家在村子里获得了所有人的尊敬。

他心里憋了一口气，也想证明自己是有出息的，更想为自己的家人争口气，于是全家人也都支持他考研。但是，正如我所说，他觉得自己的确不是真的爱学习，因为他发现自己越学越糊涂，越来越难以专心投入……而且，他也恐惧工作，因为他觉得如果学习都学不好，自己再踏入社会，肯定更是寸步难行。他这种焦虑的状态已经持续很多年了，他总是整晚整晚地失眠……他问了我一个问题："我是不是天生就是个笨蛋，什么都做不好？"

听到这个年轻人这么问，我心里一疼。也许因为他从来不肯把这么隐秘的真心话讲出来，所以他始终没有遇到一个明白人帮他梳理内心如此复杂的一个系统。

我告诉他，每个人都有自己的优势，盲目地把别人的轨迹当成自己要走的路注定会失败。他的同村人通过学习获得成功，也获得了尊敬。表面上看，是学习的胜利，本质上却是一个强者的胜利。对方在这个过程中展示了自己的能力，人们都是喜欢强者的。

我还告诉这个年轻人，他如果真的想保护家人，就要脚踏实地去工作，在工作中不断解决问题、不断提升自己，从而不断地提高家人的生活水平。要想让家人扬眉吐气，先从别把家人的血汗钱继续浪费在房租上开始。

他眼睛一亮，随即追问了一句："我能把一份工作做好吗？"

我说："除了好好工作，你别无选择。我可以负责任地告诉你，如果不马上去找工作，你还打算在错误的路上继续走，一年一年蹉跎下去，那么明年的你一定还不如今年的你。"

最后一句话像针一样扎进了他的心里，他再也没有疑问和疑惑了。

后来，他退了学校附近用高价租的房子，告诉家人自己的决定，没想到家人依然全力支持他。他含着泪找了一份工作开始拼搏，只用了短短两年的时间，他的生活就步入了正轨。

这样的案例并不少见，我至少经历过五个类似的场景和聊天。年轻人总想靠自己证明些什么，所以心里一较劲，脚下就走错。在这样的情况下，聊天是为了帮助和说服，但是一味地安抚已经无法解决问题了，只有提问、追问，敢于给对方施加压力，才能真正地帮助对方。

除了年轻人的困惑，生活中这种"货不对版"的案例也需要我们和对方在聊天中，帮助对方去发现他自己没有意识到的问题。

我有一个企业家朋友，有一次他约我吃饭。吃饭期间，他大倒苦水。他说到自己的家人对他很冷淡，说妻子和儿子总是能够聊到一起，把他当作透明人。这对他是完全不公平的，因为他为这个家付出得太多了，他把自己的家人当作生命中最重要的人，他们却如此对待自己。他问我，为什么他的付出，他们这么不领情。

于是，我问了他三个问题："你说得出孩子的三个朋友的名字吗？了解他在学校最爱上的课是什么吗？你知道妻子在周末感到兴奋和幸福的事情是什么吗？"

他努力想回答，但还是放弃了。他支支吾吾说，这些细节的问题他不想了解。

我告诉他："那你在行动上就没有把他们当作生命中最重要的人。你对你的客户的喜好都研究得非常透彻了，但是你对自己的家人却知之甚少。"

他叹了口气，点点头，开始意识到自己对家庭的付出并没有自己说的那么多。

这次聊天很难在一开始就说服对方，让他意识到自己的问题，因为对方是一个企业家。他和年轻人不一样，他没有年轻人那种崇拜和学习的心态去听别人说话，他也拥有自己强烈的骄傲和自尊。所以，只有具体的问题和细节能让他去发现自己的不足，然后他才能去改变。

这种"货不对版"的生活场景很多，只有靠有效的提问，才能发现问题。

比如下面的一则对话：

"你的爱好是什么？"

"我的爱好是看书。"

"你每周用多少时间看书？"

"啊？我这个周末去看电影了。"

"那这个月你看什么好书了？"

"这个月我没看书，我追了一部电视剧。"

"噢，那你只是以为自己爱看书，或者你以前是个爱看书的人。你现在的爱好只是看电影和电视剧。"

又如：

"我买车就是为了买个代步工具。"

"你以前靠什么代步？"

"我家在地铁旁边，我坐地铁很方便。"

"什么让你突然决定换代步工具了？"

"孩子说，他们同学家里都有车，所以我也想买了。"

"看来，你不是为了买代步工具。在你心中，车代表了面子和尊严。"

语言中的权利平衡

　　要学会在语言上为自己争取权利，这并不是要一个人去咄咄逼人地与人沟通和谈话，而是我们要明白我们和别人之间必须求得一个心理上的平衡。这样不但是对自己负责任，也是对对方负责任。

　　举个例子来说，你很爱某个女人，所以不论她说什么，你都会说好。可是，这样达到的效果一定是好的吗？对方可能觉得你没主见。正确的做法是，当你为对方做一些事情时，一定要索取一定的回报。有人说，我做的事情很难索取同样的回报，比如对方让我帮她修电脑，我总不能让她帮我补衣服吧？

　　那么，我们该如何通过聊天的方式让自己获得即时利益呢？大家可以感受一下如下两个对话的不同：

　　"我们约的周日一起吃饭，我想改日期。"

　　"好的，没问题。"

　　"我想改成周六。"

"好的。"

"上次说的是川菜，我想改成粤菜。"

"好的。"

"那么，我们周五再确认一下吧，也许我周六也很忙。"

"好。"

这位男士回应的四个"好"，看似为对方妥协了很多，但实际上却让对方产生了很消极的感觉。

"我们约的周日一起吃饭，我想改日期。"

"好的，没问题。"

"我想改成周六。"

"周日你有什么安排吗？"

"我的妹妹想从外地过来看我。"

"好的。"

"我最近不想吃川菜，我想改成去吃粤菜。"

"我知道一家很有名的粤菜馆，我们周六先去尝尝看，如果味道特别好，那么周日你妹妹过来的时候，我们可以带她一起去。"

"好的……"

在这则对话中，这位男士在"服从"女士安排的同时，以了解信息的方式获得了回报。还通过为对方提供价值，进而为自己获取了非常大的利益，也就是在追求一个女生的时候，在她的家人面前有了一个表现的机会。而且，这是一位高情商的男士，这一句"我们"承接着上文，让女方并不感觉到"套近乎"的尴尬，一切听起来又那么行云流水、毫不刻意。

又如，你是一位女性，你很爱你的"男神"，可是却不懂得如何处理你们的关系，每次在对方需要你的时候，你都跑步跟随。久而久之，即使对方和你在一起，你还是会一直存在不安全感，可能会通过很"作"的方式去验证对方是否也同样喜欢你。正确的方法是，在你为对方付出的时候，也需要强化他对你的认可。

我们来感受一下下面两个对话的不同：

"我每天晚上都给你打电话，可是你怎么这么忙，都没有一次主动给我打电话。"

"我这个星期是挺忙的。"

"那周末你总会有时间吧，可以和我一起吃饭吗？"

"我要看一下时间。"

"你再忙也是要吃饭的，我们就约周六好不好？"

"好吧。"

在这个对话中，女方对自己的权利等于是全部放弃，而且并不能让对方感受到快乐，反而让男方感觉自己是被征服的一方。即使男方答应去吃饭，也会充满勉强。

"你这一个星期很忙吧，我记得上个星期你给我打了一个电话。你虽然只是和我随便聊聊，但是我觉得很开心。"

"不好意思呀，这个星期带了个新团队，忙得人仰马翻。"

"我能理解你，毕竟你是一个领导，要先做好表率才行。那你这个星期有什么想做，却没有时间做的事情呢？"

"这个星期我连饭都没有好好吃过。"

"你喜欢中餐还是西餐？周末的时候，我陪你一起去吧。"

"我们去吃西餐吧，真希望这个周末不要再加班了。"

在这个对话中，女方提的要求能让对方愉快接受的原因，是她始终站在理解的角度，让男方占有主导权。虽然一切按照她的模式在走，但是对于普遍粗线条的男士来说，他会感觉一切都是自己安排的，因此主动性会更高。

生活中就应当如此：当我们提要求的时候，要让对方能够愉快地接受；当对方给我们提要求的时候，我们也要适当地索取情绪上的回报。

大到去说服领导按照你的想法部署，小到让你的同事帮忙，都要使用一定的平衡策略，来增进两个人的关系。

小张的公司有一位领导李总。李总年纪很大，常常做出一些错误的指导，令年轻的员工感觉很受挫。

大家对他这种"刷存在感"的行为非常苦恼，又苦于毫无对策，毕竟李总在公司还是非常重要的。而且，在很多事情上，李总也的确有他的经验和长处。

但是，李总也不是铁板一块，小张就是公司里最能理解李总的人。

在他看来，一个领导的权力能够得到展示的时刻有两个：一个是给下属好处的时候，一个是对下属说"不"的时候。这本来就是李总应享受的语言上的权力。

当然，这让说服领导就显得困难重重。但是，小张从李总的"好为人师"的特点入手开始组织聊天的语言，让李总答应了他很少给员工批准的调休假。

小张对李总说："李总，我想问一下，您是怎样做到对客户的控制力那么强的？比如前段时间，我们以为和供货商的谈判已经没办法了，您还是坚持去谈，后来竟然谈成了。"

李总听着小张的话，感觉很受用，就随口介绍了一些方法。

小张说："我就想不到这样的方法，您是怎么想到这个方法的呢？"

李总笑着说："这是因为社会经验的不同。"

小张赶紧说："您的宝贵经验我们谁也偷不来，所以我们只能靠笨办法，多去学习，才能争取模仿和领会您的方法，在谈事情的时候照葫芦画瓢。"

李总说："你们年轻人应该多学一些知识。"

小张说："前段时间，我一个朋友说他下周要去听三天的培训课。我本来怕麻烦，不想和公司申请调休，和您聊过天之后，我越发觉得，我们差得太多，的确需要多学习来弥补一下不足。"

李总笑笑说："我给你批准调休，你去吧，因为社会经验的积累不是一天两天就能养成的，但是学习可以加快你的进步。"

就这样，小张采取了一种尊重和请教的聊天方式和李总沟通，满足了对方好为人师的心理需求。毕竟，大部分人都好为人师，尤其是李总，他的工作就是指挥别人。小张通过尊重对方的权力，和给对方一种很高的语言权力，得到了自己的调休权利。重要的是，在他的眼中，李总从来就不是一个不通情理的人，他在公司的发展也是正面和顺畅的。

巧妙的拒绝赢得尊重

　　有底线的人才能真正赢得别人的尊重，只是我们需要把握"为什么要说'不'""什么时候说'不'""怎么说'不'"的技巧。

　　有一个年轻人小陈，刚工作不久，他自我感觉与同事、领导的关系都很好，但是试用期却没有通过而离开了公司。

　　同事们不论谁找他解决任何事情，他说的都是"没问题"。领导让他处理一些事情，他也会说"没问题"。可是久而久之，大家发现他工作时间总在处理别人的事情，而自己的工作完成得却并不突出。又因为领导吩咐他事情的时候，他总是满口答应，但是在实际工作中却发现困难重重，最后也给领导留下了不好的印象。

　　他不明白为什么被辞退，难道做好事错了吗？

　　做好事没有错，但一味做"滥好人"就一定是错了。我们有这样一句话，叫"升米养恩，斗米养仇"。讲的是两家人是邻居，平时关系还不错，其中一家人比另一家人富裕一些。有一年，穷的那家人收成不好，邻居就借给了他们一升米，救了急。穷的一家非常感激邻居，认为他们是救命的恩人。

熬过最艰苦的那段日子后，接受帮助的那家的男主人就来感谢自己的邻居。邻居非常慷慨地说："这样吧，我这里的粮食还有很多，你就再拿去一斗吧。"

拿着一斗米回家后，这个人心里不是滋味了，觉得对方有那么多粮食，自己却如此贫困，而对方帮助自己的实在太少了，觉得对方还是坏得很。本来关系不错的两家人，从此就成了仇人。

这就是滥好人的故事。同样，泛滥的示好和过早的示好都是降低自己信誉度的行为。

小思是个很好的姑娘，但是总让人感觉到她的不自信。她以前看到书上说：人要多学会微笑，这样给人留下的第一印象就会非常好，也会使接下来的交流非常顺畅。

这一点是没错的，不过她没有注意到的窍门是，聪明的人从来不会让自己的笑容来得太早！因为当两个人相遇的时候，一定是自我感觉弱势的人会先露出笑容。所以，当你刚认识一个人的时候，你可以笑，但是要让自己的笑容来得晚一点儿，在打完招呼后再露出友善的、淡淡的微笑，而不要总是以八颗牙齿的笑示好别人，这样反而会让对方认为你有求于他。

做好事也是如此。要综合分析，看对象、看场合、看自己的能力是否能达到，否则就是对双方的不负责任。

工作中，常常会有一些人总是抱怨领导给自己安排了一个繁重的工作任务。大部分情况下，一个繁重的工作任务后面都会有一份丰厚的回报，值得抱怨的应该是这个任务本身就是有问题的。那么，为什么不在一开始的时候给老板一个拒绝的信号呢？这样，你和老板都不会成为"坏人"了。

可能有人会说，这种事情没法聊，老板刚愎自用，我没有办法说服他，而且他也根本不听我的理由。与其这样，是不是直接执行就好了？

当然不是！这件事情如果你判断是一件没有价值的事情，那么你提前拒绝和没有拒绝是会产生截然不同的后果的：即使最后事情搞砸了，前者你是功臣，老板会在心里默默地认为你是一个有判断力的人，还会对你产生一定的补偿心理；后者的话，老板有可能判断不是因为事情本来有问题，而是执行的人也就是你没有把工作做好。尤其是你带着一种情绪去操作的时候，谁都能感受到你的不情愿，事情没做好，大家更容易认为是你的工作态度本身有问题。

和领导说"不"，与拒绝普通同事有一些区别。

对普通同事说"不"，你要学会的是，表达你的能力有限和你的为难，用你为难的表情。例如，把视线调整到一个非直接注视对方双眼的状态来表达你内心的犹豫，再配合上你的不忍拒绝但不得不拒绝的表情，让对方感受到你的爱莫能助，对方自然就会知难而退了。

但是，对领导的拒绝恰恰相反，你表现出委屈的样子会让领导失去对你的信任。正确的方法是，表示自信，刺激领导重新思考。

我工作第三年的时候，由于部门内部重组，我的领导对我委以重任，让我去负责管理一个他想要成立的新部门。我知道，凭我的工作经验、业务能力实在是无法驾驭这份工作的。

但是，我采用了一种表达自信的方法向我当时的领导说"不"。

我说："好的，不过由于我对要成立的部门的业务不够熟练，所以请领导在资源上予以一定的支持。"

当我把自己准备得很充分的支持条件汇报给领导的时候，那位领导才发现新的业务部门需要的不仅是一个管理者，想做出业绩，还必须要有大量的人力和财力的成本投入！

或者说，也许他早就知道会有这么大的一笔投入，只是他回避考虑，想让我先试试水。而当我理性而客观地把自己所要求的"支持"推到他面前的时候，他不但知难而退，后来因为解散了那个原本要组织的新部门，还对我产生了一种愧疚的心情。在一些重要的学习和工作机会面前，我比其他人多了一份幸运。

强弱并用的双线谈判

谈判是一场心理战，高情商的人懂得利用强和弱两种方式来服务自己的目标。比如，当我们谈判的时候，给对方直接的利益是强驱动，与对方保持友好的合作状态是弱驱动。谈判的时候，如果你能有这两条线齐头并进，你赢的可能性就会增加。

我看到过很多商业的、生活中的谈判，本来不难的局面，因为不能够活用这两种方式而导致谈判失败。反之，也有很成功的案例，向我们证明在任何处境下，我们都可以借由这两种方式给对方机会，也为自己赢取主动权。

小黎要从一家小公司离职。当时，他已经在原公司做了一个重要的项目，会给老板带来不错的前景，但是他离职的时候，老板并不想把原来承诺给他的做这个项目的薪水付清。

于是，小黎就只能和老板进行谈判。小黎本来是一个不擅长为自己争取利益的人，所以他和老板的谈判很容易演变成要么剑拔弩张，要么无功而返。

但是，他掌握了强弱并用的双线谈判，于是很容易地成了一个谈判高手。

在利益上，他明确表示，这个项目是他投入心血才操作成功的，他对待这个项目就像对待自己的孩子一样认真和在乎。他问自己的老板，对这个项目的成果是否满意，值不值得老板为此结清自己这笔费用。

老板果然笑着说，这个项目小黎做得不错，但是因为小黎离职有些突然，所以他暂时没有钱来结清。

此时，小黎启动了情感进攻。他大大方方地说："我知道这一刻很尴尬，不过我想，我们的公司虽然不大，但是我在这里工作了这么久，从来都没有觉得您是一个没有抱负的人。我想，您创业的初衷一定不会是希望自己成为一个让员工拿不到工资而离开的人。"

最后这一句话听起来很平常，但是在生活中，很少有人能大大方方地说出来，所以即使像小黎这样，像背课文一样说出来的时候，给对方的情感冲击依然是强大的。

老板当场打电话让他的家人把小黎的工资分文不少地送来了。

在以上案例中，小黎表明自己认真谈判的态度就是一种强势的利益诉求，让对方知道他的决心，以及不会就此放弃的态度，给对方造成实实在在的压力。从情感上打动老板，他采用了非常巧妙的方式，不是用自己的情感来说服老板，而是用老板创业之初的雄心来唤醒现在的老板，让他避免成为一个违背自己初心的人。

即使在使用情感这一种方式来谈判的时候，我们依然可以选择强弱结合的方式来组织自己的语言。

小林在一家公司工作，一直干得得心应手。有一次，他想知道自己如果去别的同类型企业会有什么样的待遇，于是他更新了简历，也联系了其他的公司。但是最后他发现，综合来看，其他公司给出的待遇虽然比他现有的工资有所提高，但还不足以让他去换工作。可是，这件事情被他的直接领导了解到了。这位领导很不高兴，动辄为难小林，让小林明显感觉到了敌意。

就在所有人以为小林肯定要被迫走人的时候，小林只用了两句话就挽回了局面。他走到直接领导的办公室，问了领导一句话："您是要为难我吗？"

直接领导显然有点儿没明白小林的出招套路，他当然立即否定："当然不是！"

小林说："那您希望我怎样做呢？"

直接领导说："我希望你能踏踏实实地工作。你在公司也是一名老员工了，多给大家起表率作用，让你周围的人对公司更有向心力。"

当小林从直接领导的办公室出来的时候，他知道整个形势都已经被控制住了，事情不会往更恶劣的方向发展了。

在这个谈判中，小林虽然只用到了情感的方式来谈判，但是他所利用的情感工具依然是两套，有强有弱。第一句："您是要为难我吗？"以一种强烈的攻势开始，令领导无法承认。第二句："那您希望我怎样做呢？"是一种情感上的示弱，让领导得到安全感。所以，向其他公司投简历这件事，不必露骨地拿出来谈判，危机就已经悄然解除了。

双线谈判的方式适用于很多场合，很多人常常关心的一个问题，就是如何向老板提涨工资。其实，在聊涨工资这个话题的时候，你如果能在语言细节上给对方一些情感照顾，你的强诉求就会看起来可爱得多。

毕竟，无论你采用什么方式来提涨工资，都是一个强势的、直接的利益要求，一定会给对方带来不舒服的感觉。所以，你在聊这个话题时，"示之以弱，藏之以强"不是锦上添花的方式，而是必要的语言组织方式。

比如，你对对方说"我希望您能帮我争取"，就给了对方一定的尊重，毕竟在大部分公司，即使涨工资是一个人说了算的事情，公司也会让这个权力分散开，以便于互相推诿。这其中，就有了你的机会。当你这样说的时候，就把对方和你拉到了同一阵营。并且，你在情感上处于弱势，把自己变成需要帮助的一方，这样会激发对方的善意。

再或者，你在期待的薪资要求上，可以给对方一个区间，而不是一个明确的数字，这样是用一种柔和的方式为涨工资这样的强需求增加一些弹性和空间。

和对方站到一起俘获认同

当我们想说服一个人的时候，常常有两种方式：第一种是纠正对方，苦口婆心地劝说对方改变；第二种方式是顺应对方，让对方没有感觉他是在帮我们。第一种方式容易引起对方极大的抗拒，第二种方式则会说服对方而不让对方感觉自己被说服。

在《战国策》里有这样的一个故事：

东周想种水稻，西周不放水，东周为此而忧虑。苏子就对东周君说："请让我去西周说服放水，可以吗？"

于是，苏子去拜见西周君，说："您的主意打错了！您现在不给水，他们就放弃种水稻，而改种不大需要水的麦子，东周一样会有充足的粮食收入。"

西周君便问："那放水的好处是什么？"

苏子说："您现在放水，等到他们种上水稻以后再停水，才能起到控制局面的作用。如果大王您真的想要打垮东周，不如现在就放水。"

西周君果然说"好"，于是就放水了。

苏子得到了两国的赏金。

在这个故事里，我们暂且放下道德评判，从说服的角度来看，这是一个很好的示范。

如果不是从对对方更有益的角度出发，很难想象这个局面要怎么打开。在生活中，我们常常因为放弃了从对方的角度思考，从而展开说服策略，以致说服失败。

有一次，一个同事和我聊天，他非常苦恼地说，最近总是睡不着，因为楼上的妈妈总是让孩子无休无止地练钢琴，简直烦死了！

我笑了笑，问他什么是无休无止地练琴。（因为我们与对方聊天时，可以关心对方的情绪，却不应该让自己成为对方发泄情绪的工具。要求对方描述事情的时候客观而准确，有助于对方情绪的平复，并且进入理性叙述。）

果然，他叹了口气说："以前邻居家的孩子上学，所以每天晚上练琴的时间是固定的，是每晚7点到8点之间，准时练40分钟。现在因为孩子放假了，所以孩子练琴的时间非常不固定，有时候是中午，有时候是早上，真令人不堪其扰。"

我问他和邻居沟通了没有，他又叹了口气说，邻居是个嗓门很大的妈妈，他有点担心一提起这件事，两家就变成了敌人。

他这么一说，就让我想到了生活中遇到的大部分回避矛盾的人。本来一些"疾在腠理"能解决的事，他们会一再延宕到"病在骨髓"。这种社交恐惧症表面上看是对别人没信心，其实也是内在自卑和缺乏自信的一种表现：担心被拒绝，担心被伤害。其实，对方可能也正在同样的一种情绪中。

我在一些商业谈判中，总能谈到很令人惊喜的条件。我发现很多时候并不是因为我有多么厉害，而是我始终相信，对方也在压力中，他也想和我合作。这个道理看起来很简单，但就是因为人们太过自我，谈事情的时候总想着自己的好处或者压力，忘记了对方也是一个有压力的人，导致谈判的时候，要么一败涂地，要么居高自傲。

于是，我给了这个同事这样的建议：首先，嗓门大的人未必是不好沟通的人，沟通之前，每个人都应该先放下自己的成见；其次，不沟通才会导致进一步对立，必须马上沟通，对自己和对方的关系负起责任来；最后，沟通的时候，要从对对方有利的一面出发，哪怕对方明知道你这么说还是存在一些你自己的私心的，你依然先从对他有利的一面开始聊。

果然，这位同事很好地和对方聊了这件事情。他的策略是不去指责对方影响他休息，而是从孩子练琴应该有一个规律的时间，以及这样做有什么好处和必要性谈起，最终成功地说服了对方。

最后，我想说的一点是，对方到底知不知道他的用意并不重要，重要的是对方感觉到了他的善意和聊事情给对方留的余地。这样给双方都带来了很好的结果。

引入第三方，把僵局变活

　　一个小男孩在院子里搬石头。他是个很小的男孩，石头对他来说相当巨大。他手脚并用，依然无法把石头搬走。

　　小男孩一次又一次地尝试把石头搬起来，但是，他一次又一次地失败了。最后，他伤心地哭了起来。整个过程，男孩的父亲从窗户里看得一清二楚。当泪珠滚过孩子的脸庞时，父亲来到了他面前。

　　父亲的话温和而坚定："儿子，你为什么不用上所有的力量呢？"

　　垂头丧气的小男孩抽泣道："我已经用尽全力了，我用尽了我所有的力量！"

　　父亲亲切地纠正道："儿子，你并没有用尽你所有的力量，因为你没有请求我来帮助你。"

　　父亲弯下腰，轻而易举地搬走了石头。

　　听起来这是一个简单的故事，但我们在生活中却时常陷入这样的困局。在我们克服困难、说服别人的时候同样如此，有的事情我们可以单枪匹马搞定，但有的时候，我们需要请别人帮忙。尤其在双方处于矛盾和焦灼状态，又势均力敌的时候，谁能够争取到第三方，谁就获得了主导权。

陈先生进入一家家族企业，即使得到了企业最高负责人的支持，他在进行具体工作的时候也依然困难重重。他靠个人的努力无法推进自己的管理，而这家企业家族体系庞大，他每次找最高负责人汇报工作的时候都感觉压力很大，因为对方的眼神里面分明写着一句话："你难道让我把我所有的家人都开除吗？"

这时候，就进入了一个靠个人能量无法解决困难的状态。我和他聊天的时候，也只能提醒他，即使要排除一些对企业发展不利的人，也不应该是他要直接面对的矛盾，而应该从公正、客观的第三方切入。

果然，陈先生立即找到了他自己的办法，他想既然要进行变革和进行更科学化的管理，就应该引入专业人才。果然，不到一个月，陈先生就请到了在管理方面非常有权威感的人士介入公司事务，在公司的流程上进行了大刀阔斧的改革。

当他把应该重组和裁员的名单交给企业最高负责人的时候，事情变得异常顺利。不到三个月的时间，他就做完了半年深陷僵局却束手无策的事情。

不但在做事情上如此，生活中大到与客户谈判，小到搞定你的家人，都需要这样的方法。我曾经参与了一个与国外友人的友好谈判，对方熟谙谈判之道，他提出了一个我方无法完成并且显得有些可笑的要求。

就在谈判马上要崩盘的时刻，对方找到了一位姓方的女士出面进行协调。方女士所处的行业和这家外国公司毫无关联，基本就是两个完全不同的产业。她表示自己的目标也并非是一定要促成合作，只不过这件事情是受朋友的朋友所托，碍于面子想从中协调一下。

当我们感受到方女士不能从这次谈判中获益的时候，我们对方女士的态度积极多了，也放松多了，甚至对方女士还多了一份感谢。我方多次约方女士吃饭、聊天、给她送小礼物，表示对她的感谢，她也多次表示会帮助我们去与对方沟通。果然，在她的有力推动下，合作最后谈成了。

故事的趣味性发生在后期，我的同事在实际工作中发现，对方起初提出的高要求依然成为我们后期合作中的重要参考，因为我们对国外公司最初提的高要求未给予满足总是存在着一种补偿心理，所以大家不免处处给对方开绿灯。最有趣的是，过了很长时间，大家才了解到这位方女士是外方负责人的伴侣，只是双方都没有对外公布关系而已。

这让我想到了，很多情况下，亲密关系里存在的问题都会在其他场合得到解决。有位先生想创业，他的妻子坚决不同意，妻子先是用尽了各种角度、各种方法和老公恳切长聊，却并没有达到任何效果。后来，她开始和老公长久争吵、冷战，陷入僵局也在所不惜……直到她的闺密劝她一定要支持老公创业的时候，她才开始思考，开始分析自己是不是做错了。

有位女士想买房，她的老公坚决不同意。她的老公多次和她聊天，无论说什么对方都不肯听，甚至发出了"不买房就离婚"的威胁。即便如此，这位老公还是没有妥协。这样的情况持续了很长一段时间。后来一个偶然的机会，这位老公的一位同事和他聊起他应该买房。听他同事说话的时候，他像变了一个人，没有任何反感，也不存在任何情绪，而是认真地和对方聊天，他思考自己是不是应该去支持自己的伴侣。

以上都不是戏剧化的演绎，而是我们生活中随处可见的现象。究其根本，在于不涉及具体利益和权利争夺的第三方，人们容易认为他是公正、无私、客观的。从而，人们对第三方没有抵触，只有信任。大家看到他们的时候就会想："他为什么这样劝我呢？他的劝说对他自己是一定没有什么好处的，所以对方真的是有可能为我好，而不仅仅是为了说服我。"

齐女士买好了去国外度假的机票，可是就在这个关键时刻，她妈妈以传统风俗为由，不允许她在中秋节这个应该团圆的日子外出旅行。她和自己的妈妈据理力争，但是效果不好，眼看自己要遭遇精神和经济上的双重损失，她向自己的邻居陈阿姨抱怨了这件事情。

没想到陈阿姨和齐女士的妈妈简简单单聊了几句话就把事情说通了。陈阿姨说："听说你家孩子想趁着假期去国外度假，真是有出息的孩子，趁着年轻多出去看看世界。你看看我们这个岁数，尤其是你我，腰腿还都不好，想去也没那份心力了。"几句话就解决了齐女士的困局。

在工作中也是如此。当你的工作遇到克服不了的困难时，多想想有没有第三方能够帮助你。我曾经邀请一家企业合作项目，对方可考虑的对象实在太多，要想从这个局面里胜出，对方的身边一定要有能够帮助自己的朋友。

果然，其他人都找对方负责人的现任朋友帮助协调，而我找的是对方负责人的前任助理。最后发现，已经不在其位的员工发表的意见，被认为是中肯的，因为他是真正的不涉及利益的第三方。正如一些企业会特别愿意倾听离职的员工发表意见，而对在职员工的某些抗议的声音充耳不闻。

最后，让我们在聊不到出路的时候，一定要记住，要完成一件个人之力所不能及之事，须善于借用外界的、他人的、团队的力量，才能达到目的。